Technikzukünfte, Wissenschaft und Gesellschaft / Futures of Technology, Science and Society

Reihe herausgegeben von

Armin Grunwald, ITAS, Karlsruhe Institute of Technology, Karlsruhe, Deutschland

Reinhard Heil, ITAS, Karlsruhe Institute of Technology, Karlsruhe, Deutschland

Christopher Coenen, ITAS, Karlsruhe Institute of Technology, Karlsruhe, Deutschland

Diese interdisziplinäre Buchreihe ist Technikzukünften in ihren wissenschaftlichen und gesellschaftlichen Kontexten gewidmet. Der Plural „Zukünfte" ist dabei Programm. Denn erstens wird ein breites Spektrum wissenschaftlich-technischer Entwicklungen beleuchtet, und zweitens sind Debatten zu Technowissenschaften wie u.a. den Bio-, Informations-, Nano- und Neurotechnologien oder der Robotik durch eine Vielzahl von Perspektiven und Interessen bestimmt. Diese Zukünfte beeinflussen einerseits den Verlauf des Fortschritts, seine Ergebnisse und Folgen, z.B. durch Ausgestaltung der wissenschaftlichen Agenda. Andererseits sind wissenschaftlich-technische Neuerungen Anlass, neue Zukünfte mit anderen gesellschaftlichen Implikationen auszudenken. Diese Wechselseitigkeit reflektierend, befasst sich die Reihe vorrangig mit der sozialen und kulturellen Prägung von Naturwissenschaft und Technik, der verantwortlichen Gestaltung ihrer Ergebnisse in der Gesellschaft sowie mit den Auswirkungen auf unsere Bilder vom Menschen.

This interdisciplinary series of books is devoted to technology futures in their scientific and societal contexts. The use of the plural "futures" is by no means accidental: firstly, light is to be shed on a broad spectrum of developments in science and technology; secondly, debates on technoscientific fields such as biotechnology, information technology, nanotechnology, neurotechnology and robotics are influenced by a multitude of viewpoints and interests. On the one hand, these futures have an impact on the way advances are made, as well as on their results and consequences, for example by shaping the scientific agenda. On the other hand, scientific and technological innovations offer an opportunity to conceive of new futures with different implications for society. Reflecting this reciprocity, the series concentrates primarily on the way in which science and technology are influenced social and culturally, on how their results can be shaped in a responsible manner in society, and on the way they affect our images of humankind.

Weitere Bände in der Reihe http://www.springer.com/series/13596

Melike Şahinol · Christopher Coenen ·
Raoul Motika
(Hrsg.)

Upgrades der Natur, künftige Körper

Interdisziplinäre und internationale Perspektiven

Hrsg.
Melike Şahinol
Orient-Institut Istanbul
Istanbul, Türkei

Christopher Coenen
Karlsruher Institut für Technologie (KIT)
Karlsruhe, Deutschland

Raoul Motika
Asien-Afrika-Institut
Universität Hamburg
Hamburg, Deutschland

ISSN 2524-3764　　　　　　ISSN 2524-3772　(electronic)
Technikzukünfte, Wissenschaft und Gesellschaft / Futures of Technology, Science and Society
ISBN 978-3-658-31596-2　　　ISBN 978-3-658-31597-9　(eBook)
https://doi.org/10.1007/978-3-658-31597-9

Die Deutsche Nationalbibliothek verzeichnet diese Publikation in der Deutschen Nationalbibliografie; detaillierte bibliografische Daten sind im Internet über http://dnb.d-nb.de abrufbar.

© Der/die Herausgeber bzw. der/die Autor(en), exklusiv lizenziert durch Springer Fachmedien Wiesbaden GmbH, ein Teil von Springer Nature 2020
Das Werk einschließlich aller seiner Teile ist urheberrechtlich geschützt. Jede Verwertung, die nicht ausdrücklich vom Urheberrechtsgesetz zugelassen ist, bedarf der vorherigen Zustimmung des Verlags. Das gilt insbesondere für Vervielfältigungen, Bearbeitungen, Übersetzungen, Mikroverfilmungen und die Einspeicherung und Verarbeitung in elektronischen Systemen.
Die Wiedergabe von allgemein beschreibenden Bezeichnungen, Marken, Unternehmensnamen etc. in diesem Werk bedeutet nicht, dass diese frei durch jedermann benutzt werden dürfen. Die Berechtigung zur Benutzung unterliegt, auch ohne gesonderten Hinweis hierzu, den Regeln des Markenrechts. Die Rechte des jeweiligen Zeicheninhabers sind zu beachten.
Der Verlag, die Autoren und die Herausgeber gehen davon aus, dass die Angaben und Informationen in diesem Werk zum Zeitpunkt der Veröffentlichung vollständig und korrekt sind. Weder der Verlag, noch die Autoren oder die Herausgeber übernehmen, ausdrücklich oder implizit, Gewähr für den Inhalt des Werkes, etwaige Fehler oder Äußerungen. Der Verlag bleibt im Hinblick auf geografische Zuordnungen und Gebietsbezeichnungen in veröffentlichten Karten und Institutionsadressen neutral.

Planung/Lektorat: Frank Schindler
Springer VS ist ein Imprint der eingetragenen Gesellschaft Springer Fachmedien Wiesbaden GmbH und ist ein Teil von Springer Nature.
Die Anschrift der Gesellschaft ist: Abraham-Lincoln-Str. 46, 65189 Wiesbaden, Germany

Einleitung

Zusammenfassung

Perspektiven zu „Upgrades der Natur" und künftigen Körpern sind insbesondere durch einen westlichen Bias des bisherigen Diskurses über Human Enhancement gekennzeichnet und thematisieren kaum situative und kulturellen Besonderheiten – von Gesellschaften anderer Kulturräume. Im vorliegenden Band wird die Thematik der Körpermodifikation mit einer internationalen und interdisziplinären Perspektive diskutiert. Die Beiträge sind eingebettet in umfassendere Überlegungen zu Visionen und Praktiken der „Upgrades der menschlichen Natur". Einschlägige naturwissenschaftlich-technische Entwicklungen stellen uns nicht nur vor ethische Herausforderungen, sondern sie stehen in den jeweiligen Gesellschaften auch in spezifischen ideengeschichtlichen Traditionen und sind Teil von jeweils eigenen Zukunftsvorstellungen sowie von in ihnen dominierenden Menschenbildern. Zugleich leisten die Beiträge einen Brückenschlag zwischen empirischer Forschung zu Körpermodifikationspraktiken und theoretischer Reflektion.

Schlüsselwörter

Körpermodifikation · Human Enhancement · Enhancementkultur · Upgradekultur · Leistungsgesellschaft · Biotechnologien · Synthetische Biologie

Upgrades der Natur, künftige Körper: Interdisziplinäre und internationale Perspektiven

Rasant wachsende Möglichkeiten zur Manipulation des menschlichen Erbguts und Körpers, zur „Optimierung der Natur" und zur Fremd- und Selbstgestaltung des Menschen, machen die wissenschaftliche Auseinandersetzung mit diesen naturwissenschaftlich-technischen und medizinischen Innovationen unverzichtbar und gesellschaftlich relevant. Einen wichtigen Beitrag zu dieser Diskussion leistete die von der Fritz-Thyssen-Stiftung finanzierte Tagung „Upgrades der Natur, künftige Körper: Interdisziplinäre und internationale Perspektiven", die vom Orient-Institut Istanbul (OII) in Kooperation mit dem Institut für Technikfolgenabschätzung und Systemanalyse am Karlsruher Institut für Technologie (ITAS) vom 17. bis 18. Juni 2016 in den Räumlichkeiten des Orient-Instituts Istanbul konzipiert und organisiert wurde.

Der Titel des vorliegenden Bandes geht auf diese Tagung zurück. Im Fokus stand dabei der Themenkomplex „Human Enhancement", also aus sozial- und geisteswissenschaftlicher Perspektive die Verbesserungspraktiken und -techniken des menschlichen Körpers bzw. seiner Biologie zu untersuchen und im interdisziplinären Austausch zu diskutieren. Ziel der Tagung war es, Perspektiven aus dem deutschsprachigen Raum mit ausgewählten europäischen Positionen zusammenzuführen. Ein wichtiger Aspekt des Austauschs war, den „westlichen" Bias des bisherigen Diskurses über Human Enhancement entgegenzuwirken und den deutsch-türkischen Austausch zum Thema zu machen. Zudem sollten Diskussionen im deutschsprachigen Raum in die Türkei transferiert und hier multiperspektivisch mit türkischen Wissenschaftler*innen diskutiert werden. Dies ist für das OII und das sich dort seit 2015 etablierte Forschungsfeld „Mensch, Medizin und Gesellschaft" von besonderer Relevanz. Die Thematik der Körpermodifikation sollte dabei auch mittels einer Einbettung in umfassendere Überlegungen zu Visionen und Praktiken der „Upgrades der menschlichen Natur" analysiert werden. Außerdem wurde zum Abschluss der Tagung eine BIO·FICTION Filmvorführung[1] (in Zusammenarbeit mit dem BIO·FICTION Science, Art & Film Festival) mit anschließender Diskussion durchgeführt.

---

[1]Dieser Event wurde in Zusammenarbeit mit dem und unterstützt durch das SYNENERGENE Projekt (https://www.synenergene.eu/) verwirklicht. Das SYNENERGENE Projekt wird aus den Mitteln des 7. Forschungsrahmenprogramms für Forschung, technologische Entwicklung und Demonstration der Europäischen Union unter der Finanzhilfevereinbarung Nr. 321488 finanziert.

Einleitung

Mit dem Beginn des 21. Jahrhunderts begann sich durch Entdeckungen und Entwicklungen in Feldern wie den Neurotechnologien und der Hirnforschung, der Gentechnik und synthetischen Biologie, der Prothetik und den Nanotechnologien auch unser Verständnis der Natur und des Menschseins zu ändern. Neue Ansätze und Verfahren, wie beispielsweise die Möglichkeit, Embryonen gentechnisch zu verändern oder über Hirnimplantate Depressionen zu unterdrücken bzw. Glücksgefühle hervorzurufen, führen uns das wachsende Potenzial zur „Optimierung" der Natur und zur Fremd- und Selbstgestaltung des Menschen deutlich vor Augen. Der als defizitär oder mängelbehaftet wahrgenommene biologische Körper erscheint zunächst in Zukunftsvisionen, zunehmend aber auch im Alltag als Cyborg, als Ersatzteillager oder als Objekt technischer Aufrüstung. Die „Natur des Menschen" wird durch gentechnische Eingriffsmöglichkeiten, Neuro- oder bionischen Prothesen, Chimären und andere technowissenschaftliche und medizinische Entwicklungen zunehmend umkämpft.

Im ethisch-politischen Diskurs über das sogenannte „Human Enhancement" – das meist als ‚Steigerung der menschlichen Leistungsfähigkeit' und als ‚Verbesserung des Menschen' übersetzt wird – werden diese Entwicklungen bereits seit den frühen 2000er Jahren diskutiert, wobei die Diskussion aber durch weltanschauliche und spekulative Kontroversen und eine Dominanz US-amerikanischer Perspektiven geprägt war (Ferrari, Coenen, und Grunwald 2012). In verschiedenen Disziplinen und Forschungsfeldern fanden zeitgleich, jedoch voneinander relativ unabhängig Untersuchungen und Diskurse statt, die das Human Enhancement bzw. Praktiken und Visionen der Körpermodifikation jedoch nicht in größeren Zusammenhängen analysierten (Şahinol und Kuhnt 2018; Coenen et al. 2015). Dieser Sammelband verfolgt das Ziel, in die aktuelle Diskussion eine interdisziplinäre und internationale Perspektive auf künftige Körper unter Berücksichtigung des Enhancement-Trends und von „Upgradings der Natur" einzubringen.

Gehlen, der den Menschen als „Mängelwesen" (Gehlen 2014 [1940]) betrachtet, weist darauf hin, dass der Mensch aufgrund seiner „biologischen Minderausstattung in einer natürlichen Umwelt lebensunfähig, dazu gezwungen sei, sich aus einem Natur- in ein Kulturwesen zu wandeln" (Pöhlmann 1970, S. 298) und er daher (Kultur-)Techniken zur Beseitigung seiner Mängel und zur Leistungssteigerung verwenden muss. Die von Mauss beschriebene „Leibeserziehung" oder „Dressur des Körpers" (Mauss 2010 [1950]) charakterisierten beispielsweise den Körper als Ausdruck der jeweiligen Kultur. Diese Beispiele wirken eher unspektakulär, wenn man sich die neuen biowissenschaftlichen und -technischen Möglichkeiten (s. u.) und die daraus entstehenden Potenziale der menschlichen Umgestaltung vor Augen führt. Allerdings blieben „folgenschwere" Transformationen des menschlichen Körpers und „massive" Abwandlungen biologischer Naturgesetze aus, so wie sie beispielsweise in Visionen in der ersten Hälfte des 20. Jahrhunderts häufig vorhergesagt und proklamiert wurden (Coenen 2015; Saage 2011). Gründe dafür sind nicht zuletzt wissenschaftlich-technische Bedingungen solcher biologischen Umgestaltungsprozesse, wie Körpermodifikationen, die u. a. durch Schwierigkeiten bei Mensch-Maschine-Anpassungen (Şahinol 2016) oder etwa der Mutationsanfälligkeit bei Eingriffen in die „Natur des Menschen" (Şahinol 2017) und gentechnischen Eingriffen bedingt sind. Allerdings wird – im Zuge des (bio)wissenschaftlich-technischen Fortschritts und des daraus resultierenden Innovationspotenzials – der menschliche Körper zunehmend modelliert, konfiguriert, konstruiert und (sozio-technisch) ausgehandelt. Konzepte wie der „abgehorchte Körper" (Lachmund 1997), der „flexible Körper" (Martin 1994), Körper als „multiple Ontologien" (Mol 2002), als Hybridwesen und Cyborgs (Haraway 1995; Karafyllis 2003; Latour 2012; Spreen 2010) oder Körper als Träger von 3D-gedruckten Prothesen mit Superheld*innenfiguren als Ausdruck von Enhancement-Kultur(en) (Şahinol 2020) lassen die „Zukunftsfähigkeit" des Körpers zunehmend als von seiner Zugänglichkeit, seiner Anpassungsfähigkeit an Technik sowie seiner Modifikations- und Transformationsfähigkeit abhängig erscheinen.

In der Soziologie wird der Körper seit den 1960er-Jahren als Gegenstand untersucht, wobei er sowohl als Produkt wie auch als Produzent von Gesellschaft definiert wird. Diese analytische Trennung macht den „menschlichen Körper als gesellschaftliche Konstruktion" als auch die „körperliche Konstruktion von Gesellschaft" untersuchbar. Dabei geht es um Fragen, wie Gesellschaft auf den menschlichen Körper einwirkt, wie er diskursiv hervorgebracht oder kommuniziert wird, was er symbolisiert, wie er gespürt wird und auch, wie der Körper (vorreflexiv) handelt und präsentiert wird (Gugutzer 2006). In der Philosophie trägt neben Feldern angewandter Ethik (wie der Neurophilosophie) und anderen Bereichen, beispielsweise die philosophische Anthropologie maßgeblich zum Verständnis des Menschseins im Zeitalter moderner Naturwissenschaft und Technik bei und fragt u. a. danach, was der Mensch ist, wenn Technik ihn nicht „bloß" umgibt oder kein „bloßes Werkzeug" mehr ist, sondern Mensch und Technik miteinander „verschmelzen".[2]

---

[2]Mit Blick auf religiöse Prägungen von Menschenbildern und Körperauffassungen sowie hinsichtlich der Natur- und Menschenverbesserungsvisionen mit Entwürfen idealer Gesellschaften verbindenden Tradition utopischen Denkens kommt der Ideengeschichte eine

Angesichts der Vielfalt und Dynamik aktueller oder in Kürze zu erwartender Körpermodifikationspraktiken (medizinischer oder nichtmedizinischer) erscheint ein verstärkter interdisziplinärer und internationaler Austausch mit Blick auf diverse Optimierungsbestrebungen vonnöten. In den letzten Jahren hat sich beispielsweise die Quantified-Self-Bewegung[3] gebildet. Sogenannten Self-Trackers wird durch „smarte", am Körper tragbare High-Tech-Artefakte die ständige digitale Dokumentation von Daten auch zum Ziel der Leistungssteigerung und Selbstoptimierung ermöglicht.[4] Diese Massenbewegung hat sich vor dem Hintergrund neuer Möglichkeiten der Erzeugung und des Umgangs mit Daten im Medizinbereich entwickelt.[5] Welche Auswirkungen diese Informationssammlung und -verarbeitung auf den Alltag von z. B. Patient*innen und auch den professionellen medizinischen Umgang mit diesen Daten hat, ist noch unvorhersehbar und zu klären (zu aktuellen Studien siehe bspw. Lupton 2020 oder Bauer 2019). Die Möglichkeiten der Wahrnehmung der Außenwelt, der Informationssammlung, der Nutzung von Artefakten und der Interaktion können auch durch nicht-invasive Entwicklungen z. B. in den Bereichen ‚Ambient Reality' (z. B. „Google Glass") und Robotik (z. B. Exoskelette) erheblich erweitert werden.

Die aktuellen, Lebensstile und soziale Subsysteme verändernden Entwicklungen wurden verschiedentlich schon als Elemente übergreifender gesellschaftlicher Veränderungsprozesse gedeutet, unter Zuhilfenahme von Begriffen wie z. B. ‚Enhancement-Gesellschaft', ‚Leistungssteigerungsgesellschaft', ‚Entgrenzung' oder ‚Upgradekultur' (Spreen 2015; Viehöver und Wehling 2011). Diese Transformationsprozesse betreffen sowohl den individuellen oder gemeinschaftlichen Life-Style, als auch weitere gesellschaftliche Subsysteme wie die Medizin. Hier entstehen nicht nur neue institutionelle Einrichtung (z. B. Ästhetik-Zentren, Zentren für genetische Beratung, etc.), sondern die Medizin

---

besondere Bedeutung zu. Die Diversität von Praktiken und Visionen menschlicher Körperlichkeit wurde nachhaltig u. a. durch die feministische Forschung und die ‚Disability Studies' ins Blickfeld gerückt und vertieft analysiert.

[3]Vgl. http://quantifiedself.com/ mit einer Auflistung von über 500 Apps zum Selftracking (Zugriff: 15.01.2016).

[4]Gesundheitsapps für Blutdruckmessung und Pulsmessung, aber auch Eisprungrechner, Schrittzähler, Schlafüberwachung, also die ständige Selbstvermessung und die Möglichkeit zur Übermittlung dieser Daten an den zuständigen Arzt sind nur einige Tracking-Beispiele.

[5]In der Türkei ist z. B. seit Mai 2015 die staatliche Gesundheits-App „e-Nabiz" im Einsatz – eine individuelle App, die verschiedene Messungen vornimmt und mit der man u. a. Krankenhaustermine organisieren und den Organspendestatus bestimmen kann.

verändert sich hin zu einer „nachfrageorientierten", „individuellen" und „wunscherfüllenden" Medizin. Schönheitschirurgische Eingriffe, die im Medizintourismus mit Ziel Türkei eine wichtige Rolle spielen, gehören zu den zentralen Entwicklungen in diesem Zusammenhang.

Untersuchungen zu kulturellen Voraussetzungen und Implikationen von Körpermodifikationspraktiken, zu der Art und Weise der sozialen Einschreibung[6] können hier besonders fruchtbar sein. Neuro-Prothesen können mittlerweile dazu eingesetzt werden, um eine Vielzahl körperlicher Einschränkungen zu kompensieren, mit entsprechenden Auswirkungen z. B. auf die Gehörlosenkultur (durch die massenhafte Verbreitung von Cochlea-Implantaten). Mittels gentechnischer Verfahren sind womöglich noch radikalere Körpermodifikationen möglich. In der Reproduktionsmedizin ist es zunehmend ein Ziel, Erbkrankheiten (z. B. Sichelzellanämie) und andere genetische Besonderheiten auszuschließen, was entsprechende Auswirkungen, beispielsweise auch auf die Population von Menschen mit Down-Syndrom haben wird. Diese und andere im Human Enhancement-Diskurs besprochenen aktuellen oder denkbaren Verfahren werden häufig auch als Instrumente einer neuen, „liberalen" Eugenik diskutiert und kritisiert. Einen weiteren Schub haben die Auseinandersetzungen über genetische Eingriffe durch den Diskurs über die sogenannte synthetische Biologie (Boldt 2016; Boldt, Müller, und Maio 2012) sowie durch neue Verfahren der Genom-Editierung (vor allem CRISPR/Cas9) erhalten. In Großbritannien wurde Anfang des Jahres 2016 im Rahmen eines Forschungsprojekts des „Francis Crick Institute" einer Genmanipulation an Embryonen zugestimmt (*Süddeutsche Zeitung,* 01.02.2016). Im Vorfeld entzündeten sich an diesem Projekt breite ethische Debatten, die noch andauern. Aufgeheizt wurden diese zudem mit der im November 2018 medial verbreiteten Nachricht, dass in China Zwillingsmädchen geboren wurden, dessen Erbgut mittels Crispr/Cas9 derart manipuliert wurde, dass sie vor einer Ansteckung mit HIV geschützt seien. Allerdings dürfen bis dato keine genetisch manipulierten Embryonen in den menschlichen Uterus eingepflanzt werden.

Eine wissenschaftliche aber auch öffentliche Diskussion zu Biopolitik und Biomacht (Foucault 1999 [1975–1976]) wird in diesem Zusammenhang immer dringlicher. Konkretes Regierungshandeln in Ländern wie Zypern, der Türkei, China oder Saudi-Arabien, in denen von Kritiker*innen als eugenisch gegeißelte Programme zur Bekämpfung von Erbkrankheiten seit längerer Zeit laufen oder

---

[6]Die Einschreibung des Sozialen in den Körper wird seit längerer Zeit intensiv untersucht, u. a. in Anknüpfung an Pierre Bourdieus Verständnis des Habitus als das „Körper gewordene Soziale".

lange Zeit liefen, basieren ebenso wie z. B. die deutsche Gesetzgebung zur Präimplantationsdiagnostik immer auch auf spezifischen kulturellen Voraussetzungen.[7] Verfahren zur künstlichen Herstellung von biologischem Gewebe, das sog. ‚Tissue Engineering', machen ebenfalls Fortschritte (Hoeyer 2013). Die Gewebekonstruktion bzw. züchtung erfolgt dabei in vitro, Körperteile wie Herzklappen oder Knorpel werden herstellbar – es entstehen sozusagen durch (nicht)menschliches Gewebe fabrizierte biologische „Ersatzteillager" für den Menschen. Nicht nur in diesem Zusammenhang, sondern auch beim Thema Human Enhancement, das forschungspraktisch und philosophisch nicht vom sog. ‚Animal Enhancement' (Ferrari et al. 2010) getrennt betrachtet werden kann, ist das Mensch-Tier-Verhältnis von besonderer analytischer Bedeutung (Brucker et al. 2015).

Neben aktuellen oder für die nahe Zukunft zu erwartenden Verfahren und kulturellen Praktiken der Körpermodifikation verdienen auch sehr weitreichende Zukunftsvisionen Beachtung, die häufig auf jahrhundertealten Ideentraditionen unserer Gesellschaften basieren. Der seit den 2000er-Jahren (und auch im akademischen Bereich) an Einfluss gewinnende sogenannte ‚Transhumanismus' popularisiert z. T. an religiöse Vorstellungen orientierte Bilder und Ideen zur Zukunft des menschlichen Körpers, zu dessen Verschmelzung mit Technik und letztlich seiner Überwindung (Kluge, Lohmann, und Steffens 2014; Goecke und Meier-Hamidi 2018). Diese und andere technikfuturistische Strömungen werden zwar in den letzten Jahren zunehmend kritisch gesehen, sowohl in der ethisch-politischen Diskussion und in Feldern wie der Technikfolgenabschätzung (zumeist in der Form kritischer Visionsanalysen und -bewertungen (Lösch 2013)), als auch, z. T. seit längerer Zeit, in diversen anderen wissenschaftlichen Disziplinen[8]. Auch hier sollte der interdisziplinäre Austausch vorangetrieben, auch damit sich spezialisierte akademische Forschung und der ethisch-politische Diskurs sich gegenseitig starker befruchten. Von besonderer Bedeutung sind dabei auch die ideen- und realgeschichtlichen Perspektiven, beispielsweise zur Geschichte der Leibvorstellungen sowie der Konzepte und Grenzüberschreitungen von Mensch

---

[7]Die PID wurde in Deutschland kontrovers diskutiert (2010), wobei es insbesondere um Schutzansprüche des Embryos ging. Erst Mitte 2011 wurde durch das PID-Gesetz in Deutschland möglich, In-Vitro erzeugte Embryonen vor der Einpflanzung in den Uterus auf genetische Schäden hin zu untersuchen. Dies unter der Voraussetzung, dass die genetische Veranlagung der Eltern bei Geburt des Kindes eine schwere Erbkrankheit oder eine Tot- bzw. Fehlgeburt nach sich ziehen könnte.

[8]Beispielsweise den Kultur- und Medienwissenschaften, den ‚Disability Studies', der Theologie, der Soziologie, der Religionswissenschaft und der Geschichtswissenschaft.

und Maschine (Müller 2010), der Bio-Utopien und der Prothetik, da nur vor dem jeweiligen historischen Hintergrund die Grundlagen und Spezifika der aktuellen Entwicklungen und Visionen umfassend verstehbar werden. In der Auseinandersetzung mit weitreichenden Zukunftsvisionen ist es wichtig, die auf die jeweiligen Arbeitsfelder bezogenen Zukunftserwartungen an naturwissenschaftlich-technische und medizinische Innovationen aus sozial- oder geisteswissenschaftlichen Perspektive zu untersuchen und im interdisziplinären Austausch zu diskutieren.

Zu den Beiträgen dieses Bandes

Vor dem skizzierten Hintergrund war es das Ziel der Tagung, Perspektiven aus dem deutschsprachigen Raum mit ausgewählten europäischen Perspektiven in einem interdisziplinären Austausch zusammenzuführen.

Istanbul und das dortig basierte Orient-Institut (OII) sind als Veranstaltungsort für eine solche Tagung in besonderer Weise geeignet. Nicht nur hat es die Regierung der Türkei als Ziel definiert, das Land zu einer der weltweit führenden Destinationen für medizinische Dienstleistungen, beispielsweise bei Schönheitsoperationen und In-Vitro-Fertilisationen zu machen. Auch erlaubt die Integration von Ergebnissen wissenschaftlicher Untersuchungen unter Berücksichtigung der kulturellen Besonderheiten der mit Deutschland auf Engste verflochtenen Türkei dem „westlichen" Bias des bisherigen Diskurses über Human Enhancement entgegenzuwirken. Damit ist auch die Hoffnung verbunden, den deutsch-türkischen Austausch zur Thematik zu stimulieren. Zudem sollen Diskussionen im deutschsprachigen Raum in die Türkei transformiert und hier multiperspektivisch mit türkischen Wissenschaftler*innen diskutiert werden. Dies ist für das OII und sein Forschungsfeld „Mensch, Medizin und Gesellschaft" von besonderer Relevanz. Das selbst zu einer Vielzahl von Forschungsgebieten arbeitende OII wird bei der inhaltlichen Konzeption von dem interdisziplinär arbeitenden Institut für Technikfolgenabschätzung und Systemanalyse im Karlsruher Institut für Technologie (KIT-ITAS) unterstützt, das über spezielle Kompetenz beim Thema Human Enhancement und eine umfassende Expertise zu den relevanten naturwissenschaftlich-technischen Entwicklungen verfügt. Die Thematik der Körpermodifikation soll dabei auch mittels einer Einbettung in umfassendere Überlegungen zu Visionen und Praktiken der „Naturverbesserung" analysiert werden. Einschlägige naturwissenschaftlich-technische und medizinische Entwicklungen geraten nicht nur als ethische Herausforderungen in den Blick, sondern stehen in den jeweiligen Gesellschaften auch in spezifischen ideengeschichtlichen Traditionen und Zukunftsvorstellungen sowie der in ihnen dominierenden Menschenbilder. Zugleich soll, was bisher eher selten der Fall war, ein Brückenschlag zwischen empirischer Forschung zu Körpermodifikationspraktiken und theoretischer Reflektion geleistet werden.

Wie oben skizziert, scheinen Manipulationen des menschlichen Erbguts und Körpers zur Normalität zu werden. Wie geht eine mehrheitlich muslimische Gesellschaft mit diesen Techniken der Körpermodifikation und mit den anderen skizzierten, z. T. auch stark futuristischen Modifikationenpraktiken und Technologien um? Entstehen neue Vorstellungen vom Menschsein und wie wird diese „schöne, neue Welt" des scheinbar beliebig manipulierbaren Menschen aus interkultureller Perspektive aussehen? Diese Tagung schafft nicht nur eine Grundlage zur Diskussion dieser unterbeleuchteten, gleichwohl zentralen Aspekte der Thematik, sondern wird auch gewinnbringend für die aktuelle, eher kulturell kontrastarmen sozialwissenschaftlichen und philosophischen Diskussionen über Körper und Gesellschaft sein.

Diego Compagna thematisiert mit seinem Beitrag die handlungspraktische Wirksamkeit der Natur/Kultur Dichotomie in Gegenwartsgesellschaften. Der Beitrag stellt explizit die Frage nach der ‚Funktion' der Natur-Kultur Differenz als typisch moderne, basale Codierung: Manipulative Eingriffe des menschlichen organischen Materials – seien sie pre- oder postnatal, genetisch, somatisch, implantologisch oder prothetisch – hätten eine Implosion dieser Differenz zur Folge und damit auch die Auflösung einer Reihe basaler ungleichheitsfördernder Strukturen. Wenn der Körper für die Genealogie des Subjektes als modernem sozialen Akteur zentral sei und die Naturreferenz diesen in seiner Qualität „Mensch" zu sein, immer wieder in seiner höhergestellten hierarchischen Platzierung bestätigen und verfestigen würde, dann führe die Manipulierbarkeit des Körpers zur Implosion der Natur-Kultur Differenz und der auf dieser beruhenden Ordnungen. *Joachim Boldt* beschäftigt sich aus ethischer Perspektive mit der Synthetischen Biologie und der Möglichkeit, dass sich die Synthetische Biologie auch mehrzelligen Organismen und letztlich dem Menschen zuwendet. Da diese Zukunftsvisionen von solchen Umgestaltungstechniken der menschlichen Biologie vor allem mit Forderungen nach dem „Nutzen" für den Menschen verknüpft würden, hinterfragt Boldt, was „nutzbringend" im Fall von Anwendungen am Menschen bedeutet. Dies insbesondere, wenn möglicherweise nicht nur krankheitsbedingtes Leid verringert werden kann, sondern die physiologische Natur des Menschen insgesamt zur Veränderung und Verbesserung offensteht.

In ihrem phänomenologisch-soziologischen Beitrag stellt *Denisa Butnaru* anhand empirischer Beispiele aus narrativen Interviews, konkrete Vorstellungen vor, die Personen mit Motorik-Dysfunktionen über Prothesen und Exoskelette haben. Sie analysiert, wie diese Vorstellungen die Veränderung der Behinderung durch Optimierungsprozesse und -mechanismen aktualisieren. Der Beitrag von *Swen Körner* nimmt den Körper aus der Perspektive der „Erziehung" und des Wettkampfsports in den Blick. Grenzen menschlicher Leistungsfähigkeit würden gerade zwischen diesen Polen sichtlich verschoben bzw. böten dieses Potenzial, da sie wirkmächtige Handlungsfelder der Gesellschaft darstellen. Dabei spiele der Körper vor allem auch als möglicher Körper eine zentrale Rolle. *Stefan Selke* beschreibt nicht nur die Potenziale, sondern auch Pathologien von Alltagspraktiken digitaler Selbstvermessungstechnologien. Die an Perfektionsideologien und Selbstoptimierungszwängen orientierte algorithmisierte Transformation des störungsanfälligen Körpers sei eine Pathologie des Sozialen. Die Vermessung des Menschen erzeuge ein negatives Organisationsprinzip des Sozialen, das auf zunehmender Abweichungssensibilität und ständiger Fehlersuche beruhe. Sein Beitrag beschreibt das Phänomen der rationalen Diskriminierung als Pathologie der Quantifizierung im Spannungsfeld von Machtasymmetrien zwischen „gierigen" Institutionen und vulnerablen Verbraucher*innen und in der Analyse von deren Folgen für Mensch und Gesellschaft.

Robert Stock setzt sich in seinem Beitrag mit der filmischen Produktion von Hörpraktiken des Cochlea-Implantats (CI) anhand von Aktivierungsvideos und Dokumentarfilmen auseinander. Es wird hierbei zunächst die Erfolgsgeschichte präsentiert, wie sie vonseiten der Medizin, von Nanotechnologie-Ingenieuren oder in Youtube-Aktivierungs-Videos betont wird. Außerdem stehen jene Praktiken im Vordergrund, bei denen es um die Option des Abschaltens des Implantat-Systems oder dessen Nicht-Gebrauch geht. Die Betrachtung dieser Produktionen, die sich gleichermaßen im Kontext von dokumentarischen Langzeitbeobachtungen und filmischen Rahmungen situieren, erlaubt es, die „Überwindung" von Gehörlosigkeit bzw. Behinderung durch technologische Innovationen aus anderen Perspektiven zu sehen: So verweisen die ausgewählten Filme nicht zwangsläufig auf die Erfüllung des Versprechens auf ein Hören mit CI. Vielmehr problematisieren sie Praktiken und konkrete Situationen, die unerwartete Relationen zwischen Nutzer*innen und der Neuroprothese beobachtbar machen und damit auch eine nicht hinterfragte Normalität kontinuierlicher akustischer Teilhabe infrage stellen. *Hande Güzel* behandelt Modifikationen von Frauenkörpern, insbesondere Praktiken und Techniken der Re-Virginisation türkischer Frauen, die eine Reihe solcher (operativen) Verfahren nutzen, um als Jungfrau in die Ehe zu gehen. Der über diese Methoden mögliche Blutfleck im Vollzug des ehelichen Beischlafs in der Hochzeitsnacht dient als Beweis der kulturell erwarteten Jungfräulichkeit. Güzel weist darauf hin, dass eine solche Beweisführung von Jungfräulichkeit durch den Blutfleck in der (medizinischen) Literatur zwar als Irrglaube entlarvt ist, betont jedoch die weiterhin übliche Anwendung von Re-Virginisationspraktiken in der Türkei. Sie skizziert, wann und wie „jungfräuliche Fassaden" ins Spiel kommen: wenn sexuelle Identitäten von Frauen durch ihre Familien- und Freundschaftskreise definiert werden und die Re-Virginisation als einzige Möglichkeit bleibt, um nicht sozial geächtet zu werden. Ästhetische „Upgrades" sind Gegenstand des Beitrags von *Claudia Liebelt*. Darin nimmt sie vor allem alternde Körper und ästhetische Körpermodifikationen als Überwachungsmedizin in der Metropole Istanbul (Türkei) in den Blick. Basierend auf teilnehmender Beobachtung in einer privaten Schönheitsklinik und auf Interviews mit Frauen mittleren und höheren Alters der oberen Mittelschicht analysiert sie, wie sich Altern im neoliberalen Zeitalter zunehmend als ein Gesundheitsrisiko oder gar als eine Krankheit darstellt. Dieses Gesundheitsrisiko würde mit Hilfe von kosmetischen Behandlungen, darunter prominent die Injektion von Botulinumtoxin („Botox") und anderen sogenannten „Verjüngungskuren", behandelt bzw. minimiert/hinausgezögert werden und erfülle so die Funktion einer Überwachungsmedizin.

Wie jede innovative Technologie wird die Synthetische Biologie von vielen Hoffnungen und Ängsten begleitet. Im Vordergrund steht dabei die Art und Weise, wie sie mit der Medizin verbunden ist, und insbesondere wie der biologische Körper betrachtet und behandelt wird. Dies kann gleichermaßen mitreißend und provozierend sein. Die Realität des Labors ist eine Sache, die andere sind Zukunftsvisionen, die die Synthetische Biologie inspirieren: genauso fantastisch wie grundlegend menschlich. In ihrem Beitrag analysieren *Sandra Youssef* und *Markus Schmidt* mehrere Kurzfilme aus dem Repositorium des Science Art Film Festivals BIO·FICTION, das sich mit synthetischer Biologie beschäftigt. Die ausgewählten Filme thematisieren den menschlichen Körper und phantastische branchenübergreifende Imaginationen, wie die Entwicklung neuer Organe und zukünftiger Formen der Altenpflege. Ihre Analyse dieser (semi-)fiktionalen Filme, die als kulturelle Reflexionen des technologischen Fortschritts der Synthetischen Biologie dienen, soll Aufschluss darüber geben, wie Körperlichkeit und menschliche Körper in diesen imaginierten Welten vorgestellt und gezeigt werden und was dies für die gegenwärtige Gestalt(ung) und Betrachtung des menschlichen Körpers bedeuten könnte.

Melike Şahinol
Christopher Coenen
Raoul Motika

Literatur

Bauer, S. 2019. Indexing, Coding, Scoring: The Engine Room of Epidemiology and its Routinized Techno-Digestions. *Somatechnics*, 9(2–3), 223–243. https://doi.org/10.3366/soma.2019.0281

Boldt, J. 2016. *Synthetic Biology. Metaphors, Worldviews, Ethics, and Law* (Springer VS: Wiesbaden).

Boldt, J., O. Müller, und G. Maio. 2012. *Leben schaffen? Ethische Reflexionen zur Synthetischen Biologie* (Mentis: Münster).

Brucker, Renate, Melanie Bujok, Birgit Mütherich, Martin Seeliger, and Frank Thieme (Hrsg.). 2015. *Das Mensch-Tier-Verhältnis: Eine sozialwissenschaftliche Einführung* (Springer VS: Wiesbaden).

Coenen, Christopher. 2015. 'The Earth as our footstool: visions of human enhancement in 19th and 20th century Britain.' in, *Inquiring into Human Enhancement* (Springer).

Coenen, Christopher, Stefan Gammel, Reinhard Heil, und Andreas Woyke. 2015. *Die Debatte über »Human Enhancement«: Historische, philosophische und ethische Aspekte der technologischen Verbesserung des Menschen* (transcript Verlag).

Ferrari, A., C. Coenen, and A. Grunwald. 2012. 'Visions and ethics in current discourse on human enhancement', *NanoEthics*, 6: 215–29.

Ferrari, A., C. Coenen, A. Grunwald, and A. Sauter. 2010. *Animal Enhancement. Neue technische Möglichkeiten und ethische Fragen* (Bundesamt für Bauten und Logistik: Bern).

Foucault, Michel (Hrsg.). 1999 [1975–1976]. *In Verteidigung der Gesellschaft: Vorlesungen am Collège de France (1975-76)* (Suhrkamp: Frankfurt am Main).

Gehlen, Arnold. 2014. *Der Mensch: Seine Natur und seine Stellung in der Welt* (AULA-Verlag: Wiebelsheim).

Goecke, Benedikt Paul, und Frank Meier-Hamidi. 2018. *Designobjekt Mensch? Transhumanismus in Theologie, Philosophie und Naturwissenschaften* (Herder Verlag: Freiburg/Basel/Wien).

Gugutzer, R. (Hrsg.) (2006). *Body turn: Perspektiven der Soziologie des Körpers und des Sports*. Bielefeld: transcript.

Haraway, Donna. 1995. 'Ein Manifest für Cyborgs: Feminismus im Streit mit den Technowissenschaften.' in Donna Haraway (Hrsg.), *Die Neuerfindung der Natur* (Campus-Verl.: Frankfurt [u. a.]).

Hoeyer, Klaus. 2013. *Exchanging Human Bodily Material: Rethinking Bodies and Markets* (Springer: Dordrecht).

Karafyllis, Nicole C. 2003. *Biofakte: Versuch über den Menschen zwischen Artefakt und Lebewesen* (Mentis: Paderborn).

Kluge, S., I. Lohmann, und G. Steffens. 2014. *Jahrbuch für Pädagogik 2014: Menschenverbesserung – Transhumanismus* (Peter Lang: Frankfurt am Main u. a. O.).

Latour, Bruno. 2012. *We have never been modern* (Harvard University Press).

Lösch, A. 2013. ',,Vision Assessment" zu Human-Enhancement-Technologien. Konzeptionelle Überlegungen zu einer Analytik von Visionen im Kontext gesellschaftlicher Kommunikationsprozesse', *Technikfolgenabschätzung – Theorie und Praxis*, 22: 9–16.

Lupton, D. 2020. Data mattering and self-tracking: what can personal data do? *Continuum*, 34(1), 1–13.

Mauss, Marcel. 2010. *Gabentausch, Todesvorstellung, Körpertechniken* (VS Verl. für Sozialwissenschaften: Wiesbaden).

Müller, Oliver. 2010. *Zwischen Mensch und Maschine – Vom Glück und Unglück des Homo faber* (Suhrkamp: Berlin).

NN. 01.02.2016. 'Großbritannien erlaubt Genmanipulation an Embryos', *Süddeutsche Zeitung*.

Pöhlmann, Egert. 1970. 'Der Mensch–das Mängelwesen? Zum Nachwirken antiker Anthropologie bei Arnold Gehlen', *Archiv für Kulturgeschichte*, 52: 297–312.

Saage, Richard. 2011. *Philosophische Anthropologie und der technisch aufgerüstete Mensch: Annäherungen an Strukturprobleme des biologischen Zeitalters* (Winkler).

Şahinol, Melike. 2016. *Das techno-zerebrale Subjekt: Zur Symbiose von Mensch und Maschine in den Neurowissenschaften* (transcript: Bielefeld).

———. 2017. 'Reproductive Health in Turkey: From Enhancing Eggs to Intercultural Implications for Responsible Research and Innovation.' in D.M. Bowman, A. Dijkstra, C. Fautz, J. Guivant, K. Konrad, C. Shelley-Egan and S. Woll (Hrsg.), *The Politics and Situatedness of Emerging Technologies* (IOS Press: Berlin).

———. 2020. Enabling-Technologien zwischen Normalität und Enhancement: 3D-gedruckte Prothesen für Kinder von Maker*innen. In M. C. Bauer & L. Deinzer (Hrsg.), Bessere Menschen? Technische und ethische Fragen in der transhumanistischen Zukunft (S. 159–182). Berlin, Heidelberg: Springer Berlin Heidelberg.

Şahinol, Melike, and Anne-Kristin Kuhnt. 2018. 'Quo Vadis Fetura? Reproduktionstechnologien als Teil des Human Enhancement: Ein Ländervergleich zwischen Deutschland und der Türkei.' in Benedikt Paul Goecke and Frank Meier-Hamidi (Hrsg.), *Designobjekt Mensch? Transhumanismus in Theologie, Philosophie und Naturwissenschaften* (Herder Verlag: Freiburg/Basel/Wien).

Spreen, Dierk. 2010. 'Der Cyborg: Diskurse zwischen Körper und Technik.' in Eva Esslinger (Hrsg.), *Die Figur des Dritten* (Suhrkamp: Frankfurt am Main).

———. 2015. *Upgradekultur: Der Körper in der Enhancement-Gesellschaft* (transcript: Bielefeld).

Viehöver, Willy, and Peter Wehling (Hrsg.). 2011. *Entgrenzung der Medizin. Von der Heilkunst zur Verbesserung des Menschen?* (transcript-Verlag: Bielefeld).

Inhaltsverzeichnis

Konsequenzen manipulierten Lebens für das Verhältnis von Natur und Kultur 1
Diego Compagna

Homo creator. Von der Synthetischen Biologie zum Human Genetic Enhancement? 15
Joachim Boldt

Bewegung++: Von Behinderung zu Optimierung 33
Denisa Butnaru

Zwischen Wirklichkeit und Möglichkeit: Der Körper in Erziehung und Wettkampfsport 53
Swen Körner

Übereffiziente Menschen und manipulative Werkzeuge. Selbstvermessung im Kontext digitaler Vulnerabilität und informationeller Suffizienz 75
Stefan Selke

Hören abschalten? Filmische Ins-Bild-Setzungen des Cochlea-Implantats 97
Robert Stock

Making of the Modern Woman's Body: Re-virginization in Turkey 121
Hande Güzel

Ästhetische „Upgrades" in Istanbul: Über alternde Körper und ästhetische Körpermodifikation als Überwachungsmedizin.......... 139
Claudia Liebelt

Synthetic Biology and Speculative Bodies: Imaginary Worlds in Selected BIO·FICTION Films............................... 157
Sandra Youssef und Markus Schmidt

Autorenverzeichnis

Joachim Boldt ist Philosoph und stellvertretender Direktor des Instituts für Ethik und Geschichte der Medizin an der Universität Freiburg. Er hat die Bände „Care in Healthcare. Reflections on Theory and Practice" (2018, gemeinsam mit F. Krause) bei Palgrave Macmillan und „Synthetic biology. Metaphors, Worldviews, Ethics, and Law" (2016) bei Springer herausgegeben und ist Autor des Beitrags „Doping, Enhancement, Verbesserung. Aufgaben für die Medizin der Zukunft?" (2010) in der Deutschen Medizinischen Wochenschrift. Er forscht zu philosophischen und ethischen Fragen neuer molekularer Biotechnologien und zur Relevanz existenzphilosophischer und hermeneutischer Positionen in der Medizinethik.

Denisa Butnaru ist zurzeit Habilitandin in Soziologie an der Universität Konstanz. Sie hat Soziologie, Philosophie, Englisch und Japanisch an den Universitäten Babes-Bolyai, Rumänien, Université de Poitiers und Université de Strasbourg, Frankreich studiert. Nach einer Promotion in Soziologie an der Université de Strasbourg (2009) war sie wissenschaftliche Mitarbeiterin in Soziologie an der Universität Augsburg und Post-doc an der Albert-Ludwigs-Universität Freiburg in dem GRK „Faktuales und fiktionales Erzählen", wo sie auch Dozentin am Institut für Soziologie (2014–2017) war. Wissenschaftliche Schwerpunkte sind die Phänomenologie und Soziologie des Körpers und der Behinderung, Sozial-Phänomenologie, Kultursoziologie und qualitative Sozialforschung. E-Mail: denibutnaru@gmail.com

Diego Compagna, Prof. Dr., ist Lehrstuhlinhaber für Theorien gesellschaftlicher Transformation an der Fakultät für angewandte Sozialwissenschaften der Hochschule München und beschäftigt sich schwerpunktmäßig mit den anthropologischen

Grundlagen soziologischer Theorien sowie der Formulierung alternativer Akteurmodelle und deren Handlungsräumen (bspw. Cyborgs, Roboter, Avatare, Simulacra, hyper- und virtuelle Realität). E-Mail: diego.compagna@hm.edu

Hande Güzel is a PhD candidate at the Department of Sociology, University of Cambridge. Her most recent research article focuses on women's experiences of pain in the context of re-virginisation practices in Turkey (Pain as Performance: Re-Virginisation in Turkey, 2018), whereas her forthcoming book chapter unpacks the disciplining of the body through orthodontic treatment (Architecting the Mouth, Designing the Smile: The Body in Orthodontic Treatment in Turkey, 2018). Hande's research interests cut across sociology of gender, sexuality, health and illness, and the body. She can be contacted at hg401@cam.ac.uk

Swen Körner, Prof. Dr., ist Leiter der Abteilung Pädagogik an der Deutschen Sporthochschule Köln. Seine Forschungsschwerpunkte sind Trainingspädagogik, Martial Arts Studies sowie Systemtheorie. Ausgewählte Publikationen: From system to pedagogy. Towards a non-linear pedagogy of self-defense in the law enforcement and the civilian domain (zus. mit M. Staller). In: *Security Journal 40* (2017) 3., Spill-Over Effect and Functional Illegality. Towards a Sociology of Gene Doping. In: *Advances in Physical Education 7* (2017) 1., Alles Inklusion oder was? Systemtheorie der Inklusion als sportwissenschaftlicher Reflexionsanlass. In: *Sport & Gesellschaft 14* (2017) 1., Pedagogy of Terrorism. Mujahid Guide revisited (zus. mit M. Staller). In: *Journal of Policing, Intelligence and Counter Terrorism 13* (2018) 3. E-Mail: Koerner@dshs-koeln.de

Claudia Liebelt hat eine Heisenberg-Stelle am Lehrstuhl für Sozialanthropologie der Universität Bayreuth. Ihre Forschungsschwerpunkte sind die Anthropologie des Körpers und der Sinne, Islam, Gender, Care-Arbeit und Intimität, mit einem regionalen Fokus auf dem Nahen Osten und der Türkei. Sie ist Autorin von *Caring for the ‚Holy Land': Filipina domestic workers in Israel* (Berghahn, 2011) und Herausgeberin von *Beauty and the norm: debating standardization in bodily appearance* (Palgrave Macmillan, 2018). E-Mail: claudia.liebelt@uni-bayreuth.de

Markus Schmidt has an interdisciplinary background in biomedical engineering, biology and technology assessment, which led him to founding Biofaction. His work centers around projects dealing with responsible research and innovation, bringing together stakeholders from science, regulation, industry, civil society and art. This has led him to produce the BIO·FICTION Art Science Film Festival. E-Mail: schmidt@biofaction.com

Stefan Selke, Prof. Dr., Jahrgang 1967, studierte zunächst Luft- und Raumfahrttechnik und promovierte dann in Soziologie. Als Professor an der Hochschule für angewandte Wissenschaften Furtwangen sowie als Inhaber der Forschungsprofessur ‚Transformative und Öffentliche Wissenschaft' forscht er aktuell zu den Themen Armutsökonomie, Digitalisierung, Assistenzsysteme, soziale Utopien sowie ethische Aspekte der digitalen Selbstvermessung. Mehr unter: www.stefanselke.de. E-Mail: ses@hs-furtwangen.de

Robert Stock ist Koordinator der DFG-Forschergruppe „Mediale Teilhabe. Partizipation zwischen Anspruch und Inanspruchnahme" an der Universität Konstanz. Seine Forschungsinteressen sind die Medialität von Teilhabeprozessen, mediale Praktiken des Hörens und Sehens sowie die filmische Produktion von Behinderung. Er ist Mitherausgeber von SenseAbility. Mediale Praktiken des Sehens und Hörens (Bielefeld 2016). Zu den Veröffentlichungen zählen „Körper im/als Schaltkreis. DIY-Apparaturen und audiovisuelle Praktiken sinnlicher Wahrnehmung", in: Adam, Marie-Hélène/Gellai, Szilvia/Knifka, Julia (Hg.): Technisierte Lebenswelt. Über den Prozess der Figuration von Mensch und Technik, Bielefeld 2016 sowie „Singing altogether now. Unsettling images of disability and experimental filmic practices", in: Catalin Brylla/Helen Hughes (Hg.): Documentary and Disability, London 2017. E-Mail: robert.stock@uni-konstanz.de

Sandra Youssef studied anthropology in the US and Canada, focusing on technology and new media. At Biofaction she has the opportunity to delve into emerging technologies, while working at the intersection of science and society, focusing on public engagement etc. She is responsible for public relations and logistics management for the international BIO·FICTION Festival tour. E-Mail: sandra.youssef@biofaction.com

Konsequenzen manipulierten Lebens für das Verhältnis von Natur und Kultur

Diego Compagna

Zusammenfassung

Sofern es stimmt, dass der Körper für die Genealogie des Subjektes als modernen sozialen Akteur zentral war und die Naturreferenz diesen in seine höhergestellte hierarchische Ordnung bestätigt und verfestigt, dann führt die Manipulierbarkeit des Körpers zur Implosion der Natur-Kultur Differenz und der auf dieser beruhenden Ordnungen. Ein Außen der Natur-Kultur Differenz, das die Behaglichkeit der durch sie geschaffenen Grenzen des Denk- und Verhandelbaren gefährdet, ist allerdings inzwischen (bedrohlich) sichtbar geworden, da die Konfrontation mit den empirischen Möglichkeiten bezüglich einer grundsätzlichen Entscheidbarkeit wer oder was der Mensch als sozialer Akteur sein soll oder will unausweichlich geworden ist.

Schlüsselwörter

Natur-kultur Differenz · Bios vs. Zoë · Philosophische Anthropologie · Strukturalismus

---

D. Compagna (✉)
Hochschule für angewandte Wissenschaften München, München, Deutschland
E-Mail: diego.compagna@hm.edu

© Der/die Autor(en), exklusiv lizenziert durch Springer Fachmedien Wiesbaden GmbH, ein Teil von Springer Nature 2020
M. Şahinol et al. (Hrsg.), *Upgrades der Natur, künftige Körper*, Technikzukünfte, Wissenschaft und Gesellschaft / Futures of Technology, Science and Society, https://doi.org/10.1007/978-3-658-31597-9_1

1 Einleitung

Die „Episteme Mensch" basiert nach Foucault (2008, 2014, 2004) in einem wesentlichen Teil darin, dass die Subjekte durch eine spezifische Form des Wissens über den Körper kompatibel gemacht werden zu gesellschaftlichen Strukturen der Machtorganisation und -ausübung. Wobei die Form des Wissens zumeist ein auf den Körper bezogenes Ensemble von Praktiken der Selbst-Beschäftigung darstellt, die zugleich verantwortlich gemacht werden kann für die Hervorbringung „moderner Subjektivität". Insofern befinden sich die Elemente „Wissen über den Körper", „Praktiken körperbezogener Aufmerksamkeit" und „moderne Subjektivität" in ein ausgezeichnetes ko-konstitutives und damit interdependentes Verhältnis zueinander. Diese Trias stellt ein wesentliches Signum moderner Gesellschaften dar (Compagna 2015). Die Manipulation von (menschlichem) Leben hat unweigerlich tiefgreifende Folgen für die gesellschaftliche Konstruktion von Wirklichkeit, da diese an genau diesem Verbindungsstück ansetzt. Dabei sind die Konzepte von Natur und Kultur nichts weiter als die über diesem Verbindungsstück liegenden Schichten einer Cover-up Story, die von diesem für die westliche Moderne so grundlegenden Zusammenhang einerseits ablenken, indem es dieses andererseits legitimiert.

Diesen Verweiszusammenhang in Blockbuster und Serien aufzuspüren ist so einfach wie bedeutsam, da es die Narrative, aus denen der Stoff, der die gesellschaftliche Wirklichkeit zusammenhält, wie kaum ein anderes Medium spiegelt (Hall 1997). Wenngleich wir an der Schwelle zu einer neuen technischen Infrastruktur stehen, die den (wie auch immer gearteten) Stoff der Gesellschaft der Zukunft (Baecker 2007) ausmachen wird, spielen die ‚alten' Medien derzeit eine immer noch relevante Rolle. So kommt diesen derzeit eine Funktion zu, die an die mythischen Erzählungen der klassischen Antike und der dieser vorhergehenden Hochkulturen gleichkommt. Diese wie jene bilden die Grundlage für Sozialität, die deutlich über die überschaubare Größe prä-historischer Jäger und Sammler Gemeinschaften hinausgeht, indem ein Flickenteppich mehr oder weniger kohärenter, fiktiver Geschichten erzählt wird, die unter- und zueinander über eine hohe Anschlussfähigkeit verfügen und als (weitestgehend) allgemein gültiger Referenzrahmen dienen (Harari 2015). Die Beschäftigung und Interpretation solcher ‚Erzählungen' kann also durchaus relevante Orientierungen und Muster ans Tageslicht befördern, die mehr als nur ein Fingerzeig darstellen. Sie sind der Stoff aus dem Sozialität sich zusammensetzt bzw. genauso gut könnte behauptet werden, dass Sozialität eben dieser Stoff ist.

2 Natur, Kultur und der Mensch als Akteur der modernen Gesellschaft

Ellen Ripley (Clone No. 8): You got a mean streak.
Annalee Call (Synthetic): Damn it!
Ellen Ripley (Clone No. 8): Let me see.
Annalee Call (Synthetic): Don't touch me.
Ellen Ripley (Clone No. 8): Come on.
Annalee Call (Synthetic): You must think this is pretty funny.
Ellen Ripley (Clone No. 8): I'm finding a lot of things funny lately. But I don't think they are.
Annalee Call (Synthetic): Why do you go on living? How can you stand being what you are?
Ellen Ripley (Clone No. 8): Not much choice.
Annalee Call (Synthetic): At least there's a part of you that's human. I'm just... Look at me. I'm disgusting.
Ellen Ripley (Clone No. 8): Why did you come here?
Annalee Call (Synthetic): To kill you. Remember? Before the recall, I accessed the mainframe. Every covert op the government ever dreamed up is in there. And this, you, the aliens, even the crew from the Betty. I knew if they succeeded it'd be the end of them.
Ellen Ripley (Clone No. 8): Why do you care what happens to them?
Annalee Call (Synthetic): Because I'm programmed to.
Ellen Ripley (Clone No. 8): You're programmed to be an asshole? You're the new asshole model they're putting out?
(Auszug aus dem Film „Alien: Resurrection" (1997), 1:25:30–1:27:40)

In dem Film „Alien: Resurrection" aus dem Jahr 1997, versucht ein Android (Annalee Call) die Herstellung genetisch manipulierter Außerirdischer sowie ein Klon (Ellen Ripley) zu zerstören bzw. unterbinden. Der soeben aus diesem Blockbuster zitierte Dialog zwischen dem Androiden (in dem Film als „Synthetic" bezeichnet) und dem Klon legt sehr plakativ die Wertigkeit organischen Lebens offen. Der Klon, Ellen Ripley, ist ein genetisch hergestelltes Mischwesen aus menschlicher und außerirdischer DNA. Phänotypisch ein Mensch, genotypisch sowie hinsichtlich besonderer (geistiger aber auch körperlicher) Fähigkeiten aber zu unbestimmt großen Anteilen außerirdisch, legt dieser ein sehr aggressives, unmittelbar egoistisches Verhalten an den Tag, das an die krudesten Ausformungen sozialdarwinistischer Anwandlungen erinnert. Das zu hundert Prozent artifizielle Wesen Annalee Call, der Android, hingegen wählt seine Handlungsziele und das jeweilige konkrete Vorgehen, um diese zu erreichen, nach klassischen humanistischen Idealen aus. Dennoch kommt in dieser Szene zum Vorschein, dass ein sehr menschlich – und zwar vorbildlich ‚menschlich', also im Sinne eines humanistischen Ideals ‚menschlich' – handelnder Android ein unwürdiges, verabscheuungswürdiges Wesen ist; wohingegen ein geklontes Misch-Wesen (sowohl menschlich als auch extrem feindselig und aggressiv außerirdisch) eine im Prinzip – wenn nicht gleich liebens-, so zumindest – lebenswerte Entität darstellt.

Für die Argumentation in dieser Filmszene, die eine gesamtgesellschaftliche Haltung gegenüber des (unbedingten) Zusammenhangs von Menschsein und sozialer Agentschaft zum Ausdruck bringt, wird als unmittelbare Referenz das menschliche organische Material in Anschlag gebracht. Als mittelbare Referenz fungiert hier allerdings die Natur, die Biosphäre des Planeten Erde, die bis in die Mesosphäre, also ca. 90 km über Normalnull reicht. Denn der Mensch (und nicht der Außerirdische) ist hier das Entscheidende, also ein ganz spezifisches Wesen, hervorgegangen aus dem Biotop ‚Erde', dem 3. Planeten in unserem Sonnensystem: „At least there's a part of you that's human" (Alien, Resurrection 1997, 1:26:35), sagt der Android dem ebenso artifiziell hergestellten Klon-Mischwesen.

Die Demarkationslinie – das kommt in dieser Filmszene prägnant zum Vorschein – verläuft nicht nur zwischen organischer und rein technischer Entität, sondern ebenso zwischen dem menschlichen und dem außerirdischen. Diese Differenzkette weiterzuspinnen würde bedeuten, sie verläuft genauso zwischen dem Menschen und dem Tier, dem Mann und der Frau, dem Europäer und dem Flüchtling, dem Autochthonen und dem Immigranten, dem integrierten Immigranten und dem zu Integrierenden, dem Erwerbstätigen und dem Hartz IV-Empfänger, etc. pp. Lassen sich ungleichheitserzeugende Strukturkategorien spät-moderner Gesellschaften tatsächlich so simpel auf die Natur-Kultur Differenz zurückführen? Vermutlich nicht, vor allem nicht eindeutig und erst recht nicht erschöpfend und dennoch bin ich davon überzeugt, dass wir gut daran tun, die Wirkmächtigkeit der Naturreferenz in gegenwärtigen Narrativen gesellschaftlichen Wirklichkeitskonstrukten nicht zu unterschätzen. So sehr wir diese akademisch seit Jahrzehnten (beinahe schon seit Jahrhunderten, bspw. Fleck 1935, 2002) dekonstruiert und freigelegt haben, so tragfähig und robust erweisen sie sich in den gelebten Mustern des Alltags. Es ist nicht zuletzt deshalb durchaus gewinnbringend die Manipulation der „menschlichen Natur" (was auch immer das sein mag) vor dem Hintergrund eben dieser gesellschaftlich-politisch nach wie vor basalen Dimension zu diskutieren.

3 Natur, Kultur und der soziale Akteur als Mensch

Die Natur-Kultur Differenz ist wenig eindeutig und (worauf unter anderem einer der bekanntesten Schüler von Claude Lévi-Strauss, nämlich Philippe Descola (2013), aufmerksam macht) erst seit dem 19. Jh. erkenntnistheoretisch derart relevant, dass sie auch handlungspraktisch wirksam wird und zwar im Wesentlichen im Kulturkreis des Abendlandes. Ich möchte hier nur einige – der teilweise auch widersprüchlichen – Argumentationen, die sich an der Natur/Kultur Dichotomie orientieren thematisieren und diese abschließend in Verhältnis setzen zu den medizinisch-technischen Veränderungen der so genannten „menschlichen Natur". Ein erster Fingerzeig bietet ein Ausschnitt des Abstracts auf dem Flyer der Tagung „Upgrades der Natur, künftige Körper: Interdisziplinäre und internationale Perspektiven", die am 17. und 18.06.2016 am Orient-Institut Istanbul stattgefunden hat und aus dem dieser Beitrag hervorgegangen ist:

> „Der als defizitär oder mängelbehaftet wahrgenommene biologische Körper erscheint zunächst in Zukunftsvisionen, zunehmend aber auch praktisch als Cyborg, als Ersatzteillager oder als Objekt technischer Aufrüstung. Die „Natur des Menschen" wird durch gentechnische Eingriffsmöglichkeiten, Neuroprothesen, Chimären und andere technologische und medizinische Entwicklungen zunehmend in Frage gestellt." (Flyer der Tagung „Upgrades der Natur, künftige Körper: Interdisziplinäre und internationale Perspektiven", 17.–18.06.2016, Orient-Institut Istanbul)

Auffällig an dieser weit verbreiteten Darstellungsweise ist, dass sie in Differenz zu einer als radikal oder auf irgendeine Weise tiefgreifend wahrgenommenen Veränderung des gegenwärtigen Formats der Entitäten, die gemeinhin als soziale Akteure gelten (nämlich „Menschen"), deren Natur hergestellt wird. Die „Natur des Menschen" ist also ein Effekt des Reflexes gegenüber einer nur angenommen, vielleicht möglichen oder tatsächlichen und vielleicht sogar wahrscheinlichen Veränderung des Homo Sapiens. Weder die „Natur", noch die „Kultur" oder den „Menschen" gibt es – sie alle werden in wechselnden Bezugnahmen zueinander hergestellt, deren Grenzen abgesteckt und Bedeutungen abgesichert. Gerade im Zusammenhang mit technischen Neuerungen, kann plausibel nachgezeichnet werden, dass der Begriff „Natur" mit „Tradition" bzw. das „Bekannte" oder „Vertraute" ausgetauscht werden können (bspw. Dickel 2015). Wohingegen sich die Hauptvertreter der philosophischen Anthropologie darüber einig sind, dass die Natur des Menschen, wenn überhaupt, dann nur in seiner Plastizität zu suchen ist. Besonders scharf hat Blumenberg den uns so selbstverständlichen Oxymoron zum Ausdruck gebracht, indem er die Natur des Menschen in seiner Artifizialität begründet sah:

> „Bei Hobbes ist der Staat das erste Artefakt, das nicht die Lebenssphäre in Richtung auf eine Kulturwelt anreichert, sondern ihren tödlichen Antagonismus beseitigt. Philosophisch ist an dieser Theorie nicht primär, daß sie das Auftreten einer Institution wie des Staates – und noch dazu des absolutistischen – erklärt, sondern daß sie die vermeintliche Wesens-Bestimmung des Menschen als des ‚zoon politicon' in eine funktionale Darstellung überführt. Ich sehe keinen anderen wissenschaftlichen Weg für eine Anthropologie, als das vermeintlich ‚Natürliche' auf analoge Weise zu destruieren und seiner ‚Künstlichkeit' im Funktionssystem der menschlichen Elementarleistung ‚Leben' zu überführen." (Blumenberg 1981, S. 114 f.)

Wenn die Natur des Menschen in seiner Formbarkeit und nicht vorhandenen Festlegung begründet ist und wenn die Relevanz der Natur-Kultur Differenz eine historisch-kontingente – nämlich typisch moderne – ist, kann danach gefragt werden, was eigentlich auf dem Spiel steht, wenn den künftigen Körpern das Upgraden streitig gemacht wird. Wer oder was profitiert von einem Upgrade und wer oder was von einer Unterbindung?

4 Die Natur-Kultur Differenz und die soziale Ungleichheit

Im Diskurs über die Grunddifferenz zwischen Natur und Kultur war das Erscheinen von Claude Lévi-Strauss' Werk „Mythologica I: Das Rohe und das Gekochte" (1964, 2009) wegweisend. Darin legt Lévi-Strauss dar, dass die Opposition zwischen Natur und Kultur eine der grundlegendsten überhaupt ist, insbesondere für den Aufbau geistiger Fähigkeiten und kognitiver Fertigkeiten der Welterschließung. Er stellt fest, dass sich der Übergang von Natur zu Kultur besonders gut an der Art und Weise der Essenszubereitung feststellen lässt, denn erst durch kulturelle Prozesse werden aus dem rohen Urzustand der Nahrung (Natur) gekochte Nahrungsmittel (Kultur). Der Reiz einer solchen Grundlegung liegt in der schlichten Einfachheit eines (sozialen) Wirklichkeitsverständnisses begründet, das auf ahistorische, feststehende Differenzen zurückgeführt werden kann. So vermag es Mary Douglas in „How Institutions Think" (1986, S. 63 f.) die folgenreiche Kopplung basaler, wirklichkeitskonstituierender Kategorien mit dem vermeintlich ‚biologischen (also: natürlichen) Geschlecht' plausibel darzustellen, indem sie auf Lévi-Strauss rekurriert und hierbei vor allem auf eben jene Grunddifferenz von ‚Natur vs. Kultur' aufbaut, die in der Gegenüberstellung des Rohen und des Gekochten ihren empirischen Ausdruck findet (Gildemeister/ Wetterer 1992, S. 242).

> „Versteckte Musikchöre erschallten da von allen Seiten aus den blühenden Gebüschen, unter den hohen Bäumen wandelten sittige Frauen auf und nieder und ließen die schönen Augen musternd ergehen über die glänzende Wiese, lachend und plaudernd und mit den bunten Federn nickend im lauen Abendgolde wie ein Blumenbeet, das sich im Winde wiegt. Weiterhin auf einem heitergrünen Plan vergnügten sich mehrere Mädchen mit Ballspielen. [...] Besonders zog die eine durch ihre zierliche, fast noch kindliche Gestalt und die Anmut aller ihrer Bewegungen Florio's Augen auf sich. Sie hatte einen vollen, bunten Blumenkranz in den Haaren und war recht wie ein fröhliches Bild des Frühlings anzuschauen, wie sie so überaus frisch bald über den Rasen dahinflog, bald sich neigte, bald wieder mit ihren anmutigen Gliedern in die heitere Luft hinauflangte." (Eichendorff 1819)

In Eichendorffs Erzählung „Das Marmorbild", das er 1818 verfasst und 1819 im „Frauentaschenbuch" veröffentlicht wurde, kommt in der soeben exemplarisch zitierten Darstellung von „Bianka" – in die sich der Protagonist Florio verguckt – der Topos der Frau als Naturwesen beispielhaft zum Vorschein, und zwar so wie er erst in der Romantik (als kulturgeschichtliche Epoche) herausgebildet und etabliert worden ist. Der Mechanismus beruht bekanntlich auf einer Analogiebildung von der Schönheit der Natur zu der Schönheit der Frau (Kohns 2009), die zugleich in einem unmittelbaren Verweiszusammenhang sowohl mit der Reproduktionsfunktion der Frau als auch mit der Reduktion auf eine dual codierte Geschlechtlichkeit steht, die allesamt im Sinne einer faktisch-biologischen Rechtfertigung für die Richtigkeit dieser Analogie mitkonstruiert werden (Voß 2010). Lemke (2008) macht darauf aufmerksam, dass gerade im radikalen biopolitischen Diskurs auf diese basalen, gesellschaftlichen Implikationen von organischem Leben (als Ressource) und – ich würde dem gerne noch hinzufügen wollen – der mitschwingenden Naturreferenz (als Ursprung dieser Ressource), nicht ausreichend eingegangen wird oder gar nicht beachtet werden:

> „Agambens Versuch einer expliziten Korrektur Foucaults gibt dessen zentrale Einsicht preis, dass Biopolitik ein historisches Phänomen darstellt, das nicht von der Herausbildung des modernen Staates, der Entstehung der Humanwissenschaften und der Durchsetzung kapitalistischer Produktionsverhältnisse zu trennen ist ohne diese notwendige historisch-gesellschaftliche Situierung des biopolitischen Projekts wird das ‚nackte Leben' zu einem Abstraktum, dessen komplexe Entstehungsbedingungen ebenso unklar bleiben müssen wie seine politischen Implikationen. Agamben neigt dazu, die historische Differenz zwischen Antike und Gegenwart, Mittelalter und Moderne zu verwischen. Er blendet nicht nur die Frage aus, was

> Biopolitik mit der Produktion ‚lebendiger Arbeit' und einer politischen Ökonomie des Lebens zu tun hat, sondern unterschlägt auch die Bedeutung der Geschlechterdimension für seine Problemstellung. Er [Agamben] untersucht nicht, inwieweit die Produktion ‚nackten Lebens' auch ein patriarchales Projekt ist, das durch die strikte und dichotomische Aufteilung von Natur und Politik die Geschlechterdifferenz festschreibt. Thematisiert wird ‚weder Gebürtigkeit, noch Geschlechtlichkeit, weder Sexualität, noch das Verhältnis der Geschlechter, weder die heterosexuelle Prägung der symbolischen Ordnung und politischen Kultur noch der Anteil der Frauen an der Reproduktion des Lebens' [...]." (Lemke 2008, S. 107)

Der biopolitische Diskurs neigt dazu gesellschaftlich relevante Strukturkategorien, die den sozialen Raum hierarchisch prägen und fixieren zu verwischen oder gar auszublenden. Das Geschlecht ist dabei nur ein Beispiel, Rasse (ich verwende den Begriff hier analog zu der angelsächsischen Verwendungsweise des Begriffes „race") und Religion sind weitere. In aktuellen Beiträgen in einem Sammelband, das von María do Mar Castro Varela und Paul Mecheril herausgegeben worden ist, wird unter anderem die mediale Berichterstattung um verschiedene Vorfälle in denen Flüchtlinge (oder handelt es sich um Asylsuchende?) verwickelt waren rekonstruiert, um zu zeigen, dass diese als Monster stilisiert werden. Das besondere (und das ist eine der zentralen und zurecht vorgenommenen Korrekturen der sogenannten Poststrukturalisten an Claude Lévi-Strauss Grundlegung) an der Semantik des Begriffs „Natur", in Differenz zu dem der „Kultur", ist, dass es im besten Sinne des Wortes ambivalent ist. Es kann sowohl das Gute, Schützenswerte im Sinne eines Biokonservatismus gemeint sein als auch das urwüchsig-tierische und barbarische im Sinne einer unkultivierten, unzivilisierten Horde von Menschen, die eben darum auch noch keine (wirklich) sind. Aber auch die Hybris, das Überschreiten der Grenze ist von Kathy Davis (2008) zurecht als gesellschaftliches Spannungsfeld dargestellt worden. Anhand von Michael Jacksons Metamorphose zeichnet sie in ihrem Aufsatz „Surgical Passing – Das Unbehagen an Michael Jacksons Nase" (2008) die Grenzen des gesellschaftlich Akzeptiertem, sowie die Stigmatisierungen und Marginalisierungen ethnisch bedingter Diskriminierungen und deren Folgen auf:

> „Adrian Piper bringt es auf den Punkt, wenn sie feststellt, dass es bei ‚passing' weniger um eine Zurückweisung des Schwarz-Seins (oder einer anderen ‚markierten' Identität) geht als vielmehr um die Zurückweisung einer Identifikation mit Schwarz-Sein, die zu viel Schmerz mit sich bringt, als dass sie ausgehalten werden könnte [...]. Ethnische kosmetische Chirurgie ist insofern eine kontroverse Praxis, als sie die Frage berührt, wie die Konstruktion von ‚race' anhand des Körpers mit rassistischen Praxen der Exklusion und der Einpflanzung

von Minderwertigkeitsgefühlen verbunden ist. Sie verweist auf die unbequeme Tatsache, dass in vordergründig demokratischen Gesellschaften Menschen noch immer als ‚anders' definiert werden und daher gezwungen sind, Wege zu finden, ihre ‚Andersartigkeit' zu verstecken und unsichtbar zu werden, um ihre Lebenschancen zu verbessern. In einer Zeit, in der umfangreiche Migrationsbewegungen das Gesicht vieler europäischer Länder verändern und ‚race' und Rassismus die dringendsten Probleme der US-amerikanischen Gesellschaft sind, sollte ‚ethnische kosmetische Chirurgie' jedem, der auch nur oberflächlich an der Beseitigung von Ungerechtigkeiten interessiert ist, Unbehagen bereiten." (Davis 2008, S. 61 f.)

Ich möchte mit diesen Beispielen darauf hinweisen, dass es ganz konkrete Phänomene gibt, die reale, faktische Konsequenzen haben, die auf die Natur-Kultur Differenz zurückgeführt werden können. Die Natur-Kultur Differenz (als typisch moderne, basale Codierung) dient hierbei der Aufrechterhaltung elementarer Strukturkategorien, die mit der Herstellung und/oder Stabilisierung von Hierarchien und in deren Folge von sozialer Ungleichheit in Zusammenhang stehen. Manipulative Eingriffe des menschlichen organischen Materials – seien sie pre- oder postnatal, auf genetischer, somatischer, implantologischer oder prothetischer Ebene – hätten eine Implosion dieser Differenz zur Folge und damit auch die Auflösung einer Reihe basaler ungleichheitsfördernder Strukturen. Denn, Donna Haraways (1995) Cyborg-Metapher folgend, wenn jeder, jede und jedes entscheiden kann wer oder was er, sie oder es sein möchte, so würden die vermeintlich als naturgegeben markierten Eigenschaften obsolet werden. Vieles spricht dafür, dass je verhandelbarer vermeintlich naturgegebene Eigenschaften sind, umso vielfältiger und hartnäckiger fallen die gesellschaftlichen ‚Reflexe' klare Grenzziehungen (wieder)herzustellen aus (Weber 1998). Der weiter oben kurz erwähnte „Biokonservatismus" ist hierfür lediglich ein besonders markantes, gleichwohl immer geläufigeres Phänomen. Der Naturbegriff wird hierbei in Abgrenzung zur Technik (insbesondere der Lebenswissenschaften) formuliert und rekurriert im Wesentlichen auf emblematisch anmutenden Kennzeichnungen.

„Die Natur kann so etwa als das Wilde, das Ungezähmte, das Authentische, das Gewachsene, das Unbeeinflusste, das Gegebene, das Organische, das Unverfügbare, das Spontane, das Romantische, das Geborene, das Wesenhafte oder das von Menschenhand Unberührte begriffen werden. Eine so gefasste Natürlichkeit kann als Wert verstanden werden, den es anzustreben, zu pflegen und zu bewahren gilt, oder gar als Norm, aus der sich unmittelbare Handlungsanweisungen, -gebote und -verbote ableiten lassen […]. Im Kontext des bioethischen Diskurses hat sich für solche Positionen der Begriff des ‚Biokonservatismus' eingebürgert." (Dickel 2015, S. 51)

Ein weiteres, ganz und gar äußerst plakatives wie auch instruktives Beispiel, stellt die Bewertung der „industriell gefertigten Säuglingsanfangsnahrung" in der Zeitschrift Öko-Test in einer Ausgabe von 2013 dar. Die einzige Milch, die keine schädlichen Fettsäureester (3-MCPD) beinhaltet (diese stehen in Verdacht krebserregend zu sein), kommt trotzdem nicht über ein „Befriedigend" hinaus, aus dem einzigen Grund, dass diese den „prominenten Schriftzug […] ‚Combiotik – nach dem Vorbild der Natur' auf der Packungsvorderseite [enthält], der die Ähnlichkeit zu Muttermilch zu stark betont." (Öko-Test 2013, S. 30) Die artifiziell hergestellte Milch der „Natur" (als die Milchproduzierende Brust einer Frau) unterjubeln zu wollen ist genauso schädlich wie eine Substanz, die unter Umständen Krebs erregen könnte. Zugleich macht die Zeitschrift gleich mehrfach eindringlich darauf aufmerksam, dass das Stillen keine Frage des Wollens sein kann:

> „Stillen ist und bleibt die beste Ernährung für Ihr Baby. Können Sie nicht oder nicht voll stillen, sollte trotz der Belastung mit den Fettschadstoffen mit industrieller Säuglingsanfangsnahrung gefüttert werden. […] Wenn man nach dem Kinder- und Jugendgesundheitssurveys (KiGGS) geht, den das Robert-Koch Institut für die Geburtsjahrgänge 1986 bis 2005 erhoben hat, dann steht es eigentlich gar nicht so schlecht um das Stillen in Deutschland: Die Stillhäufigkeit stieg über die Jahre immerhin um etwa acht Prozent und der Anteil der Kinder, die jemals in den Genuss des Stillens kamen, lag bei durchschnittlich 76,7 Prozent. Ein weniger positives Bild malen aktuellere Studien aus Bayern und Berlin. Danach beginnen zwar rund 90 Prozent der Mütter mit dem Stillen, doch nur etwa 70 Prozent halten dies auch länger als zwei Monate durch. Nach sechs Monaten liegt die Stillrate nur noch bei 40 bis 50 Prozent. Das ist schade, denn das Stillen ist sowohl für das Kind als auch für die Mutter von unschätzbarem Wert." (Öko-Test 2013, S. 25)

In dieselbe Kerbe schlagen Äußerungen und Geschehnisse der massenmedialen Darstellung von Geschlechterverhältnissen, die diskursanalytisch auf recht unverblümte Weise ebenfalls die Naturreferenz in Position bringen. So bspw. in einem Dialog zwischen den zwei Superhelden Black Widow (Natascha Romanoff – gespielt von Scarlett Johansson) und Hulk (Dr. Robert Bruce Banner – gespielt von Mark Ruffalo) in dem Film „Avengers: Age of Ultron" von 2015. Hier versuchen die zwei Superhelden – im Rahmen ihrer Charaktere in Zivil – auszuloten wie tragfähig ihre Liebesaffäre für eine ‚echte' Paarbeziehung wäre:

Dr. Robert Bruce Banner (Hulk): What are you doing?
Natascha Romanoff (Black Widow): I'm running with it. With you. If running is the plan, as far as you want.
Dr. Robert Bruce Banner (Hulk): Are you out of your mind?

Natascha Romanoff (Black Widow): I want you to understand that…
Dr. Robert Bruce Banner (Hulk): Natasha, where can I go? Where in the world am I not a threat?
Natascha Romanoff (Black Widow): You're not a threat to me.
Dr. Robert Bruce Banner (Hulk): Are you sure? Even if I didn't just… There's no future with me. I can't ever… I can't have this. Kids. Do the math. I physically can't.
Natascha Romanoff (Black Widow): Neither can I. In the Red Room where I was trained… Where I was raised, they have a graduation ceremony. They sterilize you. It's efficient. One less thing to worry about. The one thing that might matter more than a mission. Makes everything easier. Even killing. You still think you're the only monster on the team?
(Auszug aus dem Film „Avengers: Age of Ultron" (2015), 01:06:40–01:08:30)

Natascha Romanoff, eine – zumindest in Zivil – liebenswerte junge Frau erklärt sich aufgrund der nicht mehr vorhandenen Reproduktionsfähigkeit zum Monster und stellt sich damit auf eine Stufe mit Bruce Banner, alias Hulk, der – zur Erinnerung – ein unbändiges, impulsives, kaum beherrsch- und besiegbares wie unvorstellbar (schlag-)kräftiges Wesen ist.

5   Schluss und ein vorläufiges Fazit

Die Moderne ist wie jedes andere Zeitalter bzw. jede Institution ‚im Kleinen' und jedes Subjekt ‚im Kleinsten' eine performative Maschine (Braun 2008; Schmidgen 1997). Durch jede „sinnhafte" Handlung, jeder (implizite wie explizite) Verweis auf geltende Normen und Deutungsmuster, die diese legitimieren oder auch nur verständlich machen, wird gerade jene Wirklichkeit und Weltauslegung hergestellt vor deren Hintergrund eben jene Handlungen und diesbezügliche diskursive Auslegungen erst möglich werden, für andere ‚soziale Entitäten' anschlussfähig sind und zur weiteren Sinnproduktion einladen. In dieser Hinsicht verweist Latour in seiner Monographie „Wir sind nie modern gewesen" (2002) in der Tat auf einen ganz wesentlichen Aspekt hin: Die Konzepte von Natur und Kultur haben an Bedeutung seit der Renaissance nicht eingebüßt, vielmehr ist die Moderne (inkl. aller Spät-, Post- und sonstigen chronologisch nachgelagerten Ausformungen) ihre Lebensversicherung.

Dirk Baecker (2007) wagt einen hypothetischen Blick aus der Zukunft einer möglichen „nächsten Gesellschaft" in die Gegenwart zurück, der daran erinnert was auf dem Spiel bzw. zur Disposition steht:

„Nicht relativ ist für den Menschen in der nächsten Gesellschaft – wie in jeder vorherigen, aber das erkennt er erst jetzt – sein eigenes Leben. […] Schon dass eine solche Formulierung überhaupt möglich ist, markiert den Unterschied zu einer modernen Gesellschaft, für die und in der der Mensch keinen Moment zur Debatte stand, sondern mithilfe der Schaffung von und der Berufung auf Menschenrechte aus jeder Debatte herausgenommen werden sollte. Jetzt aber bekommen wir es mit Robotern, Avataren, Cyborgs und Hybriden oder auch mit jenen robusteren Organismen, die nach der atomaren Katastrophe die Erde beleben, zu tun, die uns schon jetzt aus einer Zukunft zuwinken, aus der wir zurückschauen können auf eine Vergangenheit, in der es noch Menschen gab." (Baecker 2007, S. 227 f.)

Je fragiler und verhandelbarer vermeintliche Selbstverständlichkeiten sind, die den (eurozentrisch ‚anthropologisch' präformierten) Menschen in seiner hervorgehobenen Position gefährden, desto wichtiger wird gerade diese Gegenüberstellung. Ein Außen der Natur-Kultur Differenz, das die Behaglichkeit der durch sie geschaffenen Grenzen des Denk- und Verhandelbaren gefährdet, ist allerdings inzwischen (bedrohlich) sichtbar geworden, da die Konfrontation mit den empirischen Möglichkeiten bezüglich einer grundsätzlichen Entscheidbarkeit wer oder was der Mensch als sozialer Akteur sein soll oder will unausweichlich geworden ist.

Wenn der Körper für die Genealogie des Subjektes als modernen sozialen Akteur so zentral ist und die Naturreferenz diesen in seiner Qualität „Mensch" zu sein, so vorzüglich immer wieder in seine höhergestellte hierarchische Ordnung bestätigt und verfestigt, dann führt die Manipulierbarkeit des Körpers zur Implosion der Natur-Kultur Differenz uns der auf dieser beruhenden Ordnungen. Die Grenze von Bios und Zoë bzw. zwischen den Eigenschaften die eine Entität als sozialen Akteur auszeichnen (Marx hat hierfür den Begriff des Gattungswesens geprägt, vgl. hierzu Hannah Arendt (2010), die diesen Gedanken in eben *dieser* Hinsicht vorgreifend formuliert hat) und dem Homo Sacer lösen sich auf, da auch diese auf der Unterscheidung von Natur und Kultur beruhen, insofern sie diese negieren (möchten). Auch wenn die nächste Gesellschaft sich bereits unmissverständlich angekündigt hat, befinden wir uns noch in der (und schon muss es heißen:) vergangenen, die mit allen ihr zur Verfügung stehenden Mitteln eine Implosion, der ihr vielleicht wichtigsten Unterscheidung verteidigt. So ausgedeutet würde also ein Wesensmerkmal derzeitiger moderner Gesellschaften darin liegen, die Zukunft zu verhindern, indem sie „Zukunft" bleibt – obschon sie potenziell schon längst Gegenwart ist.

Literatur

Arendt, H., (2010). Vita activa oder Vom tätigen Leben, 9. ed. Piper, München [u. a.].

Baecker, D., (2007). Das Relativitätsprinzip. In: Ders. (Ed.), Studien Zur Nächsten Gesellschaft, Suhrkamp Taschenbuch Wissenschaft. Suhrkamp, Frankfurt a. M., S. 206–228.

Baecker, D., (2007). Studien zur nächsten Gesellschaft, 1. ed, Suhrkamp Taschenbuch Wissenschaft. Suhrkamp, Frankfurt a. M.

Blumenberg, H., (1981). Anthropologische Annäherung an die Aktualität der Rhetorik. In: Ders. (Ed.), Wirklichkeiten in Denen Wir Leben. Aufsätze Und Eine Rede, Universal-Bibliothek. Reclam, Stuttgart, S. 104–136.

Braun, C., (2008). Die Stellung des Subjekts - Lacans Psychoanalyse, 2. ed. Parodos Verlag, Berlin.

Compagna, D. (Ed.), (2015). Leben zwischen Natur und Kultur: zur Neuaushandlung von Natur und Kultur in den Technik- und Lebenswissenschaften, 1. ed, Science Studies. transcript, Bielefeld.

Davis, K., (2008). Surgical Passing – Das Unbehagen an Michael Jacksons Nase. In: Villa, P.-I. (Ed.), Schön Normal. Manipulationen Am Körper Als Technologien Des Selbst. transcript, Bielefeld, S. 41–65.

Descola, P., (2013). Jenseits von Natur und Kultur, 1. ed. Suhrkamp, Berlin.

Dickel, Sascha (2015): Natur in der Krise. Die Technisierung der Lebenswelt und die Antiquiertheit biokonservativer Technikkritik. In: Compagna, D. (Ed.), (2015). Leben zwischen Natur und Kultur: zur Neuaushandlung von Natur und Kultur in den Technik- und Lebenswissenschaften, 1. ed, Science Studies. transcript, Bielefeld. (S. 45–71)

Dickel, S., (2015). Natur in der Krise. Die Technisierung der Lebenswelt und die Antiquiertheit

Douglas, M.T., (1986). How institutions think, 1. ed. Syracuse University Press, Syracuse, NY.

Eichendorff, J. v., [1819] (2015). Das Marmorbild. Frankfurt a. M.: Suhrkamp.

Fleck, L., [1935] (2002). Entstehung und Entwicklung einer wissenschaftlichen Tatsache – Einführung in die Lehre vom Denkstil und Denkkollektiv, 5. ed, Suhrkamp-Taschenbuch Wissenschaft. Suhrkamp, Frankfurt a. M.

Foucault, M., (2004). Die Sorge um sich – Sexualität und Wahrheit 3, 8. ed, Suhrkamp-Taschenbuch Wissenschaft. Suhrkamp, Frankfurt a. M.

Foucault, M., (2008). Die Anormalen – Vorlesungen am Collège de France (1974–1975), 2. ed. Suhrkamp, Frankfurt a. M.

Foucault, M., Sennelart, M., (2014). Die Geburt der Biopolitik: Vorlesung am Collège de France, (1978–1979), Orig.-Ausg., 3. Aufl. ed, Geschichte der Gouvernementalität. Suhrkamp, Frankfurt am Main.

Gildemeister, R., Wetterer, A., (1992). Wie Geschlechter gemacht werden – Die soziale Konstruktion der Zwei-Geschlechtlichkeit und ihre Reifizierung in der Frauenforschung. In: Knapp, G.-A. (Ed.), Traditionen Brüche. Entwicklungen Feministischer Theorie. Kore, Freiburg, S. 201–254.

Hall, S., (1997). The Work of Representation. In: Stuart Hall et al. (Ed.): Representation. Cultural Representations and Signifying Practices. Sage, London (S. 15–61.)

Harari, Y.N., (2015). Sapiens: a brief history of humankind, First U.S. edition. ed. Harper, New York.

Haraway, D.J., (1995). Ein Manifest für Cyborgs – Feminismus im Streit mit den Technowissenschaften, 1. ed. Campus, Frankfurt [u. a.]. (S. 33-72)

Kohns, O., (2009). Die Anästhetik des Monsters – Das Schöne und das Monströse in Eichendorffs „Das Marmorbild" und Shelleys „Frankenstein." In: Geisenhanslüke, A., Mein, G. (Eds.), Monströse Ordnungen zur Typologie und Ästhetik des Anormalen. transcript, Bielefeld, S. 337–362.

Latour, B., (2002). Wir sind nie modern gewesen: Versuch einer symmetrischen Anthropologie, 2. Aufl. ed, Fischer Forum Wissenschaft Figuren des Wissens. Fischer-Taschenbuch-Verl, Frankfurt am Main.

Lemke, T., (2008). Gouvernementalität und Biopolitik, 2. ed. VS Verlag für Sozialwissenschaften, Wiesbaden.

Lévi-Strauss, C., [1964] (2009). Das Rohe und das Gekochte, 8. ed. Suhrkamp, Frankfurt a. M.

Ökotest, (2013). Kinderernährung. 300 Fragen 300 Antworten.

Schmidgen, H., 1997. Das Unbewußte der Maschinen - Konzeptionen des Psychischen bei Guattari, Deleuze und Lacan, 1. ed. Fink, München.

Voß, H.-J., (2010). Making sex revisited – Dekonstruktion des Geschlechts aus biologisch-medizinischer Perspektive, 1. ed. transcript, Bielefeld.

Weber, J., (1998). Feminismus & Konstruktivismus – Zur Netzwerktheorie bei Donna Haraway. Das Argument 40, 699–712.

Filme

Alien: Resurrection (1997). Regie: Jean-Pierre Jeunet, Drehbuch: Joss Whedon (nach Charakteren von Dan O'Bannon und Larry Ferguson).

Avengers: Age of Ultron (2015). Regie: Joss Whedon, Drehbuch: Joss Whedon.

Homo creator. Von der Synthetischen Biologie zum Human Genetic Enhancement?

Joachim Boldt

Zusammenfassung

Synthetische Biologie beinhaltet Methoden und Technologien zur Veränderung von DNA und DNA-gesteuerter zellulärer Prozesse. Aktuell liegt der Schwerpunkt dabei auf einzelligen Organismen. Denkbar ist aber, dass sich die Synthetische Biologie auch mehrzelligen Organismen und letztlich dem Menschen zuwendet. Ethisch unumstritten ist dabei die Forderung, die Anwendungen der Synthetischen Biologie sollten nutzbringend für den Menschen sein. Wäre es nun nicht zum Beispiel nützlich und ethisch sinnvoll, Stimmungen und Emotionen so genetisch zu verbessern, dass menschliches Zusammenleben friedlicher wird? An dieser Stelle münden die Veränderungsvisionen der Synthetischen Biologie in eine Aporie, weil ein solches ethisches Enhancement immer auch das ethische Urteilsvermögen selbst verändert.

Schlüsselwörter

Synthetische Biologie · Ethisches Enhancement · Human Genetic Enhancement · Genetische Therapie

---

J. Boldt (✉)
Albert-Ludwigs-Universität Freiburg, Freiburg, Deutschland
E-Mail: boldt@egm.uni-freiburg.de

© Der/die Autor(en), exklusiv lizenziert durch Springer Fachmedien Wiesbaden GmbH, ein Teil von Springer Nature 2020
M. Şahinol et al. (Hrsg.), *Upgrades der Natur, künftige Körper*, Technikzukünfte, Wissenschaft und Gesellschaft / Futures of Technology, Science and Society, https://doi.org/10.1007/978-3-658-31597-9_2

1 Einleitung

Worüber man eigentlich genau redet, wenn man von Synthetischer Biologie spricht, ist nicht ganz einfach zu sagen. Auf den ersten Blick handelt es sich bei der Synthetischen Biologie einfach um Gentechnik mit neuem Namen. Synthetische Biologie beschäftigt sich mit dem Umbau, Nachbau und Neubau genetisch gesteuerter intra- und interzellulärer Prozesse, zum Beispiel metabolischen oder signalübertragenden Netzwerken. Das ist im Prinzip aus der Gentechnik bekannt. Dennoch lassen sich in drei Hinsichten Besonderheiten der Synthetischen Biologie benennen.

Erstens greift die Synthetische Biologie tiefer in das Genom ein, als es die Gentechnik bisher tat. Nicht nur einzelne Gene, sondern längere genetische Sequenzen bis hin zu ganzen Genomen werden synthetisch hergestellt. 2010 hat eine Forschergruppe um Craig Venter in den USA zum Beispiel ein bakterielles Genom komplett synthetisch erzeugt und dessen Funktionsfähigkeit in einer bakteriellen Zelle nachgewiesen (Gibson et al. 2010), 2014 gelang die Synthese eines ungleich längeren Hefechromosoms (Annaluru et al. 2014) und im Projekt „The Genome Project – Write" hat man sich die Synthese des menschlichen Genoms zum Ziel gesetzt (Boeke et al. 2016).

Zweitens werden Eingriffe in das Genom von ingenieur wissenschaftlichen Vorgehensweisen geprägt, zu denen neben Initiativen zur Modularisierung und Standardisierung von DNA-Abschnitten an zentraler Stelle das zielgerichtete, informationstechnisch gestützte Design der geplanten Veränderungen gehört (Andrianantoandro et al. 2006).

Drittens verbindet sich diese Technologie nicht nur mit Vorstellungen von der Umgestaltung der Natur, sondern auch von Neuschöpfung und Neugestaltung, bei der DNA-Abschnitte auf bisher aus der Natur unbekannte Art und Weise neu zu Genomen kombiniert werden oder DNA aus anderen chemischen Bausteinen aufgebaut wird als denjenigen, die die Natur verwendet. Dass die Synthetische Biologie auch für die Kunst interessant ist, liegt begründet in dieser Vision von Neugestaltung und der ihr innewohnenden Nähe zu Kreativität und Infragestellen des Gewohnten (Boldt und Müller 2008).

2 Vom Einzeller zum Menschen

Schaut man auf die aktuelle Technologie, dann sind die meisten Forschungsansätze begrenzt auf Bakterien und Hefen, also einzellige Organismen. Und selbst in diesem Bereich können die genetischen Eingriffe zwar umfassend sein, sind aber letztlich doch immer noch eher als Veränderungen einer natürlichen Art und nicht als Schaffung einer neuen Art zu beschreiben. Umso mehr gilt dies für aktuell avisierte Anwendungen der Synthetischen Biologie am Menschen. Im Rahmen der Forschungen zur Synthetischen Biologie geht es hier um den Einsatz genetisch veränderter Organismen oder genetischer Netzwerke in und an menschlichen Zellen zu therapeutischen Zwecken, und nicht um die Veränderung des menschlichen Erbguts selbst (Khalil und Collins 2010).

Dieser Befund sollte allerdings nicht darüber hinwegtäuschen, dass es eine der Synthetischen Biologie eigene Dynamik gibt, die vom Nachbau zum Neubau verweist und von der Umgestaltung einzelliger Organismen zur Umgestaltung von Mehrzellern. So war die oben erwähnte Synthetisierung eines bakteriellen Genoms nach natürlichem Vorbild als „proof of principle" dafür angelegt, dass es möglich ist, künstliche Genome, nachgebaute wie neugebaute, funktionsfähig in eine bakterielle Zelle einzusetzen. Dieses Programm speist sich aus der Annahme, dass der Neubau eines Organismus mit Hilfe eines zielgerichtet designten Genoms faktisch möglich sein muss, weil das Genom entscheidende Steuereinheit der Zelle sei. Zweitens sei es unausweichlich, dass die Forschung in Richtung dieses Neubaus eines Organismus gehe, weil wissenschaftlicher und technologischer Fortschritt in einer stetigen Ausweitung der Um- und Neugestaltungsfähigkeiten des Menschen in Bezug auf die Natur bestehe (Boldt 2013).

3 Wissenschaftstheoretische und anthropologische Grundannahmen

Hier kommen eine wissenschaftstheoretische und eine anthropologische Annahme zusammen. In wissenschaftstheoretischer Hinsicht wird die Aufgabe der Disziplinen zum einen darin gesehen, Mechanismen und Gesetzmäßigkeiten des Verhaltens von Atomen, Molekülen, komplexen Molekülen, Zellen und Organismen zu beschreiben. Auf der Basis der Beschreibung soll dann jeweils der Um- und Neubau der betreffenden Entitäten möglich sein, also zum Beispiel die Entwicklung neuer organischer Stoffe in der Chemie oder eben neuer

Organismen in der Biologie. Darüber hinaus soll in dieser Hinsicht gelten, dass sich die Gesetzmäßigkeiten der jeweils komplexeren Entitäten aus den Verhaltensgesetzmäßigkeiten der sie bildenden Entitäten abzuleiten sind. Das Verhalten eines Moleküls ist dementsprechend vom Verhalten der das Molekül bildenden Atome bestimmt und das Verhalten einer Zelle durch das diese Zelle steuernde DNA-Molekül.

In anthropologischer Hinsicht wird der Mensch verstanden als ein Wesen, das nach einem immer tieferen Verständnis der Natur – im oben beschriebenen Sinn – drängt und das auf diese Weise seine Macht über die Natur immer weiter ausdehnt. Wissensstreben und Machtstreben fallen hier in eins. Die entscheidende Frage für die Ausgestaltung der jeweiligen Freiheitsräume technischer Gestaltung ist dann die Frage danach, welchen Nutzen die Anwendung bringen würde. Dies gilt jedenfalls solange, wie die Machtausübung nicht Willkür ist, sondern sich an dem orientiert, was im Interesse derjenigen ist, die über diese technische Macht verfügen. In diesem Bild ist der Weg der Synthetischen Biologie vom Einzeller zum Menschen als unausweichliche Folge angelegt. Wer weiß, wie der Einzeller funktioniert, der will dann wissen, wie der Mehrzeller Mensch funktioniert und er wird dann dieses Wissen technisch in Form von Um- und Neubau des Menschen nutzbar machen.

Sowohl diese wissenschaftstheoretische als auch diese anthropologische Annahme lassen sich mit guten Gründen bezweifeln. Das Bild von der Steuereinheit DNA, die die übrigen molekularen Prozesse der Zelle kontrolliere, unterschätzt möglicherweise die Wechselwirkungen zwischen Genom und z. B. Zellmembran, die zu Modifikationen der Genexpression führen können. Und der technologische Fortschritt lässt sich unter Umständen besser als ein Weg von Versuch und Irrtum beschreiben, der von unterschiedlichen Interpretationen des jeweiligen Geschehens bestimmt ist und der zu inselartigen technischen Lösungen führt, statt als lineares Anwachsen technischer Unabhängigkeit von und Gestaltungsfreiheit über die Natur.

Diese Art von Kritik am Programm der Synthetischen Biologie soll hier aber nicht im Vordergrund stehen. Auch wenn man annimmt, und das sei hiermit einmal getan, dass sich vom Design eines Genoms eindeutig auf die Eigenschaften eines mit diesem Genom ausgestatteten Organismus schließen lässt und dass Ausweitung der Umgestaltung der Natur eine Grundstruktur technischen Fortschritts ist, soll hier gefragt werden, bis zu welchem Punkt in diesem Programm es eigentlich prinzipiell möglich ist zu bestimmen, was eine wünschenswerte und nutzbringende Anwendung der Synthetischen Biologie sein soll und was nicht. Das Programm der Synthetischen Biologie, so verstanden wie hier skizziert, führt, das ist die These, in eine Aporie.

4 Beurteilung nach Schaden und Nutzen

Nehmen wir also an, dass sich die Synthetische Biologie eines Tages zur Synthetischen Anthropologie entwickeln wird. An welchen grundlegenden Kriterien kann man sich dann orientieren, wenn es darum geht zu bestimmen, welche Anwendungen der Synthetischen Biologie sinnvoll sind und gefördert werden sollten?

Die Antwort erscheint zunächst einfach. Potenzieller Nutzen und potenzieller Schaden einer Anwendung müssen gegeneinander abgewogen werden. Je größer der Nutzen und je geringer der Schaden, umso besser. Was schadet und was nutzt, das lässt sich im Hinblick auf Bedürfnisse oder Interessen derjenigen analysieren, die von der Anwendung betroffen sind, so könnte man weiterhin sagen. Etwas schadet jemandem, wenn das, was sie oder er sich wünscht oder braucht, nicht erfüllt werden kann. Umgekehrt nutzt etwas dann, wenn es die Erfüllung eines Bedürfnisses oder Wunsches ermöglicht. Interessen und Bedürfnisse werden in diesem Modell somit als Konstanten verstanden, die durch die Technologie selber nicht verändert werden und mithilfe derer die Anwendung evaluiert werden kann.

Ohne hier auf Detaildiskussionen eingehen zu können, entspricht diese Grundidee zum einen der Vorstellung, dass Technik Machtausweitung bedeutet, wenn Macht zu haben heißt, die Welt so ordnen zu können, wie man es für nützlich befindet. Zum anderen ist sie anschlussfähig für den Utilitarismus in der Ethik, demzufolge eine Handlung dann ethisch die beste aus einer Reihe von Handlungsalternativen ist, wenn die Folgen dieser Handlung in der Summe den höchsten Nutzen beziehungsweise den geringsten Schaden mit sich bringen.

Bekanntermaßen verbergen sich im Detail dieses Ansatzes eine Reihe von Schwierigkeiten. So ist zum Beispiel zu fragen, ob Bedürfnisse und Interessen einer Kategorie zuzurechnen sind oder ob die Verletzung von Bedürfnissen höher zu gewichten ist als die von peripheren, möglicherweise idiosynkratischen Interessen. Außerdem ist, um ein weiteres Beispiel zu nennen, sicherzustellen, dass der Wert individuellen menschlichen Lebens und individueller Rechte nicht einem summarischen, gesamtgesellschaftlichen Nutzenkalkül zum Opfer fallen. Diese und weitere Fragen entspannen sich zwischen utilitaristischen, deontologischen und tugendbezogenen Ethikansätzen. Allen Unterschieden in diesen Bewertungsfragen zum Trotz ergeben sich für keinen dieser Ansätze prinzipielle Hürden, wenn es um die Bewertung eines Anwendungsfeldes der Synthetischen Biologie geht, bei dem nicht-menschliche Organismen verändert werden. Mikroorganismen, die Nutzpflanzen befähigen, größere Mengen Stickstoff aufzunehmen, synthetische Hefen zur effizienten Produktion eines therapeutisch wirksamen Stoffes oder auch genetisch veränderte Moskitos, die keine Malariaerreger übertragen können, lassen sich in Bezug auf potenziellen Schaden und Nutzen für den Menschen an als stabil vorausgesetzten Bedürfnissen und Interessen des Menschen nach ausreichender Ernährung, Gesundheit, einer lebenswerten Umwelt und einer friedlichen, gerechten, globalen Ordnung beurteilen.

5 Genetische Therapie und Prävention

Schaut man auf die nächste Zukunft genetischer Eingriffe am Menschen, dann wird es zunächst um die Therapie genetischer Erkrankungen gehen. Neue gentechnische Werkzeuge wie CRISPR/Cas9 ermöglichen zielgenaues Schneiden von DNA. An den Schnittstellen können neue DNA-Abschnitte mit Hilfe homologer Endverbindungen so eingefügt werden, dass keine unerwünschten Mutationen auftreten. Zwar bleibt auch für dieses Werkzeug das Problem bestehen, genügend Zellen des menschlichen Körpers und des jeweils betroffenen Organs zu erreichen und in diese Zellen ohne Schaden einzudringen, gleichzeitig verspricht das punktgenaue Schneiden aber im Vergleich zu bisherigen gentechnischen Eingriffen wesentlich weniger Nebenwirkungen (Dai et al. 2016). Es ist zu erwarten, dass Ansätze aus der Synthetischen Biologie zusammen mit der CRISPR-Technologie dem Feld der Gentherapie zu einem neuen Aufschwung verhelfen werden.

Viele der neuen Ansätze zu genetischer Therapie konzentrieren sich, wie bisher auch schon, auf Erkrankungen des Blutbildungssystems und Erkrankungen, die mit Hilfe modifizierter Immunzellen behandelt werden können. Bei solchen Erkrankungen ist es möglich, die entsprechenden Zellen außerhalb des Körpers des Kranken, ex vivo, genetisch zu verändern und zu kultivieren. Darüber hinaus geben reimplantierte Blutstammzellen ihre genetische Veränderung an die von ihnen gebildeten Blutzellen im menschlichen Körper weiter (Naldini 2015). In diesen Fällen sind deshalb die zu behandelnden Zellen gut zugänglich und es kann eine hohe Anzahl veränderter Zellen erzeugt werden. Neben diesen Ansätzen bietet sich aber auch, in vivo, das Auge als gut zugängliches Organ für gentherapeutische Versuche an (Petit et al. 2016).

Ebenfalls gut erreichbar sind Keimzellen und befruchtete Eizellen. Da sich aus diesen Zellen der Keimbahn alle Zellen des menschlichen Organismus entwickeln, wird die genetische Änderung einer solchen Zelle an alle Zellen des sich bildenden Körpers weitergegeben. Hinzu kommt, dass eine solche genetische Änderung nicht nur das behandelte Individuum beziehungsweise das aus der Vereinigung von behandelten Keimzellen hervorgehende Individuum selbst betrifft, sondern auch alle Nachkommen dieses Individuums. Im Hinblick auf das Ziel, Gentherapie effektiv zu gestalten, bietet sich daher der Einsatz des therapeutischen „Genome Editing" an Zellen der Keimbahn im Grunde in besonderer Weise an (Baltimore et al. 2015).

Es ist jedoch offensichtlich, dass bei dieser Art des genetischen Eingriffs auch die Risiken erhöht sind. Wenn eine solche Therapie unbeabsichtigte Nebenwirkungen hat, dann betreffen diese nicht nur ein Organ, wie man im Fall somatischer Gentherapie hoffen kann, sondern den ganzen sich bildenden Menschen und auch Nachkommen dieses Menschen. Denkbar ist, dass Nebenwirkungen dieser Art des Eingriffs überhaupt erst bei Nachkommen unter besonderen Umwelt- und Lebensbedingungen zum Vorschein kommen. Mit der erhöhten Effektivität korrespondiert daher sowohl ein erhöhtes Risiko gravierender Nebenwirkungen beim behandelten Patienten als auch ein schwer zu kalkulierendes Risiko von unbeabsichtigten Wirkungen bei Nachkommen.

Auffällig ist bei diesem Überblick über medizinische Eingriffe in das Genom, dass sie alle üblicherweise unter dem Oberbegriff der „Therapie" verhandelt werden, obwohl es sich bei vielen der genannten Optionen nicht um therapeutische, sondern um präventive Eingriffe handelt. Die genetische Behandlung erblich bedingter Stoffwechselstörung an somatischen Zellen von Erkrankten, die Bekämpfung sich vermehrender Tumorzellen oder HI-Viren mit genetisch veränderten T-Zellen sind eindeutig therapeutische Verfahren. Schon bei einer somatischen genetischen Behandlung, die stattfindet, bevor die Krankheit ausbricht, ist dieser enge Bereich der Therapie aber verlassen und die Behandlung gehört zur Prävention.

Bei Präventivmaßnahmen stellt sich die ethische Problematik der Frage nach Nutzen und Schaden auf eine spezifisch erweiterte Art und Weise. So ist erstens nicht immer sicher anzugeben, ob ein noch nicht kranker Mensch in Zukunft tatsächlich erkranken wird. Es steht dann in Frage, ob der Patient oder die Patientin von der Präventivmaßnahme überhaupt profitiert, selbst wenn sie oder er Träger des Risikofaktors ist und dieser genetische Risikofaktor mit Hilfe des genetischen Eingriffs erfolgreich ausgeschaltet wird. Zweitens kann es bei der dem Eingriff vorgeschalteten Diagnostik prinzipiell immer auch zu falsch positiven und falsch negativen Befunden kommen, wodurch im ersten Fall Menschen behandelt würden, die kein erhöhtes Risiko für die Krankheit haben, im zweiten Fall würden Menschen nicht präventiv behandelt, obwohl sie das Risikomerkmal tragen. Diese Problematik besteht auch bei genetischen Tests (Djemie et al. 2016).

Geht man davon aus, dass der ethische Auftrag zum Handeln dann besonders dringlich ist, wenn jemand akut unter einer Krankheit leidet, und geht man weiter davon aus, dass dieser Auftrag an Dringlichkeit verliert, je ungewisser das mögliche zukünftige Leiden und je ungewisser der Erfolg des eigenen Eingreifens sind, dann gilt schon in Bezug auf alle diejenigen gentherapeutischen Eingriffe, die als genetische Therapie diskutiert werden, dass eine Abstufung zwischen den im engeren Sinn therapeutischen Eingriffen und den Eingriffen gemacht werden muss, die präventiv angelegt sind. Bei der Beurteilung des Nutzens präventiv somatischer genetischer Eingriffe ist größere kritische Sorgfalt angezeigt und noch mehr gilt das für Eingriffe in die Keimbahn.

Es gibt also zweifellos eine Reihe von ethischen Herausforderungen, die sich bei der Therapie und Prävention von genetisch bedingten Erkrankungen stellen. Dazu gehört auch die Frage, ob mit einem präventiven Eingriff eigentlich letztlich ein individueller Nutzen erreicht wird. Dennoch lässt sich auch hier grundsätzlich mit den Kategorien von Schaden und Nutzen arbeiten, wenn es um eine ethische Bewertung der Eingriffe geht.

6 Der Übergang von Therapie und Prävention zu Enhancement

Medizinisches Know-How und medizinische Verfahren können nicht nur im Bereich von Krankheitsbehandlung und -vermeidung eingesetzt werden. Sie können auch dort zum Einsatz kommen, wo es um die Verbesserung menschlicher Fähigkeiten geht. Gentechnische Eingriffe in den Menschen sind keine Ausnahme (Wolpe 2002).

Dabei ist die Linie, die die Prävention vom Enhancement trennt, nicht immer klar zu ziehen. Zum Beispiel würde man eine genetische Veränderung von Zellen des Immunsystems, die eine Resistenz gegen das HI-Virus bewirkt, sicherlich zum Bereich Prävention zählen. Was aber wäre zu einer entsprechenden genetischen Veränderung zu sagen, die eine Immunität gegen sehr viele oder alle Infektionskrankheiten bewirkt? Reicht hier die Ausrichtung auf Krankheitsvermeidung, um weiter von Prävention zu sprechen? Oder erscheinen die vorgenommenen Änderungen so umfassend und in ihren Wirkungen so weit abseits von dem, was wir vom „natürlichen" Menschen kennen, dass diese Maßnahme doch schon als Enhancement gewertet werden sollte?

Noch schwieriger wird die Zuordnung von Maßnahmen, die lediglich auf allgemeine Risikofaktoren für den späteren Ausbruch einer Krankheit ausgerichtet sind. Das könnte zum Beispiel die Einfügung von natürlich beim Menschen vorkommenden Genvarianten betreffen, die für einen niedrigen Body-Mass-Index sorgen. Wären diese Maßnahmen nur Prävention oder auch Enhancement? Die Zuordnung wird bei einer solchen Maßnahme dadurch erschwert, dass der erreichte Phänotyp auch als ein ästhetisches Ideal gilt. Prävention geht hier Hand in Hand mit Enhancement im Sinne der Annäherung des Aussehens an ein bestimmtes Schönheitsideal.

Von Seiten derjenigen, die Enhancement grundsätzlich befürworten, werden Anwendungen aus dem Graubereich zwischen Therapie und Enhancement oft mit dem Zweck zitiert, die Unterscheidung zwischen Enhancement und Therapie bzw. Prävention und deren ethische Relevanz ganz in Frage zu stellen (Galert et al. 2009). Diese argumentative Last kann der Verweis auf Schwierigkeiten bei der genauen Zuordnung einzelner Anwendungsfälle nicht tragen. Unser Handeln ist selten von der Art, dass es sich friktionslos einem Klassifikationsschema fügt. Es ist zum Beispiel juristischer Alltag, konkretes Geschehen einer Tatbestandsklassifikation zuzuordnen. Das ist eine im Kern interpretatorische Tätigkeit, bei der Restunsicherheiten und Zweifelsfälle dazu gehören, ohne dass deshalb die Sinnhaftigkeit der Klassifikation prinzipiell in Frage gestellt werden müsste.

Was die Existenz dieses Graubereichs zeigt, ist jedoch, dass der Übergang vom Bereich des eindeutig Therapeutischen zum Bereich des eindeutig Verbessernden kein Sprung ist, sondern sich geräuschlos vollziehen kann. Wenn wir als Gesellschaft zum Beispiel vor dem Hintergrund der wissenschaftstheoretischen und anthropologischen Annahmen der Synthetischen Biologie davon überzeugt sind, dass die genetische Umgestaltung des Menschen zu begrüßen ist und letztlich auch unausweichlich stattfinden wird, dann ist die Existenz des Graubereichs zwischen Therapie und Enhancement das Schmiermittel, das dafür sorgen kann, dass der Übergang vom einen zum anderen Bereich stattfindet, ohne dass neue Reflexion provoziert wird, die uns unsere Annahmen möglicherweise revidieren lässt.

Dieser mögliche Übergang von therapeutischen und präventiven zu Enhancement-Anwendungen der Gentechnologie wird dadurch weiter erleichtert, dass auch die ethische Bewertung nach Schaden und Nutzen keinen qualitativen Unterschied zwischen Krankheitsvermeidung und Eigenschaftsverbesserung macht. Weil die Grundkategorien Größen wie Interesse oder, in der klassischen Version des Utilitarismus, Glücksempfinden sind, gilt sowohl die Wiederherstellung von Gesundheit als auch die Verbesserung von Fähigkeiten als Nutzen, solange beide im Interesse des Betroffenen sind beziehungsweise zur Erhöhung seines Glücksempfindens beitragen. Wenn überhaupt, dann ist die Differenz zwischen beiden rein quantitativer Art. Auch von dieser Seite wird es daher keinen Einspruch geben, wenn Gentechnologie am Menschen nicht mehr nur zur Krankheitsvermeidung, sondern auch zur Verbesserung menschlicher Fähigkeiten eingesetzt wird, solange diese Anwendungen keine gravierenden Nebenwirkungen haben.

7 Felder des Enhancements

Man kann Enhancement-Anwendungen danach klassifizieren, auf welchen Bereich menschlicher Fähigkeiten sie einwirken. So können körperliche Fähigkeiten, Emotionen und Stimmungen und die Kognition beeinflusst werden. Gentechnische Eingriffe zur Verbesserung körperlicher Fähigkeiten werden als Doping im Sport viel diskutiert. Dazu gehören würde zum Beispiel eine gentechnisch erzielte Erhöhung der Bildung roter Blutkörperchen im Blut, sodass mehr Sauerstoff aufgenommen werden kann und sich die sportliche Ausdauer verbessert. Auch eine gentechnisch unterdrückte Bildung von Myostatin wäre eine Form des gentechnischen Körperenhancements. Der Effekt dieser an Mäusen erprobten Maßnahme ist gesteigertes Muskelwachstum.

Im Bereich von Emotionen und Stimmungen könnte man sich vorstellen, genetisch die Produktion des Hormons Oxytocin so anzuregen, dass eine größere Bereitschaft zu vertrauen entsteht, oder Glücksempfinden zu erhöhen oder zu verstetigen. Im Bereich Kognition schließlich könnten zum Beispiel Konzentrationsfähigkeit und Wachheit gesteigert werden.

Unmittelbar erscheint es auch bei solchen Maßnahmen möglich, eine ethische Bewertung in Bezug auf Nutzen und Schaden durchzuführen. Zwar stellt das Enhancement keine Befreiung von einer Krankheit dar, sodass kein Nutzen in Bezug auf die Herstellung oder Bewahrung von Gesundheit vorliegt. Wenn aber das Enhancement zu einer Verbesserung von Fähigkeiten führt, über das Maß des Gesunden hinaus, dann ist eben diese Verbesserung der Nutzen der Maßnahme. Auf der Seite potenziellen individuellen Schadens stehen dann, wie im Fall von Therapien, unerwünschte, die Gesundheit schädigende Nebenwirkungen.

Wenn ein Sporttreibende also ein Interesse an verbesserter Ausdauer haben und Gendoping hilft, diese ohne gravierende Nebenwirkungen zu erreichen, dann liegt individueller Nutzen vor, der möglicherweise bei entsprechenden Rahmenbedingungen auch ein politisch-gesellschaftlicher Nutzen sein kann. Wer taucht, kann mit gentechnisch erhöhter Sauerstoffaufnahmekapazität länger tauchen und so vielleicht besonders attraktiv für entsprechende Arbeitgeber sein, die mit solchen Angestellten Aufträge effizienter erfüllen können. Dasselbe würde auf Pilotinnen und Piloten mit gentechnisch verlängerten Konzentrations- und Wachheitsphasen zutreffen. Auch sie haben einen individuellen Nutzen, weil sie bei der Konkurrenz um einen Arbeitsplatz bevorteilt sind. Gleichzeitig kann eine Fluggesellschaft mit solcherart Befähigten längere Flüge mit kürzeren Ruhezeiten planen und anbieten (Greely et al. 2008).

8 Leistungsideologie und Zweck-Mittel-Rationalität

Es ist naheliegend an dieser Stelle zu fragen, welche Vorstellungen von Nutzen und Schaden solchen Anwendungsszenarien zugrunde liegen. Wie an vielen Beispielen zu Enhancement-Anwendungen deutlich wird, geht es oft um individuelle Leistungssteigerungen in einem von Konkurrenz um Arbeit und Einkommen geprägten sozialen Umfeld. Mit solchen Anwendungsszenarien fügt sich die Enhancement-Technologie nahtlos ein in ein ökonomisch ausgerichtetes, marktwirtschaftliches Bild von den wesentlichen Aufgaben des einzelnen Menschen (Hauskeller 2011). Von Verfechtern und Verfechterinnen des Enhancements wird allerdings darauf aufmerksam gemacht, dass diese Allianz nicht zwangsläufig gegeben ist. Angemessener wäre es, so wird argumentiert, das Enhancement als ein Allzweckmittel zu verstehen, das zur Verbesserung aller möglichen, denkbaren Ziele eingesetzt werden kann, seien diese nun auf individuelle Leistungssteigerung, Steigerung sozialer Verbindungsfähigkeit oder Steigerung zufriedener Gelassenheit ausgerichtet (Savulescu 2007).

Allen diesen Enhancement-Szenarien, auch denen abseits von Leistungs- und Konkurrenzideologie, liegt die Vorstellung zugrunde, dass menschliches Handeln immer nach Maßgabe instrumenteller Vernunft zu verstehen ist. Im Handeln gehe es immer darum, so die Voraussetzung, gegebene Ziele mit Mitteln zu erreichen, die dann so effektiv und effizient wie möglich sein sollen. Was dieses Verständnis von Enhancement damit systematisch ausschließen muss, ist die Möglichkeit, dass nicht alles Tun in Form von Zweck-Mittel-Schemata verständlich zu machen ist. Vieles von dem, was man anstrebt ist nun aber von der Art und Weise, wie es angestrebt wird, nicht zu trennen. Lernen in Sozialverbänden in der Schule ist zum Beispiel nicht nur fachliches Lernen, das aus kontingenten Gründen auf die Methode des Lernens in Gruppen setzt, sondern ein Teil des Sinns dieser Art des Lernens besteht gerade auch im Einüben und Erleben des sozialen Umgangs selbst. Der Weg zum Ziel ist in dieser Hinsicht hier gleichzeitig das Ziel selbst. Nicht jedes menschliche Handeln kann daher durch Enhancement-Maßnahmen verbessert werden, so kann man in enhancement-kritischer Absicht weiter argumentieren (Hauskeller 2011).

Wenn Enhancement deshalb zum Ziel hat, soziale Interaktion zu ersetzen durch vermeintlich effizientere Wege der individuellen Leistungssteigerung, dann ist besonders genau zu prüfen, ob sich die vermeintliche Effizienzsteigerung nicht auf eine zu ausschnitthafte Definition des Ziels der sozialen Interaktion bezieht. Der avisierte Nutzen ginge dann mit einem unerkannten Schaden in Form vernachlässigter sozialer Interaktion einher. Das wäre zum Beispiel der Fall bei einer genetischen Verbesserung, die Konzentration und Wachheit so steigert, dass Kinder und Jugendliche beim Lernen keine Phasen von sozialem Austausch, Spiel und Bewegung benötigen, sondern längere Zeit am Stück jedes für sich Lerninhalte aufnehmen kann und soll.

9 Enhancement moralischer Interaktion

Auch dieser kritische Hinweis lässt sich allerdings noch einmal wenden. Könnte sich nämlich das Enhancement nicht auch direkt auf die soziale Interaktion beziehen und zum Beispiel wünschenswerte Formen der Interaktion stärken? Dies ist die Frage nach der Möglichkeit eines „moralischen" Enhancements. Nimmt man an, dass es in der Interaktion unter anderem darum gehen soll, auf der Basis gegenseitiger Anerkennung Interessen abzugleichen und gemeinsame Ziele zu finden oder herzustellen, dann erscheint es zunächst doch durchaus vorstellbar, auch diese Interaktion mit Enhancement-Mitteln zu verbessern, indem man zum Beispiel genetisch Vertrauensfähigkeit fördert oder Aggressivität hemmt (Douglas 2008; Persson und Savulescu 2013).

Aggression kann zweifellos pathologische Ausmaße annehmen, sodass ein medizinischer Eingriff angemessen erscheinen kann. Um pathologische Fälle von Aggressivität oder Vertrauensunfähigkeit geht es aber nicht, wenn man soziale Interaktion mit den Mitteln des Enhancements verbessern will. Im Fall des Aggressions-Enhancement würde es darum gehen, das sei noch einmal hervorgehoben, Aggressivität unter das Maß dessen zu drücken, was „normal" ist oder Aggressivität ganz zu beseitigen. In gleicher Weise würde es beim Vertrauens-Enhancement darum gehen, die Vertrauensfähigkeit über das Maß dessen hinaus zu steigern, was bei Individuen in typischen Interaktionen durchschnittlich vorhanden ist.

10 Moralisches Enhancement in relativistischen Ethiken

Will man sich zum moralischen Enhancement verhalten, dann ist es zunächst wichtig, sich Klarheit darüber zu verschaffen, auf der Grundlage welcher ethischen Theorie man dies tut. Von besonderer Bedeutung in dieser Hinsicht ist die Unterscheidung zwischen universalistischen und relativistischen Ethiken.

Aus Sicht universalistischer Ethiken ist moralisches Urteilen intersubjektiv als richtig oder falsch auszuweisendes Urteilen. Es gibt deshalb, diesen Theorien zufolge, eine Unabhängigkeit, oder zumindest Vorgängigkeit des moralischen Urteilens von bzw. vor Emotionen und Interessen. Diese Art der Ethik ist nicht alternativlos. Es gibt ethische Theorien aus dem Bereich des Kommunitarismus, aber auch aus der Psychologie und Soziologie, für die jedes ethische Urteil direkt auf ein Interesse, eine Emotion oder eine Motivation zurückgeht. Das moralische Urteil wird nicht von einer Emotion begleitet und durch sie zur Umsetzung gebracht, sondern die Emotion bestimmt das Urteil in seinem Gehalt. Dieses Ethikverständnis internalisiert Ethik in dem Sinn, dass ethische Urteile dann nicht intersubjektiv als richtig oder falsch ausgewiesen werden können, wenn die Beteiligten in ihren relevanten Interessen und emotionalen Haltungen nicht übereinstimmen. Individuen mit unterschiedlichen Interessen, Emotionen und Motivationen können, so muss man aus dieser Sicht annehmen, zu keinem ethischen Konsens bei der Beurteilung einer Situation kommen. Ethiken dieser Art lassen sich deshalb als relativistische Ethiken bezeichnen und universalistischen Ethiken gegenüberstellen, denen zufolge es unabhängig von gegebenen Emotionen und Interessen möglich ist, eine Handlung als ethisch richtig auszuweisen.

Schaut man sich vor einem relativistisch-ethischen Hintergrund genetische Maßnahmen zur ethischen Interaktionsverbesserung an, dann erscheinen sie als faktische Veränderung der Interessen und Emotionen, die für jede Einzelne und jeden Einzelnen festlegen, was als gut und was als falsch erscheint. In diesem Modell kann der genetische Eingriff deshalb immer dann als Verbesserung gelten, wenn er den Interessen entspricht, die die Betroffenen haben. Aggressions-Enhancement ist dann Verbesserung im ethischen Sinn, wenn alle Betroffenen das Interesse haben, weniger oder keine Aggressivität zu besitzen. Wenn sie dann zum Beispiel in eine Situation kommen, in der sie Unrecht beobachten, aber wegen ihrer Aggressionshemmung nicht eingreifen, dann zeigt das nicht, dass ihr ethisches Urteilsvermögen beeinträchtigt ist, sondern diese Art der Reaktion spiegelt dann ihre Individual- oder Gruppenethik wider. Aus einer ethisch relativistischen

Sicht erscheint ethisches Enhancement menschlicher Interaktion also durchaus ohne interne Inkonsistenzen denkbar zu sein und mithilfe der Kategorien von Nutzen und Schaden bewertet werden zu können. Der Preis dieser Möglichkeit ist der Verzicht darauf, aus einer übergeordneten ethischen Sicht, die von de facto gegebenen Interessen unabhängig wäre, angeben zu können, was als ethisch gut gelten soll.

11 Moralisches Enhancement in universalistischen Ethiken

Der grundsätzliche Streit zwischen Relativismus und Universalismus in der Ethik ist Legion und kann hier nicht entschieden werden. Wichtig ist aber zu bemerken, dass die treibende Ethik hinter den Enhancement-Empfehlungen eine utilitaristische Ethik ist. Diese Ethik setzt gerade voraus, dass es möglich ist, unabhängig von allen gegebenen Interessen und Emotionen Nutzen und Schaden der Folgen von Handlungsalternativen zu bestimmen und entsprechend zu handeln. Auch wenn die oder der Handelnde Emotionen oder Interessen hat, die dem Ergebnis einer solchen Kalkulation entgegenstehen, soll und kann sie oder er, so die Annahme im Utilitarismus, dem Kalkulationsergebnis mithilfe der dazu nötigen Motivationen folgen. Damit gehört der Utilitarismus zu den universalistischen Ethiktheorien, zu denen ansonsten programmatisch und explizit die Deontologie zu zählen ist.

Nimmt man aus einer solchen Perspektive zum moralischen Enhancement Stellung, fällt die Einschätzung ganz anders aus als aus Sicht relativistischer Ethiken. Was auf den ersten Blick wie der perfekte Shortcut in eine für immer friedliche Welt erscheint, ist dann auf den zweiten Blick ein Eingriff in moralische Urteilsfähigkeit und moralisch angemessene Reaktion (Harris 2011).

Wer nämlich zum Beispiel sieht und urteilt, dass sich vor den eigenen Augen gerade eine große Ungerechtigkeit ereignet, die oder der hat aus dieser Sicht moralisch einen guten Grund für Aggressivität. Anders gesagt ist Aggressivität manchmal gut und manchmal schlecht, je nach situativem, moralisch zu bewertendem Kontext. Aggressivität kann die moralisch angemessene Umsetzung eines moralischen Urteils sein. Wenn diese Reaktion wegverbessert wird, kommt das, so müsste man aus universalistischer Sicht sagen, in einem gewissen Sinn sogar der Auslöschung des moralischen Urteils gleich, weil es fraglich wird, inwieweit man überhaupt behaupten kann, dass jemand, der Zeuge klaren Unrechts wird, überhaupt ein entsprechendes moralisches Urteil fällt, wenn sie oder er in keiner Weise den Impuls verspürt einzugreifen und Einhalt zu gebieten.

Dasselbe gilt auch für die Steigerung der Vertrauensfähigkeit. Vertrauen zu können ist oft gut und eine Vorbedingung für viele wichtige Formen der Interaktion. Es gibt aber auch Situationen, in denen man zu viel vertrauen kann. Wer zu sehr vertraut, zum Beispiel als Kundin einer Bank oder Versicherung, der steht in der Gefahr, ausgenutzt zu werden. Nicht umsonst gibt es für die Steigerung von Vertrauen auch das Wort „Vertrauensseligkeit". Aus universalistischer Sicht geht es hier nicht um ein reflektierend nicht weiter zu hintergehendes Faktum des Interesses an Vertrauen, sondern um ein moralisches Urteil, das Vertrauen in bestimmten Kontexten und in bestimmten Maßen als ethisch gut beschreibt.

Der Versuch, Interaktion zu verbessern, indem Stimmungen und Emotionen genetisch vermeintlich verbessert werden, muss deshalb aus Sicht einer universalistischen und damit auch einer utilitaristischen Ethik – aus deren Sicht Enhancement zunächst förderungswürdig und ethisch sinnvoll erscheint – als Eingriff in das moralische Urteilen erscheinen; und in die Fähigkeit, sich diesen Urteilen gemäß angemessen verhalten zu können. Mit dem Eingriff nimmt man in Anspruch, andere im moralischen Sinn zu verbessern, untergräbt aber gleichzeitig deren Vermögen sich am moralisch Richtigen auszurichten.

In Bezug auf die Kategorien von Nutzen und Schaden lässt sich dies so formulieren: Der Versuch, Nutzen und Interessenbefriedigung zu verbessern, mündet beim moralischen Enhancement in einen Eingriff in das individuelle Urteils- und Handlungsvermögen darüber, wie eine Situation in moralischer Hinsicht zu bewerten ist. Da zu dieser Bewertung auch die Frage gehört, wem ein Verhalten nutzt und wem es schadet, führt das moralische Enhancement, das Nutzen erhöhen und Schaden abwenden soll, dazu, dass Schaden nicht mehr angemessen erkannt und verhindert werden kann.

Zusammenfassung

Für die Forschungen in der Synthetischen Biologie gibt es, wenn sie ihren wissenschaftstheoretischen und anthropologischen Mainstream-Thesen treu bleibt, keinen Grund, die eigene Forschung und deren technische Nutzung nicht auch auf den Menschen auszuweiten. Ausgehend von den Möglichkeiten weitreichender genetischer Um- und Neugestaltung gibt es auch keinen Grund, diese technischen Anwendungen auf Krankheitsheilung und -prävention zu beschränken. Bestärkt wird diese Dynamik von der zunächst naheliegend erscheinenden ethischen Forderung, Anwendungen der Synthetischen Biologie in Bezug auf Nutzen und Schaden zu beurteilen. Was im Bereich von Anwendungen in der Umwelt, zur Energiegewinnung oder bei Nutzpflanzen hilfreich ist, kommt aber bei Enhancement-Anwendungen am Menschen an seine Grenze. Aus der Sicht utilitaristischer Ethik, die den Übergang von Tier zu Mensch und von Krankheitsorientierung zu Enhancement befeuert, muss Emotions- und Stimmungs-Enhancement zur moralischen Verbesserung sozialer Interaktion als ein Eingriff in die Motivationen erscheinen, die ethisches Urteilen begleiten und zur Umsetzung im Handeln befähigen. Eine vermeintliche ethische Verbesserung dieser Emotionen ist deshalb in Wirklichkeit, so muss man folgern, ein Untergraben angemessenen ethischen Urteilens und Verhaltens. ◄

Literatur

Andrianantoandro, E., Basu, S., Karig, D. K., & Weiss, R. (2006). Synthetic biology: new engineering rules for an emerging discipline. *Molecular Systems Biology, 2*(28), 1–14. https://doi.org/10.1038/msb4100073.

Annaluru, N., Muller, H., Mitchell, L. A., Ramalingam, S., Stracquadanio, G., Richardson, S. M., . . . Chandrasegaran, S. (2014). Total Synthesis of a Functional Designer Eukaryotic Chromosome. *Science, 344*(6179), 55–58. https://doi.org/10.1126/science.1249252.

Baltimore, D., Berg, P., Botchan, M., Carroll, D., Charo, R. A., Church, G., ... Yamamoto, K. R. (2015). A prudent path forward for genomic engineering and germline gene modification. *Science (New York, N.Y.), 348*(6230), 36–38. https://doi.org/10.1126/science.aab1028.

Boeke, J. D., Church, G., Hessel, A., Kelley, N. J., Arkin, A., Cai, Y., ... Yang, L. (2016). The Genome Project–Write. *Science*. https://doi.org/10.1126/science.aaf6850.

Boldt, J. (2013). Creating life. Synthetic biology and ethics. In G. E. Kaebnick (Ed.), *Synthetic biology and morality. Artificial life and the bounds of nature* (pp. 35–50). Cambridge, Massachusetts: The MIT Press.

Boldt, J., & Müller, O. (2008). Newtons of the leaves of grass. *Nature Biotechnology, 26*(4), 387–389. https://doi.org/10.1038/nbt0408-387.

Dai, W.-J., Zhu, L.-Y., Yan, Z.-Y., Xu, Y., Wang, Q.-L., & Lu, X.-J. (2016). CRISPR-Cas9 for in vivo Gene Therapy: Promise and Hurdles. *Molecular Therapy – Nucleic Acids, 5*. https://doi.org/10.1038/mtna.2016.58.

Djemie, T., Weckhuysen, S., von Spiczak, S., Carvill, G. L., Jaehn, J., Anttonen, A. K., ... Euro, E.-R. E. S. D. w. g. (2016). Pitfalls in genetic testing: the story of missed SCN1A mutations. *Mol Genet Genomic Med, 4*(4), 457–464. https://doi.org/10.1002/mgg3.217.

Douglas, T. (2008). Moral Enhancement. *Journal of applied philosophy, 25*(3), 228–245. https://doi.org/10.1111/j.1468-5930.2008.00412.x.

Galert, t., Bublitz, C., Heuser, I., Merkel, R., Repantis, D., Schöne-Seifert, B., & Talbot, D. (2009). Neuro-Enhancement: Das optimierte Gehirn. *Gehirn und Geist*(11).

Gibson, D. G., Glass, J. I., Lartigue, C., Noskov, V. N., Chuang, R. Y., Algire, M. A., ... Venter, J. C. (2010). Creation of a bacterial cell controlled by a chemically synthesized genome. *Science, 329*(5987), 52–56. https://doi.org/10.1126/science.1190719.

Greely, H., Sahakian, B., Harris, J., Kessler, R. C., Gazzaniga, M., Campbell, P., & Farah, M. J. (2008). Towards responsible use of cognitive-enhancing drugs by the healthy. Nature, 456(7223), 702–705.

Harris, J. (2011). Moral enhancement and freedom. *Bioethics, 25*(2), 102–111. https://doi.org/10.1111/j.1467-8519.2010.01854.x.

Hauskeller, M. (2011). Human Enhancement and the Giftedness of Life. *Philosophical Papers, 40*(1), 55-79. https://doi.org/10.1080/05568641.2011.560027.

Khalil, A. S., & Collins, J. J. (2010). Synthetic biology: applications come of age. *Nature Reviews Genetics, 11*(5), 367-379. https://doi.org/10.1038/nrg2775 [pii].

Naldini, L. (2015). Gene therapy returns to centre stage. *Nature, 526*(7573), 351–360. https://doi.org/10.1038/nature15818.

Persson, I., & Savulescu, J. (2013). Getting moral enhancement right: the desirability of moral bioenhancement. *bioethics, 27*(3), 124–131. https://doi.org/10.1111/j.1467-8519.2011.01907.x.

Petit, L., Khanna, H., & Punzo, C. (2016). Advances in Gene Therapy for Diseases of the Eye. *Hum Gene Ther, 27*(8), 563–579. https://doi.org/10.1089/hum.2016.040.

Savulescu, J. (2007). In defence of Procreative Beneficence. *Journal of Medical Ethics, 33*(5), 284–288. https://doi.org/10.1136/jme.2006.018184.

Wolpe, P. R. (2002). Treatment, enhancement, and the ethics of neurotherapeutics. *Brain and cognition, 50*(3), 387–395.

Bewegung++: Von Behinderung zu Optimierung

Denisa Butnaru

Zusammenfassung

Die Entwicklung der Robotik hat die anatomischen Voraussetzungen des Leibkörpers und den Status der Identität modifiziert. Eine der wichtigsten körperlichen Funktionen, die durch bionische Projekte transformiert wurden, ist Bewegung. Wenn motorische Behinderung durch bionische Technologien modifiziert wird, werden neue sinnhaltige Dispositionen des Leibkörpers erzeugt. Bionische Technologien modifizieren aber auch Funktionen des sogenannten normalen Körpers, und zwar im Sinne einer Optimierung. In dem Beitrag wird Bewegung in einem phänomenologisch-soziologischen Kontext dargelegt. Empirische Beispiele aus narrativen Interviews werden weiter analysiert, um zu zeigen konkrete Vorstellungen von Personen mit Motorikdysfunktionen über Prothesen, Exoskelette und die Veränderung der Behinderung durch Optimierungsprozesse.

Schlüsselwörter

Bewegung · Leibkörper · Phänomenologie · Exoskelett · Prothese · Behinderung · Optimierung

---

D. Butnaru (✉)
Albert-Ludwigs-Universität Freiburg, Freiburg, Deutschland

© Der/die Autor(en), exklusiv lizenziert durch Springer Fachmedien Wiesbaden GmbH, ein Teil von Springer Nature 2020
M. Şahinol et al. (Hrsg.), *Upgrades der Natur, künftige Körper,* Technikzukünfte, Wissenschaft und Gesellschaft / Futures of Technology, Science and Society, https://doi.org/10.1007/978-3-658-31597-9_3

1 Einleitung

Mit der Entwicklung der Bionik und der Robotik in den letzten Jahrzehnten haben sich sowohl die anatomischen Voraussetzungen des Leibkörpers und unsere Vorstellungen davon modifiziert als auch der Status der Identität, die den Leibkörper soziologisch betrachtet bestätigt. Eine der wichtigsten körperlichen Funktionen, die durch bionische Projekte transformiert wurden, ist Bewegung. Zwei häufig erwähnte Beispiele, in denen Bewegung zu einem entscheidenden Thema wird, sind die Prothese und seit einigen Jahren das Exoskelett. Diese technologischen Entwicklungen haben zu zwei körperlichen-leiblichen Logiken geführt, die sich nachhaltig auf unseren Bewegungsbegriff auswirken: einerseits wird Bewegung durch Prothesen rehabilitiert, andererseits wird Bewegung „enhanced" (optimiert). Die Beobachtung der Entwicklung solcher Technologien in einem soziologischen Kontext wird zu einem neuen Verständnis des Leibkörpers führen. Während Bewegung den Leibkörper teilweise als subjektiven Pol erscheinen lässt, wird aber zugleich Bewegung nicht nur die Singularität des Leibkörpers strukturieren. Sie impliziert unsere Verhältnisse zu anderen Individuen und wirkt sich stark auf unser soziales Leben aus. Bewegung nimmt daher eine wesentliche Rolle innerhalb der Konstitution der primären intersubjektiven Beziehungen (Gallagher 2005) und der Sozialität allgemein ein.

Zwar wurde Bewegung als soziologische Kategorie bereits problematisiert (Alkemeyer 2004; Klein 2004, 2017) und spielt epistemologisch als soziologische Kategorie eine fundamentale Rolle, da sie eine der wichtigsten Prinzipien für die Realisierung und Erhaltung menschlicher Interaktion und Kommunikation, sowie allgemein für die Stabilisierung und Verhandlung intersubjektiver Beziehungen ist. Nach Gabriele Klein wird Bewegung soziologisch als „Handlungsmodus des Körpers verstanden, es ist das, was der Körper macht. Zugleich wird Bewegung aber auch als die Existenzweise des Körpers angenommen: Bewegung ist das, was der Körper ist, ist doch der Körper selbst in einem Ruhezustand immer in Bewegung" (2004, S. 132). Bewegung ist auch eine „Existenzweise des Sozialen" (Alkemeyer 2004, S. 57). Sie ist Medium sowohl für soziale Interaktionen und Kontexte als auch „für Subjektbildungen und Subjektivierungsprozesse" (Klein 2017, S. 12). Deswegen ist ihre Bedeutung in der Definition unserer Identität zentral und vor allem in unserer Erfahrung der Intersubjektivität. Bewegung bestätigt auch unser Leibkörper qua Leib, nämlich qua Zentrum der subjektiven Erfahrungen. Ihr Problematisieren ist in sich gebunden mit einer Wiederkonzeptualisierung des Leibkörpers, denn sie bestätigt den Leibkörper als sinnstiftende Instanz. Der Leibkörper wird Speicher und Produzent sinnhaltiger

Dispositionen durch Bewegung. Wegen dieser dialektischen Eigenschaft wirkt Bewegung als Verbindungsprinzip zwischen Individuum und Umwelt, oder – wie Thomas Alkemeyer feststellt – als „Medium des Austauschs zwischen Person (Ich) und Welt" (2004, S. 48).

Die soziologisch-theoretischen Annahmen finden im phänomenologischen Paradigma eine zusätzliche epistemologische Bestätigung. Vor allem in der Leibphänomenologie von Maurice Merleau-Ponty wird Bewegung als besondere Form der Intentionalität beschrieben (Merleau-Ponty 1996), und damit die ersten Prämissen für eine Theorie der Intersubjektivität auf Bewegungspotenziale etabliert. Für Merleau-Ponty wirkt Bewegung als Gleichgewicht für die Bewusstseinsintentionalität und affirmiert eine neue Ebene in der Authentizität des Subjekts: nämlich die leibbasierte Ebene. Zugleich revidiert die Betrachtung der Bewegung in der Phänomenologie auch die Konstitution der intersubjektiven Beziehungen, weil sie eine genetische Perspektive markiert. Die Alterität ist Teil von Subjektivität, und der klassische Antagonismus, der dem Ego ‚das Alter' als radikale Differenzierung gegenüberstellt, wird durch eine Analyse der Bewegungspotenziale befragt. Folglich wirkt Bewegung, aus phänomenologischer Perspektive betrachtet, als Verbindungsprinzip, das die Verflochtenheit von Leib und Körper ermöglicht, aber auch die der Relationalität der intersubjektiven Beziehungen. Sie bestätigt auch eine Form vom „kinetischem Wissen" (Alkemeyer, 2004, S. 55), das weiter in unterschiedlichen Praxisformen transparent wird und die Realisierung der intersubjektiven Beziehungen als Verkörperung, wie Robert Gugutzer betont (2012, S. 18), teilweise legitimiert.

In den letzten Jahren wird Bewegung als solche und allgemein der Status des Leibkörpers durch neue Technologien, die ursprünglich im medizinischen Bereich für Heilprozesse entwickelt wurden, verändert. Prothesen und Exoskelette sind zwei Beispiele, die in der Auffassung der Bewegung eine zentrale Rolle spielen. Eine in diesem Zusammenhang zentrale Frage würde die Auswirkungen der Implementierung der Prothesen oder Exoskelette auf die leibliche Identität bei Menschen mit Bewegungsstörungen auf solche Personen thematisieren. Die Beispiele der folgenden Ausführungen sollen Querschnittslähmung und Zerebralparese sein und werden folgende Fragen erörtern:

Zu welchen konkreten Veränderungen der Bewegungsmuster führt die Implementierung von Prothesen und Exoskeletten bei Personen, die unter einer Querschnittslähmung oder einer Zerebralparese leiden? Was sind die Konsequenzen für die Verbreitung solcher Technologien und wie kann die durch Technologie modifizierte Bewegung soziologisch wahrgenommen werden? Und nicht zuletzt: Welche Rolle spielt Bewegung als Identitätskategorie, wenn sie in ein Optimierungsprogramm integriert wird?

Um die Veränderung des Bewegungspotenzials anhand des phänomenologischen Leibkörpers zu begreifen, wird zuerst die Rolle der Bewegung in einem phänomenologisch-soziologischen Kontext dargelegt. In einem zweiten Schritt werden einige Beispiele empirischen Materials, in der Form narrativer Interviews, analysiert, um den Akzent auf konkrete Vorstellungen zu legen, die Personen mit Bewegungsbehinderung über Technologien wie Prothesen oder Exoskelette haben. Schließlich wird gezeigt, wie die Veränderung der Behinderung durch Optimierungsprozesse nicht nur die individuellen leiblich-körperlichen Voraussetzungen der Identität, sondern auch die fundamentale Basis unserer interaktiven und kommunikativen Beziehungen durch die Produktion neuer Formen von leiblich-körperlichen Mustern grundsätzlich modifiziert.

2 Bewegung als analytische Kategorie in einer sozial-phänomenologische Perspektive

Das phänomenologische Erbe ist wichtig, wenn man sich mit dem Begriff der Bewegung beschäftigt, weil Bewegung eine neue Konzeption der Subjektivität als Instanz der Sinnprozesse anerkennt. Damit ist vor allem ein Subjekt gemeint, das sich als Identitätspol zusammen mit der Lebenswelt und der Intersubjektivität definiert. Ein häufiger Einwand gegen die Phänomenologie war, dass durch ihre ausführliche Betonung der Subjektivität als Quelle der Bedeutungsmechanismen andere Instanzen wie Alterität oder Weltlichkeit minimiert werden. Der Phänomenologe, der diese begriffliche Spannung revidiert und auch die Bewegung als Hauptthema des phänomenologischen Diskurses problematisiert, ist zweifellos Maurice Merleau-Ponty. Obwohl die klassische Phänomenologie Edmund Husserls (1952, 1973a) die Grundlage der Terminologie für eine Bewegungsanalyse gelegt hat, wird eine klare Positionierung erstens für den Leibkörper als Zentrum der Bedeutungsmechanismen und zweitens für die Relevanz der Bewegung erst in den Schriften von Merleau-Ponty (Merleau-Ponty 1966) festgestellt. Merleau-Ponty betont die Funktionen und Auswirkungen, die unser kinästhetisches Potenzial, Sinn zu erzeugen, insbesondere durch eine spezifische Deutung der Intentionalität, prägen. Intentionalität ist ein Kernbegriff der Phänomenologie und die wichtigste Eigenschaft, durch die sich die Subjektivität als sinnstiftend projiziert. Während in der Phänomenologie Husserls Intentionalität oft mit dem Bewusstsein korreliert, verändert sich der Akzent in der Merleau-Ponty'schen Phänomenologie auf eine leibkörperzentrierte Perspektive. In diesem Zusammenhang wird von Merleau-Ponty eine „Bewegungsintentionalität" vorschlagen (1966, S. 136). Das impliziert, dass Bewegung allgemein nicht von Leibkörper und Leiblichkeit zu trennen ist. Anders formuliert: wenn Leiblichkeit als ein sinnhaftes Potenzial unserer Existenz wirkt, dann deshalb, weil der Leibkörper nicht eine immobile Entität ist. Er gilt als Instanz, die weltlich, umweltlich und nicht zuletzt intersubjektiv durch Bewegung engagiert ist. Die Phänomenologin Maxine Sheets-Johnstone dazu: „We are not stillborn. That we come into the world moving means we are cognitively attuned in a sense making manner, discovering ourselves and our affective/tactile-kinesthetic bodies from the very beginning" (2009, S. 382). Und weiter: „movement is first of all the mode by which we make sense of our own bodies and by which we first come to understand the world. It shows, in effect, how we forge a kinetic bond with the world on the basis of an originary kinetic liveliness, how incipient intentionalities play out along the lines of primal animation, and thus how our tactile-kinesthetic bodies are epistemological gateways" (2011, S. XXV). In diesem Sinne, wird eine phänomenologisch-soziologische Orientierung, die sich die Bewegung als Hauptthema nimmt, durch eine solche Problematik die Rolle der Leiblichkeit in der Realisierung der intersubjektiven Beziehungen verstärken und eine neue Konzeption der Identität des Subjekts herausstellen. Bewegung wird folglich neue Potenzialitäten und Schichten der Erfahrung hervorbringen, und zwar in dem Sinne, dass sie eine komplementäre Ebene des klassischen Husserl'schen „Ich kann" bestätigt. Nach Husserl wird das Bewusstsein als „Ich kann" bezeichnet (Husserl 1973b). Merleau-Ponty ergänzt und redefiniert diese Konzeption, in die er das Bewusstsein einverleibt. Wie er betont,

> „ist Bewusstsein Sein beim Ding durch das Mittel des Leibes. Erlernt ist eine Bewegung, wenn der Leib diese verstanden hat, d. h. wenn er sie seiner ‚Welt' einverleibt hat, und seinen Leib bewegen heißt immer, durch ihn hindurch auf die Dinge abzielen, ihn eine Aufforderung entsprechen lassen, die an ihn ohne den Umweg über irgendeine Vorstellung ergeht. Die Motorik steht also nicht solcherart im Dienste des Bewusstseins, als transportierte sie den Leib an einen Raumpunkt, den wir uns zuvor vorgestellt hätten. Sollen wir unseren Leib auf einen Gegenstand zubewegen können, so muß zunächst einmal der Gegenstand für ihn selber existieren, kann also unser Leib nicht der Region des ‚An-sich' zugehören" (Merleau-Ponty 1966, S. 168).

Dabei wird deutlich, dass Bewegung eine zentrale Rolle in der Bestätigung der genetischen Stufe der Bedeutungsprozesse und allgemein für die Leiblichkeit als komplementäre Instanz des Bewusstseins spielt (Merleau-Ponty 1966, S. 168–172). Darüber hinaus markieren Motorik und implizit Bewegung durch ihre Direktheit und Orientierung zwei wichtige Elemente: zum einen, wie vorher erwähnt, eine besondere Form der Intentionalität und zum anderen eine partikuläre Wissensmöglichkeit, die in der Terminologie Merleau-Pontys als „Praktognosie" bezeichnet wird (1966, S. 170). Diese beiden Begriffe haben soziologisch bedeutsame Konsequenzen, denn sie führen zu einer neuen Konzeption der Intersubjektivität als verkörpert, und sie bevorzugen zugleich ein Verständnis der Subjektivität als durch Bewegung „affektives Betroffensein" (Gugutzer 2012, S. 38). Bewegung erlaubt weiter auf der Ebene der Praktognosie (Praxiswissen) die Übersetzung eines Wissens, das strikt leib-basiert wird in einem Körperwissen, welches auf kulturelle und symbolisch-normierte Habitus verweist. Wie auch Robert Gugutzer anmerkt: „die Verschränkung von Leib und Körper [kann] wissensvermittelt oder praktisch vonstattengehen, in jedem Fall findet sie konkret in der Bewegung, genauer in der Eigenbewegung bzw. im Sich-Bewegen statt" (2012, S. 50).

Der Leibkörper bestätigt sich als affektiv und responsiv gerade durch Bewegung und durch seine kinästhetische Fähigkeit, These, die auch von Shaun Gallagher betont wird: „the body, as organizer of the perceptual field, is not contained in the environment in an objectively spatial way but enters into a unified performance with its environment to create a circumstance or context. In the anonymous performance of the lived body no distinction can be made between the body and the environment." (1986, S. 155). Aufgrund dieser basischen Habitualisierungsprozesse bereitet der Leibkörper die komplexeren Techniken des Körpers vor, die situativ und kulturell geprägt werden. Durch unterschiedliche soziale Räume zu laufen, zu Tisch sitzen und essen, Sport treiben oder tanzen sind nur einige Beispiele, in denen Bewegung Sozialisationsmodelle und intersubjektive Interaktionsmöglichkeiten darstellt. Wenn Merleau-Ponty von Bewegungsentwurf spricht (1966, S. 136), ist die Potenzialität des Leibkörpers gemeint, der sich als Sinnstiftender durch Bewegung definiert und der die Bewegungsintentionalität als Moment in der Konstituierung der Subjektivität zusammen mit anderen Subjekten impliziert.

Als soziologisch-phänomenologisches Prinzip ermöglicht Bewegung durch diesen Mechanismus der Verschränkung von Leib und Körper ferner die Überwindung der Dichotomien zwischen Subjekt als Identitätspol und Intersubjektivität. Es handelt sich um ein Prinzip der gegenseitigen Konstitution (zwischen Subjekt und Alter, den sie bestätigt, oder zwischen Subjekt und Welt) statt einem Prinzip der bloßen Korrelation. In einer soziologisch-phänomenologischen Perspektive sind diese zwei Ebenen der Erfahrung immer funktionell. Wie Thomas Alkemeyer bemerkt, „trotz aller Vielfalt weisen die konkreten sozialen Situationen, in denen sich Menschen bewegen, innerhalb bestimmter kultureller Kontexte Regelmäßigkeiten auf, die sich empirisch beschreiben lassen. Weil die Welt eine gesellschaftliche Struktur hat, erhalten auch die in ihnen vollzogenen

Bewegungen eine gesellschaftliche Form, Organisation und Artikulation. [...] Aus zunächst ‚unbedingt-reflektorischen' Bewegungen werden auf das Objekt abgestimmte, technisch-funktionale Könnensbewegungen" (Alkemeyer 2004, S. 51).

Die Überleitung zu einem soziologischen Diskurs fordert allerdings eine klare Kontextualisierung. Bewegung als gesellschaftlich fungierendes Prinzip wirkt nicht als eine formlose Artikulation, sondern als Verbindungsmöglichkeit für die intersubjektiven Beziehungen, die von Kontext zu Kontext variieren. Dadurch soll die Bewegung einerseits als passiver Wissensbestand für unser Handeln verstanden werden, andererseits auch als kulturell geformtes Wissen, das in einem bestimmten Raum und in einer bestimmten Zeit entsteht. Diese epistemologische Position wird ebenso von der Soziologin Gabrielle Klein eingenommen, auch wenn sie nur teilweise das phänomenologische Erbe um ihre Perspektive über die Soziologie der Bewegung zu elaborieren mobilisiert. So wird körperliche Bewegung aus ihrer Perspektive „als wirklichkeitskonstituierend und welterzeugend, als sinnkonstituierend und bedeutungsgenerierend, als Grundlage habitueller Dispositionen und als konstitutiv für Subjektbildungen und Subjektprozesse" betrachtet (2017, S. 12).

Bewegung markiert die Strukturierung unserer Alltagspraktiken vor allem durch unterschiedliche Techniken des Körpers (Mauss 1989). Sie beinhaltet einen dualen Mechanismus, der von Robert Gugutzer auch als ‚Einverleibung' und ‚Verkörperung' beschrieben wird „‚Einverleibung' und ‚Verkörperung' stehen für zwei komplementäre Perspektiven auf das Verhältnis von sozialem Akteur und sozialen Strukturen – zum einen für die ‚Innensicht', zum anderen für die ‚Außensicht' auf diese Relation" (Gugutzer 2006, S. 32). Wenn allgemein diese ‚Zweiheit des Körpers' (Gugutzer 2006, S. 33) die Sozialität charakterisiert, zu dem Zeitpunkt an dem man mit einem außergewöhnlichen Zustand wie Bewegungsbehinderung konfrontiert wird, werden diese beiden Aspekte verschärft. Zum einen da es in den ausgewählten Fällen – Querschnittslähmung und Zerebralparese – um sichtbare Behinderungen geht, und zum anderen, weil Behinderung allgemein als „Devianz" oder Ausnahme eines gesunden Leibkörpers dargestellt wird. Eine sozial-phänomenologische Betrachtung der Bewegungsbehinderung wird komplexer, wenn man sich die Anwendung von Technologien wie die der Exoskelette näher ansieht. Dies basiert auf der Tatsache, dass Exoskelette externe Prothesen für eine fehlende oder schwach arbeitende Funktion (hier die Bewegung) sind. Dies impliziert eine Modifizierung der Bewegungsintentionalität und zugleich des Erfahrungsvorrats des Individuums. Darüber hinaus haben Exoskelette durch ihre Neuheit und Visibilität eine starke Wirkung auf die ‚Verkörperungs'-Prozesse und Dynamiken, die der betroffenen Person erlauben, sich innerhalb intersubjektiver Beziehungen zu engagieren.

Prothesen in der Form von Neuro-Implantaten sind unsichtbar und deshalb beeinflussen sie unterschiedlich die Konstitution der intersubjektiven Beziehungen. Sie können das Körperschema beeinflussen, weniger aber das Körperbild. Die Verwendung eines Exoskeletts hat sehr starke phänomenologische Konsequenzen. Das betrifft die Erzeugung neuer Visibilitätsformen und Interaktionsvorstellungen. Diese Veränderungen führen zur Revidierung des subjektiven leibbasierten Könnens. Sich-Bewegen heißt auch, sich in einem zeitlich-räumlichen Milieu positionieren, eine Erfahrung der Materialität zu erleben, und die soziale Wirklichkeit in den eigenen Erfahrungsvorrat zu integrieren. Was Sich-Bewegen anhand eines Exoskeletts bedeutet, ist das Erleben eines materiellen Zusatzes, was das vergesellschaftete „Ich kann" in ein technisiertes „Ich kann" transponiert. Die Konzeption eines durch ein Objekt ergänztes Körperschema ist bereits in den Schriften von Merleau-Ponty präsent. Sein Beispiel betrifft ebenfalls eine Behinderungsform, nämlich Blindheit, und die Benutzung des Blindstocks. Anhand dieses Beispiels entwickelt Merleau-Ponty eine wesentliche Idee, die auch auf das Exoskelett und auf eine andere Ebene des Prothesenkonzepts angewandt werden kann. Wie er merkt, „[…] ist der Stock kein Gegenstand mehr, den der Blinde wahrnähme, sondern ein Instrument, *mit* dem er wahrnimmt. Er ist ein Anhang des Leibes, eine Erweiterung der Leibessynthese" (1966, S. 182). Durch seine Modifizierung – einerseits Etablierung einer vorherigen Funktion, andererseits im Fall eines normalen Leibkörpers die Erweiterung einer bestehenden Funktion, wie zum Beispiel unsere Fähigkeit Gewicht zu tragen – produziert das Exoskelett eine komparable Leibessynthese. Der Unterschied zwischen den beiden Beispielen liegt allerdings in folgendem Detail: während ein Blindenstock keine Möglichkeit bietet, eine gesunde Sehfähigkeit wiederherzustellen, mag die Benutzung eines Exoskeletts zu einer Erweiterung des „natürlichen" Leibkörpers führen, und so zu dessen Optimierung. Damit wird der Erfahrungsbestand von der Bewegungsbehinderung abgebaut und materiell in ein neues leibkörperliches „Bewegungs- und Wahrnehmungsvermögen" (1966, S. 184) eingebettet.

Dementsprechend wird Bewegung das Potenzial für einen neuen Leibkörper legitimieren und damit auch eine neue körperliche Logik anerkennen. Wie Dierk Spreen zeigt, kann diese Logik teilweise auch verstanden werden als eine Logik des Upgradings (Spreen 2015). Damit werden sowohl ein neuer Erfahrungshorizont für das Individuum qua subjektiven Pol als auch neue Sozial- und Interaktionsordnungen, die unseren Alltag prägen, produziert. Die Mensch-Maschine-Kombination ist keine neue Erfindung – das Neue an Phänomenen wie Exoskeletten und Prothesen ist die „Zweiheit" der Funktionalität dieser Art der Technologie: Was wesentliche subjektive Charakteristika wie Bewegung rehabilitiert, wird zugleich eine Quelle für die Erfindung und Produktion eines neuen Leibkörpers in einer optimierten Form und für die Darstellung neuer sozialen Normen.

3 Der prothetische Leibkörper: Grenzen und Wesensveränderung

Unter einem prothetischen Leibkörper wird im Folgenden ein Leibkörper verstanden, dessen Bewegungsmöglichkeiten mithilfe der Exoskelette wiederhergestellt werden. Die Festlegung solcher körperlichen Transitionen und Transformationen verändert soziologische Kategorien wie Habitualisierung, Kontext, Typisierungen, Normen oder Codierungsprozesse und markiert zusätzlich eine Wende in den Epistemologien des „Body Turns". Im Fall der Personen, die Bewegungsstörungen haben, werden die oben genannten Ebenen der Bewegung durch neue Elemente befragt, die sich vornehmlich auf die Anwendung der Technologie beziehen. Das zeigt sich vor allem am Beispiel sechs narrativer Interviews mit Personen, die unter einer Querschnittslähmung oder unter Zerebralparese leiden.

Die Wahrnehmung, welche die Interviewten über die Veränderungen haben, die die Prothesen und Exoskelette verursachen, betreffen zwei Normalisierungsverfahren: einerseits die Rehabilitierung der ehemaligen Funktionen des Leibkörpers, andererseits die Erzeugung eines neuen Leibkörpers durch Erweiterung seiner existierenden Funktionen. Die Transformation des Natürlichen und implizit des Leibkörpers wird angenommen – jedoch nur, um ein besseres Leben zu erreichen.

Die Veränderung, die im Leibkörper durch mangelnde Bewegung entsteht, wird in den Interviews als Dualität Natur/Kultur definiert. Die Natur/Kultur-Begriffe zeigen allerdings keine kategoriale oder ontologische Opposition, auch wenn ihre Spezifizität von den Interviewten erkannt wird. Die Distinktion zwischen dem Natürlichen und dem Technologisch-Erfundenen wird betont, wobei die Technologie schon existierende körperlichleibliche Dispositionen verlängert. Als Beispiel sei die von dem an Zerebralparese leidenden James erwähnte Ansicht genannt. Er plädiert für die Benutzung der Bionik und allgemein für wissenschaftlichen und menschlichen Fortschritte, die durch die Anwendung solcher technischen Körperteile ermöglicht werden. Noch wichtiger in seiner Perspektive ist, dass für eine Person mit Bewegungsbehinderung die technologische Entwicklung in Richtung Optimierung keine wesentlichen Widersprüche darstellt. Er erwähnt Beispiele, die unsere kulturellen Ausdruck-Praktiken charakterisieren, um die kategoriale Spannung zwischen Natur und technologischer Entwicklung abzubauen wie z. B. Kleider, oder biologische Entwicklungen des Körpers in Richtung schwerer Krankheiten wie Krebs, die ihre eigene Natur haben. Diese Spannung wird anhand folgender Zitate deutlich:

> „I am all for bionics. […] I guess I shouldn't put words in your mouth, but I've got the feeling that you want to say, that I often feel that there is a natural way, that there is a way that something is. And if we are using technology to make something better, that's somehow unnatural. I don't draw that distinction though" (James, Z. 649–652).

Der Vergleich zwischen rehabilitative Technologie und Alltagsartikel, wie Kleider, legt Wert auf Körperlichkeitsformen, die nicht eine radikale Differenz sondern eine materielle Gemeinsamkeit nachweisen, wie anhand folgendem Zitat deutlich wird:

> „Using a walking stick is no different from, you know, using wheelchair. You know, we wear clothes, for example. Why is that not seen as a technology? We don't need clothes. And so, why wear them? So, I feel, you know, it's all about a line drawing for me. Why is this unnatural because it's mechanical, whereas other things aren't seen as natural?" (James, Z. 654–658).
> „I want to refuse what philosophers call the naturalistic fallacy. Just because something is a way, a certain way, it doesn't mean to say that it has to be that certain way all the time. Or that that way should be seen as good or the only way. I said it. Cancer is the best example. If we were to embrace the idea of nature, there is nature in that. It must be protected. Then we have to protect cancers (lacht)." (James, Z. 669–673)

Solange die technisch modifizierte Bewegung zu einem besseren Status des Individuums und implizit zu einer Verbesserung der Lebensqualität führt, die in James Situation auch medizinisch zu verstehen ist, sind die Veränderungen der biologisch-anatomischen Funktionen des Leibkörpers akzeptabel. Durch die Wiederetablierung der mangelnden Funktionen wirkt Technologie grundlegend als Normalisierungsprozess des Leibkörpers. Der in einer Behinderungs-Situation vorgefundene Leibkörper wird zu einem sozialisierten „normalisierten" Leibkörper transformiert. Die prothetische Dimension der Technologie – wobei mit Prothese eine Ergänzung des Körpers gemeint ist (Spreen 2015, S. 49) – erlaubt einerseits im Fall der Zerebralparese Möglichkeiten, einen sozial definierten

„taken for granted" Leibkörper zu etablieren, andererseits im Fall der Querschnittslähmung ehemalige Bewegungsmuster wiederherzustellen.

Technologie als Weiterverschiebung des „natürlichen" Leibkörper zeigt in James' Diskurs einen Entwicklungsprozess, in dem „Unnatürlichkeit" zur Naturalisierung gehört. Bei James werden Prothesen und Exoskelette nicht negativ bewertet. Symbolisch und funktionell werden sie mit anderen „prothetischen" Elementen, wie dem Rollstuhl oder auch der Bekleidung – letztere ist seit einer langen Zeit alltagsweltliches Hauptelement verglichen. Technik und Technologie werden führen zu einer wesentlichen Veränderung durch Abbau und Aufbau des Natürlichen in der Bionik: die Produktion einer neuen leibkörperlichen Form, ein Techno-Körper (Andrieu 2010). Das betrifft vor allem die Auflösung der Dichotomie Natur/Kultur. Dadurch werden die Erfindungen der Bionik sowohl als Momente sozialer Entwicklung des Körperlichkeitsverständnisses verstanden, als auch als Momente sozial definierter Grenzen des Leibkörpers. Wie Rammert und Schubert feststellen, „bedeutet [das] unter anderem, Körper und Techniken nicht nur als passive Träger des Sozialen zu verstehen, sondern ihre jeweilige Widerständigkeit oder gar eigensinnige Disponiertheit ernst zu nehmen und sie auch als interaktive Mittler in Handlungssituationen zu untersuchen" (Rammert und Schubert 2017, S. 350).

Prothesen und Exoskelette sind inkorporierende Möglichkeiten, durch die sowohl die Natur des Selbst qua Selbst umgewandelt wird als auch die sozialen Darstellungen, die damit verbunden sind, restrukturiert werden. Wie James' Aussagen zeigen, ist vor allem seine Akzeptanz des Unnatürlichen in Verbindung mit der Idee der Verbesserung beziehungsweise Optimierung eine – in der Terminologie von Robert Gugutzer – neue Form von „Einverleibung", aber auch von „Verkörperung" (Gugutzer 2006, S. 32). Wie Gugutzer erwähnt, „[stehen] ‚Einverleibung' und ‚Verkörperung' […] für zwei komplementäre Perspektiven auf das Verhältnis von sozialem Akteur und sozialen Strukturen – zum einen für die ‚Innensicht', zum anderen für die ‚Außensicht' auf diese Relation" (Gugutzer 2006, S. 32). Durch die Veränderung des Biologisch-Anatomischen wird die Korrelation zwischen Einverleibung und Verkörperung auf neuen Grundlagen etabliert. Dabei wird die Dynamik Innen/Außen neu konzipiert. Was technisch und als Zusatz oder Ersatz, und deshalb als „Außen" verstanden wird, erweist sich als „Innen", als wesentlicher Teil einer Körperfunktion, in diesem Fall der Bewegung. Mit Werner Schneider kann man in dieselbe Richtung argumentieren: „die Prothetik [wandert] von der Körperoberfläche sowohl in den Körper wie ebenso in Richtung einer Aufhebung, Verflüssigung von Körpergrenzen als kulturell fixierter Innen-Außen Konzeption im Sinne einer zunehmenden direkten

Einbindung (Vernetzung) des prothetisierten Körpers in das ihn umgebende technische Ensemble" (Schneider 2005, S. 383).

Der Wechsel vom Leibkörper zu einem Mensch-Maschine-Körper oder allgemeiner formuliert zu einem Techno-Körper wird von den Personen mit Bewegungsbehinderung nur insofern akzeptiert, als dass eine ethische Haltung respektiert wird. Die Akzeptanz der Technologie korreliert mit einem „guten Gebrauch". Es handelt sich in James' Meinung um „to make something better" und nicht um etwas gefährlich zu machen. So muss die Verbesserung des Leibkörpers nicht eine Normalisierung der Natur anerkennen, sondern eine eigene Normalisierung, die das gute Leben des Individuums wiederherstellt.

Eine ähnliche Meinung wie die von James wird von einem anderen Interviewten namens Steve bestätigt. Steve hat eine Bewegungsdysfunktion, die durch einen Skateboardunfall und eine damit einhergehende Rückenmarkverletzung verursacht wurde. Von Beruf ist Steve Ingenieur und baut selbst bionische Technologien. Daher besitzt er detailliertere Kenntnisse darüber, wie sie funktionieren, wie sie die Anatomie des Leibkörpers beeinflussen und wie sie den Leibkörper als Enhancement-Entwurf artikulieren können.

Wie James' wird auch Steves Leibkörper-Perspektive über die Funktionsweise von prothetischen Technologien in Bezug auf Rehabilitierung und Erweiterung formuliert. Die Grenzen des Leibkörperlichen betreffen das Wesen und die Einzigartigkeit des Individuums als solches, und rufen, wie er meint ethische und soziale Konsequenzen hervor:

> „I think that they are both great. Like we said earlier, it's all about pushing the limits. And in both cases you are pushing the limits for the individual. That's absolutely great! One case: you're disabled, and you are trying to regain that ability that you've lost. That's great. And then, in the other case, you're advancing your abilities. That seems awesome too. I think both things are great. I don't know if there is Iron Man, and people, and villains and whatever. Then, it might be something worrying about. But we got nuclear bombs, ok? And nuclear bombs can just wipe out the entire world. I feel that, if people make super-soldiers or something like that, it all works a way out, you know. Nobody is going to do something too crazy, otherwise you'll have somebody else stopping them." (Steve, Interview 1, Z. 516–524)

Anders als James erhält Steve ein Vertrauensprinzip in solchen Technologien, weil er sich selbst damit beschäftigt. Durch seinen Vergleich mit der nuklearen Bombe werden die gesellschaftlichen und pragmatischen Konsequenzen des Exoskeletts verharmlost. Steves Vorstellung geht über die Eigenschaften des Leibkörpers als Handelnder (was er macht) und Existierender (was er ist) hinaus zu einer Konzeption, in der sich der Leibkörper zu etwas entwickelt, das ich „*medial*" nennen würde. Eine soziologische-phänomenologische Konzeption des Leibes als Medium sozialer Handlungen und Praktiken wurde bereits erwähnt (Gugutzer 2012, S. 27). Was ich mit einem medialen Leibkörper meine, ist ein Körper, der sich als konkretes materielles Projekt definiert, und der durch Technologien wesentlich in seinen anatomisch-biologischen Funktionen verändert wird. Die Implementierung solcher leiblichen Technologien, zu denen Exoskelette und Prothesen zählen, erzeugt ein Individuum, das sich nicht nur durch das, was sein Leibkörper macht oder was sein Leibkörper ist, charakterisiert, sondern insbesondere durch das, was sein Leibkörper wird. Der mediale Körper betont die Idee des Möglichen.

Der mediale Leibkörper funktioniert zugleich als Selbsttechnologie und als Erweiterung eines individuellen Wertesystems. Seine symbolische Produktion zielt auf eine ehemals vorhandene Konfiguration körperlicher Eigenschaften ab, die als natürlich qualifiziert und verstanden werden. Diese Produktion erzeugt auch eine soziale Normierung, durch die solche technischen Komponenten eine konkrete alltägliche Struktur einrichten. Die Veränderung der Normen bringt zusätzlich materielle Grenzen hervor, die in erster Instanz als leibkörperlich erscheinen und konkret den ganzen Praxisbestand des Individuums beeinflussen:

> „Um, because when you put an exoskeleton on, as in (…) You are a system. It's more than just a machine. It's the machine with the person. So the two have to really work together and work closely together. Um, and of course, the person should feel in control of the machine. And then, the machine should have sensors and things, that the person's missing. Like, you know (…) Like all the sensory information from the legs that the person doesn't have, the machine has […]." (Steve, Interview 2, Z. 552–558).
>
> „Yeah, um, yeah it's just I guess (…) It's interesting. It's something that people haven't seen before. It's technology. Um (.) So I'm not so sure people are (…) You know, happy that spinal cord injury people can walk. Or they're just happy that (.) You know, as a society, we're advancing with technology." (Steve, Interview 2, Z. 1045–1048).

Steve hebt eine wesentliche öffentliche Wahrnehmung hervor, die den Akzent über die Transformation des Leibkörpers vom Leibkörper qua Behinderungspunkt zum Leibkörper qua Quelle neuer positiver Erfahrungsmöglichkeiten verschiebt. Insbesondere die Modifizierung einer solchen grundlegenden Funktion wie Bewegung bestätigt eine exzeptionelle Transformation des Individuums. Wie ein anderer Interviewter andeutet, vollzieht das Exoskelett die Transformation einer Unmöglichkeit hin zu einer konkreten Möglichkeit des Körpers. Diese Veränderung stellt die Exzeption der Behinderung als Abweichung grundsätzlich infrage. So meint zum Beispiel Christian, der aufgrund eines Autounfalls unter einer Querschnittslähmung leidet: „Wenn ich im Rollstuhl sitze, bin ich der Behinderte. Wenn ich jetzt auf einem Exoskelett stehe und laufe, dann gehöre ich wieder zur Gesellschaft dazu. Dann bin ich nicht der Behinderte." (Christian, 790–792). „[…] die ersten Schritte (..) Das war zum Beispiel grandios, sage ich mal" (Christian, 783).

Die Veränderung, die die Bionik bringt, artikuliert neue Stufen der subjektiven Erfahrung, die auf der Materialität des Leibkörpers aufgebaut sind. Sie betrifft jedoch auch die soziale Wahrnehmung der Behinderung. Während sich der Rollstuhl als Zeichen des „Nicht-Könnens" seit langem etabliert hat, schafft das Exoskelett einen wesentlichen Wandel. Neue Grenzen der Subjektivität, aber auch unseres Interaktionsrepertoires weisen darauf hin, wie „Technologie und Soziales zu einem unproblematischen Funktionsganzen verschmolzen werden sollen" (Spreen 2015, S. 53).

Anhand ihrer Überlegungen zu den leibkörperlichen, praktischen und ethischen Grenzen sowie deren Erweiterungsimplikationen bestätigen die Interviewten die Erscheinung und die gegenwärtige Entwicklung neuer Leiblichkeitsformen. Diese Formen scheinen die klassische phänomenologische Trennung in die Kategorien „Leib" als subjektive Ebene der Erfahrung und „Körper" als natürlich-wissenschaftlichen Begriff aufzulösen. Vielmehr zeigen diese Narrative, dass „das einzuverleibende Technische' nicht mehr bloßer Ersatz ist, sondern als fortschreitende Extension und Intensivierung des Körperlichen dient […]" (Schneider 2005, S. 383).

4 „Wieviel Körper braucht der Mensch?" Identität durch prothetische Bewegung revidieren

Prothesen und Exoskelette sind Teil eines allgemeinen Verfahrens, das mit der aktuellen Technologieentwicklung immer prägnanter geworden ist. Ursprünglich konzipiert, um medizinische Bedürfnisse zu befriedigen, instituieren Prothesen und Exoskelette eine neue Wirklichkeit davon, was Gabriele Klein den „neue[n] Kult um den Körper" (2001, S. 54) nennt. Kleins Meinung zufolge werden innerhalb der Kategorie „der neue Kult um den Körper" Beispiele wie Piercings, Branding, Schönheitsoperationen, Extremsportarten und Body Modification genannt. Die Optimierungstendenz bestätigt eine neue Etappe in der Entwicklung dieses sozialen Prozesses, der mittels vielfältiger Medien immer mehr als ein Teil unserer heutigen Lebenswelt anerkannt wird.

Wie sich in den Interviews zeigt, besteht zwischen der Kombination des Leibkörpers als Situ des Subjekts und den hinzugefügten Maschinenteilen kein Widerspruch. Darüber hinaus haben die Interviewten eine zentrale Idee für die Optimierungsdebatte entwickelt: den „Körper als Option" (Klein 2001, S. 57). Wie Steve meint, bleiben Optimierung oder die Nutzung eines Exoskeletts immer eine persönliche Entscheidung: „I am a proponent for advancing technology to help people. So absolutely, if it could be advanced to end disabilities, I think it should be. And hopefully will be. I can't really think of any other argument for an opposition so far. Because people can always choose whether they want to wear it or not" (Steve, Interview 1, Z. 619–622).

Die neue Produktion prothetisierter Körper transformiert zugleich die Konzeption der Behinderung und der Gesundheit und führt zu neuen Regeln des Seins und des Mitseins. Wie das Beispiel in diesem Kontext Prominenter wie Neil Harbisson oder Kevin Warwick zeigt, wird der „normal" anatomisch funktionierende Körper zu einem offenen Selbstexperiment. Personen, die Bewegungsdysfunktionen haben, spüren den sozialen Blick stärker als solche, die an nicht sichtbaren Krankheiten oder Behinderungen leiden. Oft wird Bewegungsbehinderung durch die Benutzung eines Rollstuhls markiert. Allerdings verändert sich mit der Entwicklung des Exoskeletts die Wahrnehmung der eigenen Leibkörper, nämlich die Selbstwahrnehmung und die soziale Wahrnehmung, hin zu einer Wahrnehmung der unzureichenden Körper. Diese Veränderung gestaltet auch die Bedeutung des Körpers als Garant der Identität neu.

Während Behinderung allgemein negativ konnotiert ist, präsentiert die Assoziation zwischen einem unzureichenden Körper und einem Mensch-Maschine-Körper eine Idee des Realisierbaren. Das Beispiel Exoskelett zeigt, dass besondere Erfahrungen, die oft als irreversibel betrachtet wurden („nicht mehr laufen können") durch die Anwendung der Maschine dekonstruiert werden. Das „Nicht-mehr-Können" wird zu einer neuen Form des „Könnens". Die Fortschritte im Feld der Prothetik und Bionik erzeugen dadurch neue leiblichkörperliche Wirklichkeitspotenziale, in der die Kombination zwischen maschinellen Teilen und biologischer Körperlichkeit neue Lebensformen und Identitätsformen produziert. Der Leibkörper, der lange mit Mangel oder mit einem negativen Bild assoziiert wurde, transformiert sich in ein potenzielles Projekt, in einen offenen Horizont.

Die Transformation der Bewegung als fundamentale Kategorie des Erfahrens spielt im Vergleich zu Chip-Implantaten eine vornehmlich wichtigere Rolle. Denn Bewegung bestätigt unsere Qualität lebendig zu sein. Im Fall der Zerebralparese und der Rückenmarkverletzungen erscheinen die neuen Normalisierungsmöglichkeiten, die technologisch erzeugt werden, als Rückkehr zu einem Zustand, in dem Bewegung in der Form des Laufens unproblematisch wirkt. Ein Phänomen, das zur Popularisierung und dadurch zur Entproblematisierung der sichtbaren Biotechnologien beiträgt, ist die gegenwärtige Mediatisierung. Damit wird das kollektive Bewusstsein für die Idee einer „Normalisierung der Prothese, mithin um die zumindest implizite Verortung aller Körper in einem Mangel- und Erweiterungsdispositiv" (Spreen 2015, S. 53) sensibilisiert.

Die prothetische Veränderung der Bewegung hat im Gegensatz zu anderen körperlichen Veränderungen wesentliche Konsequenzen sowohl für die Erfindung eines leiblichen Selbst als auch für die Revidierung der Interaktionsmöglichkeiten des Individuums in sozialen Kontexten und für die konkrete Wahrnehmung des behinderten Körpers. Durch ihre Ambivalenz verleiht dieses Phänomen der Technologie eine prominente Rolle, die durch die Geräte vergegenwärtigt wird: Exoskelett und Prothese stellen simultan Mangel und Optimierung dar. Aufgrund der zweiten Eigenschaft würde der/die BenutzerIn soziale Anerkennung bekommen, und damit eine neue leiblichkörperliche Identität annehmen.

Durch Inkorporierung technologischer Teile in das Körperschema und in das Körperbild des Individuums werden der Bewegung neue Funktionen verliehen: sie reflektiert nicht mehr ein Merkmal des Lebendigen und ähnlich markiert sie ebenfalls nicht die Trennung zwischen Automaten und biologischen Wesen (Westermann 2012, S. 46). Bestätigt wird ein Hybridisierungsprozess, der durch seine Popularisierung und Verbreitung in der Gesellschaft neue Konzeptionen des Leibkörpers als Garant der subjektiven Identität erzeugt. Gerade durch ihre immer stärkere Visibilität werden bionische Technologien, die ursprünglich eine rehabilitative Funktion hatten, nicht mehr die Zuschreibung einer Behinderung markieren. Ganz im Gegenteil: die technischen Teile, die mit dem biologischen menschlichen Körper zusammenarbeiten, verweisen auf die Produktion neuer Formen der Körperlichkeit. Diese Formen werden von Vertretern der Optimierungsparadigma wie Prof. Hugh Herr vom MIT Media Lab als zukünftige Existenzmöglichkeiten verstanden, die einen weiteren Schritt in der Entwicklung der Gesellschaft und deren vergesellschafteten Körpern darstellen. So behauptet Hugh Herr, der selbst bionische Fußprothesen hat, dass „one day I hope to be able to have sensory feeling of my synthetic bionic limb. One day I hope to have a balance that's perhaps even superior to normal human balance. With current technology, I can today walk at normal speeds with normal metabolic energies, which is a huge triumph. I hope to walk one day and never experience pain, and I wish that for about 20 million persons that use prostheses throughout this planet.

The profound legacy of bionics will be the elimination of disability and I believe it will happen in this century."[1]

Auf Basis der Simulationsprozesse finden Fortschritte statt, die die anatomischen Funktionen des Körpers auf die technologischen Teile zu kopieren versuchen, was zur Konsequenz nicht nur die Veränderung der Struktur der subjektiven Leibkörperlichkeit hat, sondern auch die der interaktiven Potenziale und Habitusvorräte, welche die mannigfaltige Ebene unserer Vergesellschaftung prägen. Dies impliziert, dass durch solche Hybridisierungsprozesse neue kulturelle Vorstellungen und Praxisformen entstehen, die an einem körperlichen Modell mitwirken, das man als „erweiterten" Leibkörper bezeichnen könnte.

5 Fazit

Im Fall der prothetischen Leibkörper braucht die Soziologie der Bewegung eine komplementäre Untersuchungsebene, um die Synergieaspekte, die so ein Leiblichkeitsprojekt formen, zu verdeutlichen. Technologie hat schon immer die gesellschaftlichen Strukturen geprägt. Allerdings mit der Entwicklung der Biotechnologien, die solche wesentlichen Eigenschaften des Körpers wie Bewegung rehabilitieren, normalisieren oder optimieren, wird Technologie eng in unserer Existenz eingebettet. Die Bewegung des Leibkörpers wird dadurch eine Bewegung++.

Die Thematisierung eines solchen Leibkörpers würde in einem weiteren Schritt das Projekt einer „tropologischen Phänomenologie", wie Vivian Sobchak es genannt hat[2], überwinden. Während die Rolle der Technologie schon in der Arbeit von Don Ihde innerhalb der Phänomenologie betrachtet wurde (Ihde 2002, 2012), zeigen die analysierten Beispiele zusätzlich, dass man durch die neuen

---

[1]Bast Morton, You've given me my body back: A Q&A with Hugh Herr, March 19, 2014. https://blog.ted.com/2014/03/19/youve-given-me-my-body-back-a-qa-with-hugh-herr/. Accessed on 14.08.2016.

[2]Vivian Sobchak hat ihre „tropological phenomenology" in Bezug auf dem Begriff „trope" definiert. Ihrer Meinung nach ist „a trope is a figural use of language, but it is also an argument advanced by a skeptic. In this regard, a tropological phenomenology would take into account both senses of the word and would proceed in its „thick description" both fully aware and productively suspicious that lived-body experience is always also being imaginatively ‚figured' as it is literally being ‚figured out'" (Sobchack 2004, S. 206, Fußnote 2).

Entwicklungen in der Bionik nicht nur den Leibkörper auf einer neuen Basis erfinden könnte, sondern simultan auch komplette gesellschaftliche Institutionen und allgemein die Strukturen der Lebenswelt in ihrer Materialität. Damit werden neue Möglichkeiten für unsere interaktiven und kommunikativen Beziehungen erzeugt und somit die Basis für eine verkörperte Sozial-Phänomenologie, die den Begriff der Identität noch für zentral hält, grundlegend neugestaltet. Wie Dierk Spreen betont, werden diese Übersetzungsprozesse zwischen technisierter und biologischer Materialität „,im Menschen' stattfinden und dadurch mit der gesellschaftlichen Erfahrungswirklichkeit verbunden [sein]" (Spreen 2004, S. 338).

Zusammenfassend ist zu erwähnen, dass die Veränderung der Bewegung durch Technologie dem Leibkörper als solchem eine neue Phase des Selbst und der Subjektivität zuspricht. Dies verdeutlicht auch Andy Clark: „new technologies can alter, augment, and extend our senses of presence and of our own potential for action. Even when they fail, when they reveal themselves instead as loud, abrasive, opaque barriers between us and our worlds, we learn a little more about what really matters in the ongoing construction of our sense of place and of person-hood. In success and in failure, these tools help us to know ourselves" (Clark, 2003, S. 138).[3]

Literatur

Alkemeyer, Thomas. 2004. Bewegung und Gesellschaft. Zur ‚Verkörperung' des Sozialen und zur Formung des Selbst in Sport und populärer Kultur. In *Bewegung. Sozial- und kulturwissenschaftliche Konzepte*, hrsg. Gabrielle Klein, 43–78. Bielefeld: Transcript.
Andrieu, Bernard. 2010. Se ‚transcoporer'. Vers une autotransformation de l'humain? *La pensée du midi*, 1, N°30: 34–41.
Bast Morton, You've given me my body back: A Q&A with Hugh Herr, March 19, 2014. https://blog.ted.com/2014/03/19/youve-given-me-my-body-back-a-qa-with-hugh-herr/. Accessed on 14.08.2017.
Clark, Andy. 2003. *Natural Born Cyborgs*. Oxford: Oxford UP.
Gallagher, Shaun. 1986. Hyletic experience and the lived body. *Husserl Studies* 3: 131-166.
Gallagher, Shaun 2005. *How the Body Shapes the Mind*. Oxford: Clarendon Press.
Gugutzer, Robert. 2006. Der body turn in der Soziologie. Eine programmatische Einführung. In *Body Turn. Perspektiven der Soziologie des Körpers und des Sports*, hrsg. Robert Gugutzer, 9–53.

---

[3]Ich danke Martin Zierer für seine wertvolle Unterstützung und seine Geduld bei der Bearbeitung meines Beitrags.

Gugutzer, Robert. 2012. *Verkörperungen des Sozialen*. Bielefeld: Transcript.
Husserl, Edmund. 1952. *Ideen zu einer reinen Phänomenologie und phänomenologischen Philosophie*. Zweites Buch. Phänomenologische Untersuchungen zur Konstitution. Husserliana IV. The Hague: Martinus Nijhoff.
Husserl, Edmund. 1973a. *Ding und Raum*. Vorlesungen 1907. Husserliana XVI. The Hague: Martinu Nijhoff.
Husserl Edmund. 1973b. *Cartesianische Meditationen und Pariser Vorträge*. Husserliana I. The Hague: Martinus Nijhoff.
Ihde, Don. 2012. Postphenomenological re-embodiment. *Foundations of Science* 17: 373-377.
Ihde, Don. 2002. *Bodies in technology*. Minneapolis, London: University of Minnesota Press.
Klein Gabriele. 2001. Der Körper als Erfindung. In *Wie viel Körper braucht der Mensch?* hrsg. Gero von Randow. 54–62. Hamburg: Körber Stiftung Edition.
Klein, Gabriele. 2004. Bewegung denken. Ein soziologischer Entwurf. In *Bewegung. Sozial- und kulturwissenschaftliche Konzepte*. hrsg. Gabriele Klein,131–154. Bielefeld: Transcript.
Klein, Gabriele. 2017. Bewegung. In *Handbuch Körpersoziologie*, Bd. I. hrsg. Robert Gugutzer, Gabriele Klein, Michael Meuser, 9–14. Wiesbaden: Springer VS.
Mauss, Marcel. 1989. Die Techniken des Körpers. In Soziologie und Anthropologie, Bd. II. 199–220. Frankfurt a. Main: Fischer.
Merleau-Ponty, Maurice. 1966. *Phänomenologie der Wahrnehmung*. Berlin: De Gruyter.
Rammert, Werner & Schubert, Cornelius. 2017. Technik. In *Handbuch Körpersoziologie*, Bd. I, hrsg. Robert Gugutzer, Gabriele Klein, Michael Meuser, 349–363. Wiesbaden: Springer VS.
Schneider, Werner. 2005. Der Prothesen-Körper als gesellschaftliches Grenzproblem. In *Soziologie des Körpers*, hrsg. Markus Schroer, 371–397, Frankfurt a. Main: Suhrkamp.
Sheets-Johnstone, Maxine. 2009. Animation: the fundamental, essential, and properly descriptive concept. *Continental Philosophy Review* 42, 375-400.
Sheets-Johnstone, Maxine. 2011. *Phenomenology of Movement*. Philadelphia PA: John Benjamins.
Sobchack, Vivian. 2004. *Carnal Thoughts. Embodiment and Moving Image Culture*. Berkley and London: University of California Press.
Spreen, Dierk. 2004. Menschliche Cyborgs und reflexive Moderne. In *Vernunft – Entwicklung – Leben. Schlüsselbegriffe der Moderne. Festschrift für Wolfgang Eßbach*, hrsg. Ulrich Bröckling, Axel T. Paul und Stefan Kaufmann, 317–346. München: Fink.
Spreen, Dierk. 2015. *Upgrade Kultur*. Bielefeld: Transcript.
Westermann, Bianca. 2012. *Anthropomorphe Maschinen*. München/Paderborn: Fink.

Zwischen Wirklichkeit und Möglichkeit: Der Körper in Erziehung und Wettkampfsport

Swen Körner

Zusammenfassung

Moderner Roman und Wahrscheinlichkeitstheorie entstehen im 17. Jahrhundert. Beide auf den ersten Blick recht unterschiedlichen kulturellen Bereiche teilen eine Gemeinsamkeit: Fiktion und Stochastik setzen das Verhältnis von Wirklichkeit und Möglichkeit auf eine neue Grundlage. Wirklichkeit lässt sich nun an ihren Möglichkeiten messen. Darin besteht ein typischer Zug moderner Gesellschaften. Mit dem System der Erziehung (2) sowie dem modernen Wettkampfsport (3) wird im Folgenden in die Funktionsweise zweier gesellschaftlicher Bereiche geblickt, die sich darauf spezialisiert haben, jeweilige Wirklichkeiten auf bessere Möglichkeiten zu beziehen und ihre Akteure genau daran zu gewöhnen. Der Körper spielt dabei jeweils eine zentrale Rolle. Als möglicher Körper ist er aktuell u. a. im Selftracking präsent (4).

Schlüsselwörter

Erziehung · Sport · Steigerung · Körper · Selftracking · Rekorde · Philanthropen · Adipositas

---

S. Körner (✉)
Abteilung Trainingspädagogik und Martial Research,
Deutsche Sporthochschule Köln, Köln, Deutschland
E-Mail: koerner@dshs-koeln.de

© Der/die Autor(en), exklusiv lizenziert durch Springer Fachmedien Wiesbaden GmbH, ein Teil von Springer Nature 2020
M. Şahinol et al. (Hrsg.), *Upgrades der Natur, künftige Körper*, Technikzukünfte, Wissenschaft und Gesellschaft / Futures of Technology, Science and Society, https://doi.org/10.1007/978-3-658-31597-9_4

1 Wirklichkeit und Möglichkeit

1678 erscheint Madame de Lafayettes *La Princesse de Cleves,* im Jahr 1654 beginnen die beiden Mathematiker Pierre de Fermat und Blaise Pascal einen Briefwechsel über die Wahrscheinlichkeit einer Doppelsechs beim 24-maligen Werfen eines Würfelpaars. Die Ereignisse gelten gemeinhin als Geburtsstunden zweier kultureller Bereiche, die auf den ersten Blick wenig gemeinsam haben: Moderner Roman und Wahrscheinlichkeitstheorie. Wie Esposito (2007) zeigt, entsteht beides keineswegs zufällig etwa zur gleichen Zeit. Roman und Wahrscheinlichkeitstheorie indizieren einen Wechsel der Realitätsvorstellung. Fiktion und Stochastik setzen das Verhältnis von Wirklichkeit und Möglichkeit auf eine neue Grundlage. Wirklichkeit lässt sich nun an ihren real ausgedachten oder ausgerechneten Möglichkeiten messen. Fiktive aber gleichwohl glaubwürdige (und wie im Fall der *Princesse de Cleves* unerhörte) Handlungen regen die Phantasie ebenso an wie die berechenbare Ereigniswahrscheinlichkeit eines Sechserpasch bei 24 Würfen. Die kulturellen Folgen[1] sind beachtlich. Allein die Auseinandersetzung mit vorstellbaren Alternativen beeinflusst Gegenwart und Zukunft. Mit dem System der Erziehung (2) sowie dem modernen Wettkampfsport (3) wird im Folgenden in die Funktionsweise zweier gesellschaftlicher Bereiche geblickt, die darauf spezialisiert sind, jeweilige Wirklichkeiten auf deren bessere Möglichkeiten zu beziehen und ihre Akteure genau daran zu gewöhnen. Der Körper spielt dabei jeweils eine zentrale Rolle. Als möglicher Körper ist er aktuell u. a. im Selftracking präsent (4).[2]

2 Moderne Erziehung

Moderne Erziehung[3] bezeichnet die gezielte Einflussnahme auf Personen durch darauf spezialisierte Praktiken. Die Einflussnahme erfolgt über direkte Interaktion oder indirekt über das Arrangement von Strukturen und Umgebungen. Erziehung

---

[1] Esposito interessiert sich in ihrer Studie für deren „Verbindung … auf der Ebene der semantischen Voraussetzungen" (2007, S. 7).

[2] Nicht ganz nebenbei führt der Artikel vor, dass man nur sieht, was im Rahmen gewählter Unterscheidungen zu sehen möglich ist. Man kann Erziehung und Sport anders beschreiben, d. h. entlang anderer Unterscheidungen. Man kommt dann zu anderen Ergebnissen. Dass folgende Darstellung beiden Bereichen gerade nicht vollständig gerecht wird, versteht sich.

[3] Folgende Ausführungen zur modernen Erziehung und zur Rolle des Körpers sind Körner (2008a) entnommen und wurden dem Artikelschwerpunkt entsprechend leicht modifiziert.

als Einflussnahme basiert dabei im Wesentlichen auf zwei Annahmen: einer Defizit- und einer Machbarkeitsprämisse. Die *Defizitprämisse* besagt, dass etwas noch nicht so ist, wie es sein könnte oder sollte. Die *Machbarkeitsannahme* unterstellt, dass sich das gezielt ändern lässt. Ins Fadenkreuz erzieherischer Ansinnen zu geraten heißt somit, unter dem Gesichtspunkt von Fehlbeständen (lat. *de-fecit*, „es fehlt") beobachtet zu werden als jemand, der sich in einem optimierungsbedürftigen Zustand befindet. Die Absicht zu erziehen, ist die Absicht zu diskriminieren (Luhmann 2004a, S. 253). Die Diskriminierung liegt dabei gerade auch in der Zeitdimension: Ein Zustand, ein Verhalten, ein Kenntnisstand oder eine Fähigkeit ist gegenwärtig noch nicht so, wie es sein könnte und sollte.

3   Defizit

Moderne Erziehung setzt jemanden voraus, der ihrer bedarf. Mit der Erfindung des Kindes, genauer gesagt mit der Erfindung einer neuen Kindheitssemantik im 18. Jahrhundert, entsteht dieses *hilfebedürftige Gegenüber* (Luhmann 2004b). Hilfebedürftig sind Kinder zum einen von Natur aus, zum anderen gesellschaftsbedingt. Die Anthropologie der Bedürftigkeit beschreibt den Menschen im Vergleich zum Tier von *Natur* aus als Mängelwesen. Im Unterschied zum instinktbefähigten, bereits unmittelbar nach Geburt aus eigener ‚Kraft' überlebensfähigen Tier, bedarf der Mensch, dessen „Entwicklung der Naturanlagen […] nicht von selbst geschieht" (Kant 1998, S. 703), der Erziehung (Brezinka 1974, S. 156–216). Seine Entwicklung in geistiger, körperlicher und moralischer Hinsicht erfordert Begleitung (Rousseau) bzw. Führung (Kant). In jedem Fall „steckt hinter der Edukation das große Geheimnis der Vollkommenheit der menschlichen Natur. Von jetzt an kann dieses geschehen.[…] Es ist entzückend, sich vorzustellen, daß die menschliche Natur immer besser durch Erziehung werde entwickelt werden, und daß man diese in eine Form bringen kann, die der Menschheit angemessen ist." (Kant 1998, S. 700) Erziehung erfährt auf diese Weise naturgemäße Rechtfertigung. Indem sie sich derer annimmt, die ihrer von Natur aus bedürfen, ist die Absicht zu erziehen immer eine gute Absicht (vgl. Luhmann 2004c, S. 202). Darin liegt ihre moralische Dimension.

Neben Natur- bietet *Gesellschaftsdiagnostik* die zweite Möglichkeit, die Defizitprämisse der Erziehung zu begründen. Ob nun, um Beispiele aus dem 18. Jahrhundert zu wählen, das Leben in der Stadt (Rousseau 1962; orig. 1762), die „Leseseuche" (Escher 1781), das Kutschefahren (Kant 1979, orig. 1774–1777) oder die „übermäßige Fettigkeit des Körpers" (Flemming 1769): Das alles erscheint dem wachsamen Auge der Erziehung nicht so, wie es sein könnte bzw.

sein sollte. Gegenwärtig reibt sich Erziehung u. a. an Smartphones, Bewegungsmangel und „dicken Kindern" (Körner 2008a). Die Kontinuität der Klage ist unverkennbar.

Mit der Semantik des hilfebedürftigen Kindes setzt die Erziehung im 18. Jahrhundert ein Medium in die Welt (Luhmann 2004b), in das sich in immer neuen Anläufen immer neue Defizite einzeichnen lassen, ohne das Medium dabei zu verbrauchen. Kinder wachsen nach, Defizite durch pädagogische Natur- und Gesellschaftsdiagnostik ebenfalls (Paschen 1997). Während die Defizitprämisse in Sachen Erziehung den Anfang machen lässt („etwas ist noch nicht so, wie es sein könnte oder sollte"), unterstellt die *Machbarkeitsannahme* („dass sich das gezielt ändern lässt") die Möglichkeit einer gezielten Veränderung defizitärer Zustände und plausibilisiert somit das erzieherische Anliegen vom Ende her.

4   Machbarkeit

Die Annahme pädagogischer Machbarkeit basiert auf einer doppelten Prämisse: Vorausgesetzt wird zum einen, dass sich kognitive, körperliche und moralische Zustände aufseiten des zu Erziehenden verändern lassen. Begründet und abgesichert wird die prinzipielle *Veränderungsfähigkeit* im 18. Jahrhundert durch eine Anthropologie der Weltoffenheit (Herder) und Perfektibilität (Rousseau): der Mensch ist bildsam und aus sich heraus zur Entwicklung und Aneignung fähig. Zum anderen setzt die Machbarkeitsannahme auf der Außenseite das Vorhandensein einer Art *Erziehungstechnologie* voraus, die Wirkungen als Folge zielgerichteter erzieherischer Intervention begreifen lässt. Exakt an dieser Stelle beziehen die so zahlreichen prozess- und ergebnisbezogenen Methoden der Erziehung ihren pädagogischen Sinn. Es wird arrangiert, vermittelt und immer wieder getestet, überprüft, bewertet und verglichen. Das Modell hierfür präzisiert die im 19. Jahrhundert entstehende Psychologie der Einwirkung (Herbart). In dieser erscheint Erziehung als Mechanik des Durchgriffs von außen nach innen (Oelkers 1991, S. 111 ff.). Im Sinne der Machbarkeitsannahme gilt: Der zu Erziehende muss zur Veränderung fähig sein, und der Prozess der Veränderung kontrollierbar.

5   Steigerung

Für Veränderung im Ausgang von Defiziten sieht moderne Erziehung nur eine Richtung vor: Steigerung. Was nachher ist, ist besser als das, was vorher war. Dass etwas noch nicht so ist, wie es sein könnte oder sollte, heißt in der Sprache der Erziehung nur, dass man *noch* nicht am Ende der Möglichkeiten angelangt ist. Moderne Erziehung konzipiert den Menschen als „steigerbare Realität" (Luhmann und Schorr 1979, S. 63). „Wer erzieht, will den Educanden in irgendeiner Hinsicht *besser machen,* vollkommener, tüchtiger oder fähiger machen, *als er ist*" (Brezinka 1974, S. 43, Herv. S.K.). Ein Ende der Steigerung ist im Kalkül der modernen Erziehung nicht vorgesehen, was sich u. a. auch in zunehmender Ausdifferenzierung des Erziehungssystems zeigt. Annahmen der Bildsamkeit und Perfektibilität hintertreiben die Annahme eines endgültigen Schlusspunkts (Oelkers 2001, S. 259).

Vom Einzelnen ausgehend, dient Erziehung am Ende der Gesellschaft. Erziehungsprogramme aus dem letzten Drittel des 18. Jahrhunderts beinhalten keineswegs ausschließlich Zielformeln, die sich auf die Mündigkeit und Freiheit des Individuums beziehen. In Form des Philanthropismus etwa bezeugt moderne Erziehung ebenso sehr ein Passungsverhältnis zu zeitgemäßen Outputerwartungen des planwirtschaftlichen Merkantilismus (Blankertz 1965). Den *double bind* von individueller und gesellschaftlicher Brauchbarkeit bildet moderne Erziehung in wechselnden Kontexten und Formeln bis heute ab. In der Post-Pisa-Schock Ära geht es um Humankapital und Fragen internationaler Wettbewerbsfähigkeit (Farholz et al. 2002).

Im Ausgang des 17. und 18. Jahrhunderts bildet sich eine Semantik der Erziehung aus, die Defizit- mit Machbarkeitsannahmen kombiniert, um Verbesserungsabsichten verlängert und dieses plausible Bündel auf ihr Klientel bezieht – und in regelmäßigen Abständen auch auf sich selbst. Ersteres ermöglicht Erziehung als Dienst an Mensch und Gesellschaft, letzteres ermöglicht die Anwendung auf sich selbst: Erziehung der Erziehung, Re-Form. Moderne Erziehung ist demnach ersichtlich Folge und Voraussetzung einer Gesellschaft, die ihre Zukunft sowie die ihrer personalen Umwelt als prinzipiell offen und gestaltbar begreift. Sie plausibilisiert sich, indem sie am Zustand von Mensch und Gesellschaft die Differenz zwischen defizitärer Wirklichkeit und besseren Möglichkeiten markiert.

6   Körper der Erziehung

Für moderne Erziehung wird dabei der Körper des Menschen in zunehmendem Maße wichtig. Zu einem nicht unerheblichen Anteil begründet sich ihre Erneuerung in der Anerkennung von Entwicklungsdimensionen des Körpers. Im 18. Jahrhundert formulieren Rousseau, Pestalozzi und die Philanthropen, dass Erziehung ihren Ausgang gerade auch in jenen Zuständen des Körpers zu nehmen habe, die naturgemäß oder gesellschaftsbedingt noch nicht so seien, wie sie sein sollten, aber könnten. Der Körper ist entwicklungsfähig, er kann – für die Philanthropen freilich unter der Herrschaft der „Seele" (König 1989, S. 69 ff.) – kräftiger, gesünder, schneller werden. Zum anderen wendet sich Erziehung hier gegen sich selbst. Die neue Ganzheitlichkeitssemantik tritt in Opposition zur Einseitigkeit einer ausschließlich auf den Intellekt ausgerichteten Erziehung. Ihren Bezugspunkt findet Ganzheitlichkeit in der Einheit von *Kopf, Herz und Hand* (Pestalozzi) Körpererziehung wird zum Teilprojekt moderner Erziehung.[4]

Im Übergang vom 18. zum 19. Jahrhundert sprießen Schriften der Philanthropen zur Leibeserziehung wie Pilze aus dem Boden (Basedow 1785; Campe 1785; Salzmann 1786; Villaume 1787; Gutsmuths 1793, 1796, 1817; Vieth 1794–1818). In Dessau und Schnepfenthal entstehen die ersten philanthropischen Internate. Im Kern experimentieren die Philanthropen mit der Idee institutionell organisierter leiblicher Erziehung. Die Grundlage des Philanthropismus ist typisch modern. Ziel ist der glückselige (Villaume 1787) und gesellschaftlich brauchbare (Campe 1785) Mensch. Der Weg dorthin führt über rekursive Übungen nach „Alter und Fortschritt in Kraft und Gewandtheit" klassifizierter Körper,[5] die in Inhalt und Aufbau dem zeitgenössischen Wissen menschlicher Anatomie und Physiologie entsprechen. Der Effekt von Übung wird durch Messung sichtbar. Zur Bestimmung der Armkraft etwa entwickelt Gutsmuths eine spezielle Messapparatur. Armkraftzuwachs erscheint dann als Differenz von Zahlen zwischen Messzeitpunkten. „Nach öfteren Versuchen, an mehreren Tagen sieht die Gesellschaft die Arm- und Handkraft wachsen" (Gutsmuths 1817, S. 88). Tag für Tag wird die individuelle Leistungsstärke protokolliert, ins Verhältnis zur Körpergröße sowie zu weiteren Umweltbedingungen (Temperatur) gesetzt und dem Schüler zugänglich gemacht. So sind Vergleiche und Klassifizierungen in Leistungsgruppen nicht nur möglich, sondern kalkuliert. Vor allem als Motivationsspritzen für künftige, bessere Leistungen.

Auftakt philanthropischer Leibeserziehung bildet ein beachtenswertes Defizitpanorama: Die Kinder der Zeit seien „mühescheuend" (Villaume 1787, S. 84), gekennzeichnet von einem „Mangel an körperlicher Kraft und Geschicklichkeit" Gutsmuths 1793, S. 76), einer „Schwäche der Glieder" (Vieth 1794–1818, S. 29)

---

[4]Dazu programmatisch Rousseau 1763: „Übt seinen Körper (gemeint ist der Körper des Zöglings, Anm. S.K) und seine Organe, seine Sinne und seine Kräfte, lasst aber seine seelischen Kräfte in Ruhe, solange es möglich ist."
[5]Daraus entstehen drei Leistungsklassen: Anfänger, Knappen und Turner. Zur Organisationsstruktur ausführlich siehe König (1989, S. 94 ff.).

sowie einer „Weichlichkeit, Untätigkeit und Schlaffheit des Körpers" (Gutsmuths 1796, S. 15), das alles vor allem als Folge einer „zum hohen Grade verschrobenen Lebensweise" (Gutsmuths 1793, S. 60) sowie „widernatürlicher Erziehung" (Gutsmuths, S. 64). Der Philanthropismus des 18. Jahrhunderts stellt einer als defizitär beobachteten Wirklichkeit – des Körpers, der Erziehung, der Gesellschaft – bessere Möglichkeiten in Aussicht. Der methodisch kontrollierte Weg zur „Veredlung des Körpers" (Gutsmuths 1804, S. 3) führt über Wissen (Anatomie, Physiologie), Organisation (Internat, Klassifizierung) und Technologie (Messgeräte, Feedbacksysteme). In der Sache deckt sich die philanthropische Diagnostik des ausgehenden 18. Jahrhunderts mit Befunden engagierter Beobachter der Gegenwart.

7   Empirie

Viele deutsche Kinder sind heute dick und unfit. Der Sound der Diagnose ist immer noch ein Sound der Krise, allein die Darstellungsformeln des 21. Jahrhunderts sind griffiger. Die Rede ist nunmehr von „Zeitbomben" (Brettschneider und Bünemann 2005, S. 73) und „Bewegungskrüppeln" (Ahrens, zitiert nach Rusch und Irrgang 2002, S. 5). Demographisch betrachtet rar, sind es Kinder mit Übergewicht und Fitnessdefiziten weniger denn je. „15 % aller 3- bis 17- jährigen in Deutschland sind von Übergewicht betroffen, das sind 1,9 Mio und 800.000 Adipöse" (Kurth und Schaffrath Rosario 2007, S. 737), und „35 % sind nicht in der Lage, 2 oder mehr Schritte rückwärts zu balancieren." (Bös et al. 2006) Kinder sind die Gesellschaft von Morgen. Kinder sind knapp, defizitäre Kinderkörper nicht. Der Handlungsbedarf ist offenkundig. Lösungen pressieren. Darauf angesprungen ist vor allem der Bereich schulischer Erziehung. Die Korrektur entgleister Körperlichkeit ist eine Sache des Sportunterrichts – mit breitem Zuspruch aus Politik, Wissenschaft und organisiertem Sport (Körner 2008a, 2008b).

Ausgangspunkt sind einmal mehr Fehlbestände prinzipiell erreichbarer Zustände in Sachen Körper, deren erfolgreiche Bearbeitung durch Sporterziehung angenommen werden kann. Im Unterschied zu Mangeldiagnosen des 18. Jahrhunderts liegt das Ausmaß der Defizite jetzt mit statistischer Repräsentativität vor Augen. Zahlen produzieren Eindeutigkeit und Gewissheit: 15 ist mehr als 10, 35 weniger als 50. Im Fall von Übergewicht wäre weniger besser, fürs Rückwärtsbalancieren wäre mehr wünschenswert. Statistiken zum juvenilen Übergewicht und Fitnessmangel belegen im Medium harter Daten die Ausgangsprämisse moderner Erziehungsarbeit: *humane Defizite*.

Angesichts nationaler Fett- und Fitnessprobleme bei Kindern und Jugendlichen bringt sich Erziehung in Form des Sportunterrichts an Schulen als Problemlösung in Stellung. Sport, Spiel und Bewegung haben im schulischen Sportunterricht exklusiv den Auftrag, Persönlichkeit zu entwickeln (MfSW NRW 2014). Die juvenile Motorik gehört ebenso dazu wie ein internalisierter Sinn für Gesundheit. Nebenbei werden im Sportunterricht gewichtige Kalorien verbrannt. Sportmotorische Test, wie der eigens vor dem Hintergrund der nationalen Fitnessmisere entwickelte Deutsche Motorik Test (DTM), oder der sogenannte Body-Mass-Index leisten nicht nur die Diagnose des Problems. Durch ihren Einsatz im Sportunterricht werden Effekte der Sporterziehung messbar. Erfolg liegt etwa vor, wenn sich nach einer Phase des „Übens, Trainierens und Belastens" (Hummel 2005, S. 353) die Anzahl der Liegestütz pro Zeiteinheit erhöht oder der Quotient aus Körpergewicht in Kilogramm und Größe in Metern zum Quadrat verringert.

Die praktische Bearbeitung von Körperdefiziten im Sportunterricht macht zudem auf Defizite im System der Erziehung aufmerksam: auf eine zu einseitig auf kognitive Fähigkeiten blickende Bildungspolitik der PISA-Ära, auf eine falsche, den Anstrengungssinn unterlaufende konzeptionelle Ausrichtung von Sportunterricht bzw. Schulsport sowie auf Defizite schulischer Organisation. Dem Problem dicker und motorisch defizitärer Kinder ist mit spaß- und wahrnehmungsorientierten Sportstunden nicht beizukommen. Im Staffellauf fachdidaktischer Konzeptionen ist nunmehr an das Prinzip Leistung zu übergeben. Wie beim Philanthropismus, begründet sich die neue Erziehung aus wahrgenommenen Defiziten der Älteren. Erziehung erzieht sich selbst, indem sie Schwachstellen im Bestehenden diagnostiziert und auf bessere Alternativen verweist. Kaum in der Diskussion, wurde der auf Fitness abstellende Sportunterricht selbst davon erfasst (Beckers 2007).

8   Moderner Wettkampfsport

Der moderne Wettkampfsport[6] entsteht ab Mitte des 19. Jahrhunderts. In diesem Zeitraum datiert die Gründung zentraler nationaler und internationaler Verbandsstrukturen. Das Internationale Olympische Komitee wird 1892 ins Leben gerufen,

---

[6]Folgende Ausführungen zum modernen Wettkampfsport sind größtenteils Körner (2013) entnommen und wurden dem Artikelschwerpunkt entsprechend leicht modifiziert und erweitert.

der Internationale Fußballverband 1904, der Deutsche Turnerbund bereits 1848. Mit steigendem Organisationsgrad kommt es zu einer zunehmenden Vereinheitlichung sportartspezifischer Regelwerke sowie zu einer räumlichen Ausweitung des Wettkampfbetriebs (Werron 2010, S. 25 f.). Parallel dazu fördern neue Transport- und Kommunikationstechnologien die Kopplung an ein größer werdendes Publikum. Dank Eisenbahn wird es möglich, an entlegene Wettkampforte zu reisen (Behringer 2012), Nachrichtenagenturen und die entstehende Sportberichterstattung ermöglichen den passiven Nachvollzug des Wettkampfgeschehens (Werron 2010, S. 251 ff.).

Auch in seinem praktischen Kern ist Wettkampfsport ein Produkt moderner Gesellschaften. Wettkampfsport setzt den fairen Vergleich menschlicher Fähigkeiten ins Zentrum, die ihren Ausdruck in Aktionen des Körpers finden (Körner 2013). Im Medium des *Wettkampfs* geschehen dabei Dinge, die andernorts ziemlich unwahrscheinlich wären. Man läuft hier bisweilen, um exakt dort anzukommen, wo man gestartet war, stellt sich Hindernisse in den Weg, akzeptiert eintreffende Schläge oder schmeißt sich einem scharf geschossenen Ball entgegen. Sportwettkampf ist Interaktion unter Anwesenden, ermöglicht und gerahmt durch sportartspezifische Regeln. Wer mitmacht, konkurriert im Schnittpunkt von Gegner, Aufgabe und Umgebung um ein knappes Gut: den fair erzielten sportlichen Sieg. Die Positionsgüter sind asymmetrisch verteilt: Siegen kann immer nur einer, verlieren mehrere.

9 Überlegen/Unterlegen

Typisch modern ist der Wettkampfsport darin, dass er *offene Zukünfte* erwarten lässt. Wer gewinnen wird, ist konstitutiv ungewiss. Her- und sichergestellt wird die Ergebnisungewissheit durch Regelwerke, Klassifizierungssysteme nach Alter, Geschlecht, Gewicht und Leistung, durch Start- und Zielpunkte oder die Null auf Zentimeterband und Stoppuhr. Der Sportwettkampf selbst behandelt alle im Anfang gleich. Die Rahmenbedingungen sind so gestellt, dass die individuelle (oder im Team: kollektive) messbare Leistung den Ausschlag über Sieg oder Niederlage geben soll: wer ist am Weitesten gesprungen, hat die meisten Treffer oder Punkte erzielt oder als Schnellster die Ziellinie überquert etc. Ausgehend vom Gebot prinzipiell gleich verteilter Chancen, das einen prinzipiell offenen Ausgang erwarten lässt, setzt der moderne Wettkampfsport in immer neuen Anläufen eindeutige Unterschiede in die Welt: den Unterschied von überlegener und unterlegener Leistung.

Dabei sind die aus dem Vergleich produzierten Differenzen nur temporär und reversibel. Nach dem Wettkampf ist vor dem Wettkampf. Der heutige Verlierer kann der Gewinner von morgen sein und umgekehrt. Die Kontinuität des modernen Wettkampfsports liegt in der Diskontinuität seiner Ereignisse. Im Kontext der den modernen Wettkampfsport tragenden Unterscheidung überlegen/unterlegen bezeichnet „überlegen" den *Vorzugswert* und „unterlegen" den *Reflexionswert*. Unterlegen zu sein, also verloren zu haben, verweist bereits im Moment der Wettkampfniederlage auf die bevorzugte Möglichkeit zukünftiger Überlegenheit. Weiter trainieren, besser werden, beim nächsten Mal gewinnen. In moderner Manier bezieht der Wettkampfsport hier Gegenwarten der Leistungserbringung auf ihre jeweils besseren Möglichkeiten.

Durch die Form der Rekorde gilt dies auch für den Vorzugswert, die „überlegene Leistung". Rekorde[7] bezeichnen Höchstleistungen und setzen Wettkampfresultate unter dem Aspekt der Überbietung miteinander in Bezug. Hat man am Ende den Speer am Weitesten geworfen, wird die Unterscheidung überlegen/unterlegen auf diese überlegene Leistung selbst angewandt und nach Raum (nationale/internationale Bestleistung), Zeit (z. B. Jahresbestleistung) und Wettkampftyp (Weltmeisterschaft, Olympische Spiele etc.) unterschieden. Als „geniale Abstraktionen" (Guttmann 1979, S. 59) ermöglichen Rekorde somit den Vergleich von damals und heute, Lebenden und Toten und motivieren zur künftigen Überbietung. Alles Schießen, Schlagen, Werfen, Rennen etc. kann sich direkt oder indirekt daran orientieren, bestehende Rekordmarken zu überbieten. Im Feld der Rekorde greift ebenfalls die stumpfe Logik der Zahl. Vier Weltmeistertitel sind mehr als drei, 9,58 s (Usain Bolt 2009) auf 100 m sind weniger als 10 s (Armin Harry 1960). Um Leistungsunterschiede sichtbar zu machen, bemühen einige Sportarten inzwischen die Einheit der Tausendstelsekunde (Schwimmen, Bahnradfahren). So wie wirtschaftliches Wachstum, wissenschaftlicher Fortschritt oder Erziehungserfolge regelmäßig Übersetzungen in Zahlenwerte erfahren, kombiniert der moderne Wettkampfsport Steigerung mit Statistik in Form des Rekords.

Über Rekorde gewinnt der Wettkampfsport die Möglichkeit, eigene Operationen als besondere Operationen zu beobachten und über die eigentliche Interaktionsebene hinaus einen weiteren Typus selbstbezüglicher Kommunikation

---

[7]Anfangs als Begriff für die Aufzeichnung von Leistung (engl. *to record*), später dann als Begriff für Höchstleistung selbst (Eichberg 1984).

anzuschieben. Rekorde antworten auf Rekorde. Sie wären keine Erfindung des modernen Wettkampfsports, würden Rekorde nicht einer zentralen Ausrichtung des sportlichen Vergleichs körperlicher Leistungsfähigkeit eine so prägnante Form geben. Sie prämieren das Überlegene gegenüber dem Unterlegenen.

Das Ziel im Wettkampfsport ist es, immer besser zu sein, überlegen zu sein. Sowohl der Reflexionswert („unterlegene Leistung") als auch der Vorzugswert („überlegene Leistung") führen als Outputs sportlicher Wettkämpfe den Bezug zu besseren Möglichkeiten mit sich. Neben der Ebene des Outputs ist die Prozessebene des Wettkampfes ebenfalls getragen von der Logik der möglichen Steigerung. Ein Hammerwurf folgt dem nächsten, jede Balleroberung bringt einen Gegenversuch hervor. Im unmittelbaren Interaktionsgeschehen des sportlichen Wettkampfs bilden leistungsbezogene Operationen die Ausgangsprämisse leistungsbezogener Operationen in überbietender Absicht. Die noch recht junge Entwicklung des modernen Wettkampfsport weist bislang in eine Richtung: steil nach oben. Seit den ersten modernen Olympischen Spielen im Jahr 1896 verzeichnen einzelne Disziplinen wie Radrennfahren, 100 m-Lauf oder Stabhochsprung Leistungssteigerungsraten zwischen 24 und 221 % (Nature Materials 2012, S. 651). Im Lichte jener Zukünfte, die der moderne Spitzensport auf dem Feld körperlicher Leistungsfähigkeit empirisch erzeugt, erscheinen die jeweils zurückgelassenen Gegenwarten blass und defizitär. Mit seinem Weltrekord von 51,47 s über 100 m Schmetterling aus dem Jahr 2003 wäre Michael Phelps 0,31 s langsamer gewesen als der Letztplatzierte im Finale der Weltmeisterschaft 2017.

10   Athletenkörper

Damit Leistungen nicht sinken, sondern tendenziell steigen, konzipiert und behandelt der moderne Wettkampfsport den Menschen als steigerbare Realität. Mit der Inklusionsfigur des *Athleten* entwirft er das dafür zweckmäßige Medium. Der Durchgriff auf den Athletenkörper erfolgt dabei im schmalen Korridor seiner Funktion, das heißt mithin in genau jenen Dimensionen, die für den Vergleich und die Unterscheidung von überlegener und unterlegener Leistung eine Rolle spielen. Je höher das Leistungsniveau, desto differenzierter das athletische Unterstützungsmilieu. Auf spitzensportlichem Niveau bilden Trainer, Mediziner, Sportwissenschaftler, Physiotherapeuten und Psychologen ein arbeitsteilig organisiertes Ensemble. In Form von Rat, Tat, Pillen, Spritzen, Handgriffen und in erster Linie durch Training wirken sie auf den Athleten ein. Training ist die Erziehung des modernen Wettkampfsports: die gezielte Einflussnahme auf Athleten durch dadurch spezialisierte Praktiken.

Der moderne Athlet im Wettkampfsport steht im Schnittpunkt einer doppelten Erwartung: Er soll höchste Leistungen erbringen, aber gleichzeitig „sauber" bleiben. Wenn alles gut läuft, entstehen Helden. Wenn es schlecht läuft, tragische Figuren. In einer tendenziell „antiheroischen Gesellschaft" (Bolz 2009) wie der gegenwärtigen bildet der moderne Sport eine beachtenswerte Ausnahme (Bette 2007). Produktion und Verehrung des Sporthelden laufen hier auf Hochtouren. Der moderne Wettkampfsport bietet eine unverwechselbare Form moderner Individualisierung. Was in ihm absolut zählt, ist Leistung (Stichweh 1990, S. 387). Der im sportlichen Wettkampf über Leistung erzielte soziale Rang wird dabei über Symbolik und Zahlen zur Ansicht gebracht: durch Medaillen, Rangplätze, Tabellen und Rekordlisten. Niemand gewinnt einen Wettkampf oder wird zum Sporthelden, weil er als Sprössling reicher Eltern das Licht der Welt erblickt hat. Askriptive Merkmale, mit Ausnahme der genetischen Ausstattung,[8] haben im Sportwettkampf keine Weisungsfunktion. Die Allokation läuft über das Prinzip Eigenleistung (Lenk 1983). Auch darin ist der moderne Wettkampfsport eine typisch moderne Erscheinung.

Wenn es schlecht läuft, inszeniert der Wettkampfsport den Athleten als tragische Figur. Der überführte Doper ist der gefallene Held des Sports. Doper scheitern am hinteren Teil der oben formulierten Doppelerwartung, an der großen Moral des Sports: Sie scheitern daran, gleichzeitig „sauber" zu bleiben. Doping setzt exakt dort an, wo der legitime Einfluss auf vermeintlich oder tatsächlich leistungslimitierende Körper- und Mentalprozesse an natürliche Grenzen stößt. Ob Alterung, Verletzung oder Training: der individuelle Körper im Lebenslauf setzt Grenzen der Machbarkeit. Biologische Anpassungsprozesse lassen sich nicht beliebig steigern, z. B. nähert sich die Proteinumsatzrate unter Belastung des zellulären Systems einem Wachstumsplateau (Rost 2011; Mader 1990). Natur bezeichnet hier eine *empirische* Grenznorm.

11 Doping

Doping ist eine Maßnahme zur Überwindung natürlicher Grenzen und postuliert einen Wirkautomatismus, dessen Ende Steigerung bildet: Die Anwendung von x (z. B. Erythropoetin) bewirkt y^1 (Erhöhung der roten Blutkörperchen, der

---

[8]Die Biologie macht einen Unterschied, z. B. im Bereich des für Schnellkraftsportarten limitierenden Anteils schnell kontrahierender Muskelfasern. Wer qua Geburt mehr davon hat (wie z. B. Usain Bolt), hat dadurch Vorteile in schnellkraft- und Nachteile in ausdauerlastigen Sportarten.

Muskelmasse), y^1 bewirkt y^2 (höhere Sauerstoffaufnahmefähigkeit, Schnellkraft), y^2 bewirkt z (erhöhte Wahrscheinlichkeit sportlichen Erfolgs). Dass es sich bei der Vorstellung einer gezielten Aktivierung, Steuerung und Steigerung leistungsrelevanter Parameter durch Doping um eine grobe Idealisierung handelt, versteht sich, ist aber vor allem ein akademisches Argument.

Aus der Praxis des modernen Wettkampfsports nehmen wir die Bereitschaft zu dopen regelmäßig zur Kenntnis. Wie die Forschergruppe um Goldmann ermittelte, wären über die Hälfte aller US-amerikanischen Spitzenathleten für einen Olympiasieg bereit zu dopen – im Wissen darüber, fünf Jahre später zu sterben (Goldman et al. 1984). In einer aktuellen Studie weisen Ulrich et al. (2017) nach, dass über 30 % der Athletinnen und Athleten der Leichtathletik-Weltmeisterschaft 2011 in Daegu/Süd-Korea gedopt gewesen sind. Weniger dramatisch, gleichwohl bezeichnend sind Befunde zur Dopingprävalenz in Deutschland. 6 % der deutschen Spitzenathleten geben die regelmäßige Einnahme von Dopingmitteln zu, wobei über 40 % der Befragten die Angabe zu dieser Frage verweigert haben (Breuer und Hallmann 2013, S. 82). Was auch immer empirisch im Detail der Fall sein mag, Doping ist ein Faktum des modernen Wettkampfsports. Erklärlich wird Doping als Konstellationseffekt. Die biographische Fixierung im modernen Spitzensport, die Abhängigkeit von der begrenzten Ressource Körper sowie die ungebremste Inflationierung von Leistungsansprüchen erzeugen eine Konstellation, auf die nicht wenige Athleten im wechselseitigen Verdacht der Anwendung mit Anpassung durch Abweichung reagieren: Coping durch Doping (Bette und Schimank 2006).

12 Technologie

Das Wirkungsversprechen des Dopings ist das Versprechen der Technologie: der „funktionierenden Simplifikation im Medium der Kausalität" (Luhmann 2003, S. 97). Technologien isolieren Bereiche, innerhalb derer sie eine planmäßige Kopplung von Ursache und Wirkung realisieren. Damit stellen sie Kontrolle, Steuerung und Steigerung in Aussicht. Doping bedient die Steigerungserwartung des modernen Wettkampfsports auf direkte Weise und unterstützt und forciert somit, was sich ein inzwischen monumental angewachsener Apparat betreuender Wissenschaften,[9] ausgeklügelte Trainings- und Ernährungslehren sowie

---

[9]Politisch lanciert in den späten 60er Jahren des 20. Jahrhunderts vor dem Hintergrund der Olympischen Spiele 1972 in München. Die sportwissenschaftliche Programmierung auf Anwenderinteressen des modernen Spitzensports ist seither dominant.

Innovationen im Bereich der Materialentwicklung und Messgeräte ebenfalls auf die Fahnen schreiben. Der moderne Wettkampfsport sucht die Nähe zur Technologie, die entweder an der Außengrenze (ultraleichte Laufschuhe, Schwimmanzüge mit ultraschallgeschweißten Nähten, die Idee der Tausendstelsekunde etc.) oder im Binnenraum (Energiebereitstellung, Sauerstoffversorgung) des Körpers ansetzt, um das Problem der Leistungssteigerung in Angriff zu nehmen. Technologien stellen mögliche Unterschiede und Steigerungen dann noch in Aussicht, wenn die Potenziale der menschlichen Natur ausgereizt scheinen.

Die Unterscheidung von legalen Steigerungstechnologien und Dopingtechnologien ist eine normative. Die Grenze zwischen gedopt und nicht-gedopt ist eine Sinngrenze auf schmalem Grat. Das zeigt ein Blick auf den Code der Welt-Anti-Doping Agentur (WADA)[10] oder auf Grenzwertdiskussionen im Kontrollwesen.[11] Eine selten beachtete Paradoxie des Dopingkontrollsystems liegt darin, im Bemühen um die Überwachung der Einhaltung natürlicher Grenzen jeweils mitanzugeben, wie sehr hier „natürliche" Werte nur als gleitende soziokulturelle Grenzziehung, etwa durch biostatistisch ermittelte Normbereiche, zu haben sind. Wer Natur bezeichnet, der tut dies immer schon im Rahmen einer Unterscheidung, die Kultur erzeugt. Das Kontrollwesen jedenfalls zieht die es tragenden Grenzen selbst, bisweilen verschiebt es sie.

Das in den 1960er Jahren einsetzende Dopingverbot ist ebenso funktional wie die Praxis, die es sanktioniert. Indem der moderne Wettkampfsport den Einsatz bestimmter Technologien verbietet, dessen Einhaltung kontrolliert und die entdeckte Missachtung bestraft, setzt er die in ihm strukturell eingebaute Steigerungslogik zwischen die Leitplanken einer *großen* Moral, die mehr erwarten lässt als bloße Regeltreue: Athleten sollen (höchst-)leisten, aber mit reinem Herzen, d. h. nicht dopen. Jeder überführte Doper stabilisiert zugleich die große Moral des modernen Wettkampfsports – und steht damit ebenfalls für dessen moralisch bessere Möglichkeiten. Wettkampfsport legt es also immer wieder – in jeder Interaktion, mit jedem Resultat, nach jedem Spieltag, mit jedem überführten Doper – darauf an, die jeweilige Wirklichkeit an ihren Möglichkeiten zu messen. Ansatzpunkt ist der für derartige Zugriffe resonanzfähige Athletenkörper.

---

[10]Siehe hierzu allein die Veränderungen in der Bestimmung dessen, was gemäß WADA Code als Gendoping zu gelten habe von 2003 bis zur Gegenwart.

[11]Am Beispiel des Gendopings siehe Körner & Schardien (2012), Körner, Schardien, Steven-Vitense, Albach, Dorn, Arenz & Scharf (2016) sowie Körner (2017).

13   Der mögliche Körper

In kaum einem anderen Gesellschaftsbereich werden Grenzen menschlicher Leistungsfähigkeit so gezielt und selbstverständlich verschoben, wie im modernen Wettkampfsport. Für Athleten im System ist es völlig normal, Leistungen zu messen, zu vergleichen, zu bewerten und ihr künftiges Verhalten daran auszurichten. Der *mögliche Körper* bildet den Dreh- und Angelpunkt von Training und Wettkampf. Für den Körper der nächsten Gesellschaft bildet der moderne Wettkampfsport ein wegweisendes Experimentierfeld (Körner 2017). Dass es dabei bisweilen nicht „rechtens" zugeht, weiß man inzwischen. Von den Strukturen des modernen Wettkampfsports, die zuletzt immer auch Erwartungsstrukturen sind, geht ein biographisch wirksamer Sog aus (Bette und Schimank 2006). Strukturen des Sports sozialisieren zweckgemäß zur Konformität, Doping als eine Form der Anpassung durch Abweichung inbegriffen.

Im Vergleich zum Wettkampfsport ist schulische Erziehung ein gesellschaftlich weniger gefeiertes, aber gleichwohl wirkmächtiges Handlungsfeld. Der Schulbesuch in Deutschland ist bis zum 16. Lebensjahr Pflicht. Junge Menschen verinnerlichen hier mitlaufend die Logik der Steigerung in einer für sie sensitiven Phase der Entwicklung – durch den langen Hebel institutionalisierter Gewohnheitsübungen im 45-min Takt. Für in Deutschland lebende Schülerinnen und Schüler ist es völlig normal, dass sie im Sportunterricht Körperwerte erheben und vergleichen – und zu guter Letzt für das Geleistete oder eben Nicht-Geleistete anhand von Normwerten beurteilt werden. Das Geleistete ist dann entweder besser, oder es ist schlechter. Der mögliche Körper der Sporterziehung ist hier vor allem der *fittere und schlankere Körper*.

Die Logik der Steigerung setzt voraus, dass etwas nicht länger so sein muss oder sein darf, wie es ist. Weil es bessere Möglichkeiten gibt. Nicht alles ist dabei so harmlos wie die Frage, ob man bei Regenprognose zum Regenschirm greifen sollte oder nicht. Seit es Regenschirme gibt, ist es riskant, es nicht zu tun (Luhmann 2003). Der Ernst der Frage zieht an, wenn wir über Möglichkeiten eines besseren Körpers reden. Wie der wahlweise mit Sport, Skalpell oder Chemie geführte Kampf an der schlaffen Epidermis oder die Vermessung individuellen Bewegungs- und Ernährungsverhaltens zeigen, liegt der Körper gesellschaftlich mehr denn je im Angelpunkt der Differenz von Wirklichkeit und Möglichkeit.

Vor allem das in den letzten Jahren populär gewordene Selftracking (Duttweiler und Passoth 2016) kreist um den möglichen Körper. Stand 08.03.2017 umfasst die weltweit größte Tracking Community, die *Quantified Self* Bewegung, insgesamt 79.749 Mitglieder in 130 Städten aus 40 Ländern. Nach Angaben einer internationalen Studie der Gesellschaft für Konsumforschung nutzten 2016 rund

28 % der befragten Deutschen einen Fitness-Tracker (GfK 2016). Das Zählen von Schritten und Kalorien nimmt letztlich Bezug auf Werte ohne Endpunkt: auf Leistung und Gesundheit (Vormbusch 2016). Von Ihnen lässt sich immer ein Mehr im Vergleich zum Gestern erwarten. Leistung und Gesundheit fungieren als zentrale Inklusionsprämissen moderner Gesellschaften, etwa für die Teilhabe an Prozessen der Arbeitswelt. Insofern mag es in zunehmender Weise immer weniger Gründe dafür geben, die Vermessung des Selbst nicht in die eigene Hand zu nehmen. Die Technologien (Gadgets, Apps) sind preiswert, verfügbar und bieten Schnittstellen zu zahlreichen populären Endgeräten (Tablett, PC, Smartphone). Zudem kann die Logik des Selftrackings mit einer gewissen Habitualisierung rechnen. Allein über den Sportunterricht, an dem keiner vorbei kommt, sind wir daran gewöhnt, die Gegenwart des Körpers auf mögliche bessere Alternativen zu beziehen.[12] Bei einem „No Excuses" (freeletics), wie es ein Unternehmer am Markt potenziellen Kunden einflüstert, sind wir deshalb noch lange nicht.

Im akademischen Diskurs kommt das Selftracking bislang eher schlecht weg. Kritische Geister sehen in ihm eine Form unmündiger Anpassung und Internalisierung unverdauter Gesellschaftsnormen walten (Owens und Cribb 2017). Darüber müsse aufgeklärt werden. Nutzer stilisieren das krasse Gegenteil: Selbstvermessung führe zu informierten Entscheidungen, dem Erleben von Kontrolle über das eigene Verhalten und fördere den sozialen Austausch.[13] Beachtenswert ist hierbei sicherlich die hohe Kongruenz von Anwendermotiven und Produktversprechen, die genau auf ebenjene Möglichkeiten abstellen: „Wenn du deine Fortschritte siehst, wird dir klar, was alles möglich ist. Jetzt kannst du – wann immer und mit wem du willst – kommunizieren, Daten austauschen und dich im Wettkampf messen." (Fitbit 2017). Nutzer von Trackingdevices und Apps scheinen nicht selten zu reproduzieren, was ihnen sozial angeliefert wird.[14]

---

[12]Für sie ist Selftracking ein alter Hut (Trainingstagebücher, Leistungserhebungen). Neu sind die zur Vermessung genutzten Technologien und Auswertungsoptionen, deren Nutzung für beide Bereiche interessant sein dürfte.

[13]„Je nachdem, ob ich mich viel bewege oder auf dem Sofa herumhänge, wächst eine kleine Blume auf dem Bildschirm – oder sie verkümmert. Spielerische Anreize sollen helfen, das Verhalten zu verändern. Bei mir klappt es sofort: Als ich am Ende des zweiten Tages merke, dass ich mein Soll von 10 000 Schritten noch nicht erfüllt habe, steige ich auf dem Heimweg eine Station früher aus der Tram und gehe den Rest zu Fuß. Albern, aber ein gutes Gefühl. Gesteigert wird es noch, als ich auf der Fitbit-Webseite sehe, dass ich einen Kollegen aus Hamburg um mehr als tausend Schritte geschlagen habe." (Koch 2013).

[14]Die Defizitprämisse ist auch hier zugegen. Hersteller begründen die Relevanz der Trackingtechnologie regelmäßig auf dem Hintergrund einer von Natur aus defizitären Ausstattung des menschlichen Körpers, vgl. (Berg 2017).

Nicht weniger beachtenswert ist eine weitere Kongruenz. Die vorgezeigten Nutzermotive weisen eine hohe Übereinstimmung mit empirisch gut belegten Annahmen der psychologischen Selbstbestimmungstheorie (Deci und Ryan 1993) auf. Dieser zu Folge orientieren Menschen ihr Verhalten an Bedürfnissen der Autonomie, der Kompetenz sowie der sozialen Eingebundenheit. Deren Befriedigung sei wichtig für die Motivation Es liegt auf der Hand, dass Selbstvermessern, die ihre tägliche Bewegungszeit aufzeichnen, dabei Tagesziele erreichen (oder nicht) und diese Daten in sozialen Netzen teilen, ein subjektives Erleben von Kompetenz, Autonomie und sozialer Eingebundenheit kaum abzusprechen ist. Kritische Geister können das mit aufgeklärten Gründen anders sehen, allerdings ist auch ihr Gegenstand der Kritik das Produkt ebendieser Kritik. Noch eine weitere Gemeinsamkeit besteht. Kritiker und Nutzer des Selftracking teilen eine zentrale Denk- und Handlungsgrundlage moderner Gesellschaften. Sie gleichen sich darin, die jeweilige Wirklichkeit auf bessere Möglichkeiten zu beziehen. Hier, auf die eines anderen, fitteren, selbstbestimmteren Lebens, und dort, auf die einer anderen, richtig(er)en Beschreibung des Lebens.

Literatur

Basedow, J. B. (1785). *Das Basedowische Elementarwerk. Ein Vorrath der besten Erkenntnisse, zum Lehren, Lernen, Wiederholen und Nachdenken*. Erster Bd. Zweite sehr verbesserte Aufl. Leipzig: Crusius.

Beckers, E. (2007). Die Sinnmitte des Sports, Bildungsstandards und adipöse Kinder – Zur Wiederkehr der pädagogischen Anspruchslosigkeit im Sportunterricht. In: *Standardisierung, Professionalisierung, Profilierung – Herausforderungen für den Schulsport*, hrsg. N. Fessler und G. Stibbe. 41–63. Baltmannsweiler: Schneider Verlag Hohengehren.

Behringer, W. (2012). *Kulturgeschichte des Sports. Vom antiken Olympia bis ins 21. Jahrhundert*. München: Beck.

Berg, M. (2017). "Making Sense with Sensors: Self-Tracking and the Temporalities of Wellbeing." *Digital Health* 3 (January): 205520761769976–11. doi: https://doi.org/10.1177/2055207617699767.

Bette, K.-H. und Schimank, U. (2006). *Die Dopingfalle. Soziologische Betrachtungen*. Bielefeld: Transcript.

Bette, K.H. (2007). Sporthelden. Zur Soziologie sozialer Prominenz. *Sport und Gesellschaft 4*, (3): 243–264.

Blankertz, H. (1965). *Bildung und Brauchbarkeit. Texte von J. H. Campe und P. Villaume zur Theorie utilitärer Erziehung*. Braunschweig: Westermann.

Bolz, N. (2009). Der antiheroische Affekt. *Merkur. Deutsche Zeitschrift für europäisches Denken, 9/10*: 763-771.

Bös, K., Oberger, J., Opper, E., Romahn, N., Wagner, M. und Worth, A. (2006). Motorik-Modul: Motorische Leistungsfähigkeit und körperlich-sportliche Aktivität von Kindern und Jugendlichen. [Symposium des Robert-Koch-Instituts am 25. September 2006].

Brettschneider, W.-D. und Bünemann, A. (2005). Übergewicht: Zunehmendes ›Markenzeichen‹ der jungen Generation. Ganztagsschulen als Chance für eine gesunde Entwicklung. *Sportunterricht* 54: 73–77.

Breuer, C. und Hallmann, K. (2013). *Dysfunktionen des Spitzensports: Doping, Match-Fixing und Gesundheitsgefährdungen aus Sicht von Bevölkerung und Athleten*. Bonn (2012).

Brezinka, W. (1974). *Grundbegriffe der Erziehungswissenschaft*. München: Basel: Reinhardt.

Campe, J. H. (1785). Von der nötigen Sorge für die Erhaltung des Gleichgewichts unter den menschlichen Kräften. In *Bildung und Brauchbarkeit. Texte von Joachim Heinrich Campe und Peter Villaume zur Theorie utilitärer Erziehung*, H. Blankertz. (1965). 19–67. Braunschweig: Westermann.

Deci, E. L. & Ryan, R. M. (1993). Die Selbstbestimmungstheorie der Motivation und ihre Bedeutung für die Pädagogik. *Zeitschrift Für Pädagogik, 39* (2): 223–238 unter https://selfdeterminationtheory.org/domains/foreign-language-articles-domain/

Duttweiler, S. und Passoth, J.-H. (2016). Self-Tracking als Optimierungsprojekt? In *Leben nach Zahlen. Self-Tracking als Optimierungsprojekt?*, hrsg. S. Duttweiler, R. Gugutzer, J.-H. Passoth und J. Strübing (Digitale Gesellschaft, Bd. 10: 9–43). Bielefeld: transcript.

Eichberg, H. (1984). Sozialgeschichtliche Aspekte des Leistungsbegriffs im Sport. In *Gesellschaftliche Funktionen des Sports. Beiträge einer Fachtagung*, hrsg. H. Kaeber und B. Tipp, 85–106. Bonn: Bundeszentrale für politische Bildung.

Escher, J. (1781). *Zwey Synodal-Reden über den Religionszustand der züricherischen Kirche*. Zürich. (1777–1781).

Esposito, E. (2007). *Die Fiktion der wahrscheinlichen Realität*. Frankfurt am Main: Suhrkamp.

Fahrholz, B., Gabriel, S. und Müller, P. Hrsg. (2002). *Nach dem PISA-Schock. Plädoyer für eine Bildungsreform*. Hamburg: Hoffmann und Campe.

Fitbit (2017). https://www.fitbit.com/de-ch/whyfitbit. Zugegriffen: 23. Mai 2017.

Flemming, M. (1769). Abhandlung von der Natur, Ursache und Heilung der übermäßigen Fettigkeit des Körpers. Bernardi.

Gesellschaft für Konsumforschung. September (2016). *Global study – Health and fitness monitoring*. https://www.gfk.com/fileadmin/user_upload/dyna_content/DE/documents/Press_Releases/2016/20160929_PM_Roper_Health_Fitness_Tracking_dfinal.pdf. Zugegriffen: 15. Juni 2017.

Goldman, B., Bush, P. und Klatz, R. (1984). *Death in the locker room: steroids & sports*. South Bend. IN: Icarus Press.

Gutsmuths, J. C. F. (1793). *Gymnastik für die Jugend. Enthaltend eine praktische Anweisung zu Leibesübungen. Ein Beitrag zur nöthigsten Verbesserung der körperlichen Erziehung*. Schnepfenthal.

Gutsmuths, J. C. F. (1796). *Spiele zur Übung und Erholung des Körpers und Geistes. Für die Jugend, ihre Erzieher und alle Freunde unschuldiger Lebensfreuden. Gesammelt und praktisch bearbeitet*. Schnepfenthal.

Gutsmuths, J. C. F. (1804). *Gymnastik für die Jugend. Enthaltend eine praktische Anweisung zu Leibesübungen. Ein Beitrag zur nöthigsten Verbesserung der körperlichen Erziehung*. 2. Aufl. Schnepfenthal.
Gutsmuths, J. C. F. (1817). *Turnbuch für die Söhne des Vaterlandes*. Frankfurt: Wilmans.
Guttmann, A. (1979). *Vom Ritual zum Rekord. Das Wesen des modernen Sports*. Schorndorf: Hofmann.
Hummel, A. (2005). Üben, Trainieren und Belasten – Elemente einer Neuorientierung des Sportunterrichts. *Sportunterricht* 55: 353.
Kant, I. (1979). Moral Mrongovius (Nachschrift). In: Gesammelte Schriften Bd. 28 2, 2, hrsg. Akademie der Wissenschaften DDR. Berlin [Original 1774–1777]
Kant, I. (1998). Über Pädagogik. In: *Werke in sechs Bänden*, hrsg. W. Weischedel. Bd. VI: 691–761. Darmstadt: WBG, [Original 1802].
König, E. (1989). Körper-Wissen-Macht. Studien zur historischen Anthropologie des Körpers. Berlin: Reimer.
Körner, S. (2008a). *Dicke Kinder revisited. Zur Kommunikation juveniler Körperkrisen*. Bielefeld: Transcript.
Körner, S. (2008b). In-Form durch Re-Form. Systemtheoretische Notizen zur Pädagogisierung juveniler Körperkrisen. *Sport & Gesellschaft* 5(2): 134–152. https://doi.org/10.1515/sug-2008-0203
Körner, S. (2013). Gedopt/Nicht-Gedopt: Doping als Eigenwert des modernen Spitzensports. In *Doping – Kulturwissenschaftlich betrachtet*, S. Körner und E. Meinberg, 63–78. (Brennpunkte der Sportwissenschaft Bd 36). St. Augustin: Academia.
Körner, S. (2017). Spill-Over Effect and Functional Illegality. Towards a Sociology of Gene Doping. *Advances in Physical Education* 7 (1): 60–69. DOI https://doi.org/10.4236/ape.2017.71006.
Körner, S. & Schardien, S. (2012). Hrsg. *Höher – schneller – weiter. Gentechnologisches Enhancement im Spitzensport. Ethische, rechtliche und soziale Perspektivierungen*. Paderborn: Mentis.
Körner, S., Schardien, S., Steven-Vitense, B., Albach, S., Dorn, E., Arenz, T. und Scharf, M. (2016). *Gene Doping – The Future of Doping? Teaching Unit. Gene Doping in Competitive Sports*. Frankfurt am Main:Peter Lang.
Koch, C. (2013). Die Qual der Zahl. https://sz-magazin.sueddeutsche.de/gesundheit/die-qual-der-zahl-79583.
Kurth, B.-M. und Schaffrath Rosario, A. (2007). Die Verbreitung von Übergewicht und Adipositas bei Kindern und Jugendlichen in Deutschland. Ergebnisse des bundesweiten Kinder- und Jugendgesundheitssurveys (KiGGS). *Bundesgesundheitsblatt-Gesundheitsforschung-Gesundheitsschutz* 50: 736–743.
Lenk, H. (1983). *Eigenleistung. Plädoyer für eine positive Leistungskultur*. Zürich: Edition Interfrom.
Luhmann, N. (2003). *Soziologie des Risikos*. Berlin; New York.
Luhmann, N. (2004a). Takt und Zensur im Erziehungssystem. In *Schriften zur Pädagogik*. Herausgeg. und mit einem Vorwort von D. Lenzen, 245–259. Frankfurt am Main: Suhrkamp.

Luhmann, N. (2004b). Das Kind als Medium der Erziehung. In *Schriften zur Pädagogik.* Herausgeg. und mit einem Vorwort von D. Lenzen, 159–186. Frankfurt am Main: Suhrkamp.

Luhmann, N. (2004c). System und Absicht der Erziehung. In *Schriften zur Pädagogik.* Herausgeg. und mit einem Vorwort von D. Lenzen, 187–208. Frankfurt am Main: Suhrkamp.

Luhmann, N und Schorr, K.-E. (1979). *Reflexionsprobleme im Erziehungssystem.* Stuttgart: Klett-Cotta.

Mader, A. (1990). Aktive Belastungsadaptation und Regulation der Proteinsynthese auf zellulärer Ebene. Ein Beitrag zum Mechanismus der Trainingswirkung und der Kompensation von funktionellen Mehrbelastungen von Organen. *Deutsche Zeitschrift für Sportmedizin* 41(2): S. 40–57.

MfSW NRW (2014). *Rahmenvorgaben für den Schulsport in Nordrhein-Westfalen.* Düsseldorf.

Ministerium für Schule und Weiterbildung des Landes Nordrhein-Westfalen (Ed.). (2014). *Rahmenvorgaben für den Schulsport in Nordrhein-Westfalen* (1. Aufl.). Düsseldorf.

Nature Materials. (2012). *Editoral* 11/2012, 651.

Oelkers, J. (1991). Metapher und Wirklichkeit. Die Sprache der Pädagogik als Problem. In *Das Symbol – Brücke des Verstehens*, hrsg. Jürgen Oelkers und Klaus Wegenast, 111–124. Stuttgart, Berlin, Köln: Kohlhammer.

Oelkers, J. (2001). *Einführung in die Theorie der Erziehung.* Weinheim, Basel: Beltz.

Paschen, H. (1997). *Pädagogiken. zur Systematik pädagogischer Differenzen.* Weinheim: Beltz.

Owens, J., & Cribb, A. (2017). "'My Fitbit Thinks I Can Do Better!' Do Health Promoting Wearable Technologies Support Personal Autonomy?." *Philosophy & Technology* 74 (3): 1–16. doi: https://doi.org/10.1007/s13347-017-0266-2.

Rost, R. (2011). Hrsg. *Lehrbuch der Sportmedizin.* Köln: Deutscher Ärzte Verlag.

Rousseau, J. J. (1962). *Emile oder über die Erziehung* (2. Aufl.). Paderborn: Schöningh. [Original 1762].

Rusch, H. und Irrgang, W. (2002). Aufschwung oder Abschwung? Verändert sich die körperliche Leistungsfähigkeit von Kindern und Jugendlichen oder nicht? *Haltung und Bewegung* 22: S. 5–10.

Salzmann, C. G. (1786). Nachrichten aus Schnepfenthal. Bd 1. In *Pädagogische Weisheiten*, H. König. (1961). Chr. Gotth. Salzmann, 139–154. Berlin.

Stichweh, R. (1990). Sport – Ausdifferenzierung, Funktion, Code. *Sportwissenschaft* 20: S. 373-389.

Ulrich, R., Harrison G. Pope Jr., Cleret, L., Petroczi, A., Nepusz, T., Schaffer, J., Kanayma, G., Dawn Comstock, J. und Simon, P. (2017). Doping in Two Elite Athletic Competitions Assessed by Randomized-Response Surveys. Sports Med 47. DOI 10.1007/s40279-017-0765-4.

Vieth, G. U. A. (1794–1818). *Versuch einer Enzyklopädie der Leibesübungen.* 3 Bände. In *Quellenbücher der Leibesübungen*, o.J., hrsg. M. Schwarze und W. Lippert, Bd. 2, 2. Teil. Dresden.

Villaume, P. (1787). Von der Bildung des Körpers in Rücksicht auf die Vollkommenhiet und Glückseligkeit der Menschen oder über die physische Erziehung insonderheit. In

M. Schwarze und W. Lippert (Hrsg.) (o.J.), *Quellenbücher der Leibesübungen*, o.J., hrsg. M. Schwarze und W. Lippert, Bd. 2. 1. Teil, 3–290. Dresden.

Vormbusch, U. (2016). Taxonomien des Selbst. Zur Hervorbringung subjektbezogener Bewertungsordnungen im Kontext ökonomischer und kultureller Unsicherheit. In *Leben nach Zahlen. Self-Tracking als Optimierungsprojekt?*, hrsg. S. Duttweiler, R. Gugutzer, J.-H. Passoth und J. Strübing, (Digitale Gesellschaft, Bd. 10, S.45–62). Bielefeld: transcript.

Werron T. (2010). Der Weltsport und sein Publikum. *Zur Autonomie und Entstehung des modernen Sports*. Weilerswist: Velbrück.

Übereffiziente Menschen und manipulative Werkzeuge. Selbstvermessung im Kontext digitaler Vulnerabilität und informationeller Suffizienz

Stefan Selke

Zusammenfassung

Digitale Selbstvermessungstechnologien gelten als Sinnbild rationaler, effizienter und optimierter Lebensführung. Mit den neuen popularisierten Alltagspraxen sind neben vielen Potenzialen jedoch auch zahlreiche Pathologien verbunden. Der Beitrag verortet das Phänomen als digitale Variante des alchemistischen Prinzips und sieht in der an Perfektionsideologien und Selbstoptimierungszwängen orientierten algorithmisierten Transformation des störungsanfälligen Körpers eine Pathologie des Sozialen. Die Vermessung des Menschen erzeugt im Kern ein negatives Organisationsprinzip des Sozialen, das auf zunehmender Abweichungssensibilität und ständiger Fehlersuche beruht. Das daraus resultierende Phänomen der rationalen Diskriminierung wird als Pathologie der Quantifizierung im Spannungsfeld von Machtasymmetrien zwischen gierigen Institutionen und vulnerablen VerbraucherInnen verortet sowie in seinen Folgen für Mensch und Gesellschaft analysiert.

Schlüsselwörter

Digitalisierung · Big Data · Lifelogging · Self-tracking · Quantified Self · Prävention · Neoliberalismus · Diskriminierung · Konvivialität · Kolonialisierung

---

S. Selke
Hochschule Furtwangen, Furtwangen, Deutschland
E-Mail: ses@hs-furtwangen.de

1 Sehnsucht nach der Vermessbarkeit des Menschen

Die Frage nach einem „Upgrade" der menschlichen Natur läuft auf eine doppelte Problematisierung hinaus. Einerseits ist da die Sorge um ethische Konsequenzen der Digitalisierung. Andererseits stellt sich die quälende Frage, ob die Demarkationslinien zwischen Natur und Kultur, Subjekten und Objekten sowie Menschen und Maschinen nicht schon längst überschritten sind, und somit besser von Metamorphosen oder Hybriden gesprochen werden müsste (aktuell dazu Latour 2017).

Der vorliegende Beitrag umschifft aus Platzgründen fundamentale und epistemologische Fragen und setzt dafür bei der Empirie an: Ein „Upgrade" benötigt einen normativen Bezugspunkt oder Maßstab. Etwas, das zeigt, wo und wie ein Delta (eine Differenz, eine Unterscheidung) gemacht werden kann. Vor diesem Hintergrund gibt es eine lange kulturelle Tradition der (Selbst-)Vermessung des Menschen: Tagebücher sind Zeugnisse der Selbstsorge, ob die eigenen Verbesserungsbemühungen auch erfolgreich sind, denn das Leben ist ja permanente Übung (Sloterdijk 2011). Um 1900 frequentierten übungswillige Menschen Sanatorien, die als liminale Räume der Disziplinierung des eigenen Körpers und der Rationalisierung der eigenen Lebensführung angesehen wurden. In Birchers Klinik „Lebendige Kraft" bei Zürich wurden sogar die Kalorien der dort offerierten Mahlzeiten auf eine Stelle nach dem Komma (!) genau vermessen (Wirz 2001). Anweisungen für ein „Upgrade" der eigenen Lebensweise waren also schon immer an obsessive Vermessungstechniken gebunden. Zugleich speist sich diese Obsession aus einer letztlich nur anthropologisch zu begründenden Angst vor Unordnung und Maßlosigkeit.

Wo vermessen wird, da wird auch verglichen. Dies zeigt auch folgendes Beispiel: Ende der 1950er Jahre fanden die berühmten „Darmstädter Gespräche" statt. 1958 lautete die Leitfrage: Ist der Mensch messbar? Damals waren gerade Intelligenz- und Persönlichkeitstests in Mode. Das Fazit dieser Gespräche fasst Erich Franzen, der Leiter der Gespräche, so zusammen: „Ich glaube, der Hauptgewinn liegt darin, dass man Vergleiche anstellen kann" (Franzen 1959, S. 18). Wo verglichen wird, da gibt es also auch Verlierer. Der heuristische Begriff digitale Vulnerabilität bringt dies auf den Punkt. Zwar ist es richtig, vor einem „intellektuellen und kulturellen Fundamentalpessimismus" zu warnen, wie der CEO der Deutschen Telekom (Höttges 2016, S. 6). Gleichwohl sind viele der technikdeterministischen und solutionistischen Heilsversprechen irreführend, weil sie genau diesen Aspekt der sozialen Verletzbarkeit unterschlagen. Es braucht für die öffentliche Debatte über das gesellschaftlich relevante Thema Digitalisierung auch eine Position des Skeptizismus, die gegen-affirmativ und kritisch ist und die herrschenden Begriffe, Wissensformen und Handlungspraxen demaskiert. Diese Position basiert auf der Annahme, dass es in dieser Welt nichts umsonst gibt und es bei einem Spiel nicht nur Gewinner geben kann. Es geht also nicht nur um Potenziale und Chancen, sondern auch um die versteckten Kosten und die Verlierer des Spiels.

Um dieses Spiel zu verstehen, ist es notwendig, das Regime der Daten und dessen soziale Folgen angemessen in den Blick zu nehmen. Vielleicht hilft hier zunächst die Analogie des Zeitregimes. Uhren sind Zeitmessgeräte, Zeit selbst ist jedoch eine Konvention. Zeit ist das Ergebnis gesellschaftlicher Aushandlungsprozesse. Als soziale Institution ist die Idee der Zeit eine verlässliche Lösung für das regelmäßig auftretende Problem der Koordination und Synchronisation menschlichen Verhaltens. Deshalb wirkt sich die Zeit*norm* auch ‚diktatorisch' auf Lebensführungsmodelle aus. An das Zeitregime sind soziale Erwartungen wie Pünktlichkeit oder Leistung geknüpft. Nur unter hohen sozialen Kosten ist es möglich, diesen Erwartungen zu entkommen. Zwar ist es möglich, auf das Tragen einer Armbanduhr zu verzichten, Zeitkonventionen lassen sich hingegen nicht einfach ignorieren. Zeit verobjektiviert und rationalisiert Lebensführung. So, wie erst durch die Zeit pünktliche und unpünktliche sowie faule und fleißige Menschen ‚entstehen', d. h. kategorisierbar werden, verändern sich durch digitale Selbstvermessungspraxen Fremd- und Selbstzuschreibungen.

Zeitgenössische Technologien digitaler Selbstvermessung manifestieren neue Normen, Standards und Konventionen. Und zwar genau jene, nach denen sie programmiert wurden. Deshalb sind Fitnessarmbänder, Smartwatches und Gesundheits-Apps nicht einfach nur smarte Technologien, sondern vielmehr Repräsentanten sozialer Erwartungen. Neu an digitaler Selbstvermessung ist, dass kaum mehr ein Lebensbereich ausgeschlossen wird und sich die Rückkopplungsschleifen zwischen Vermessen und Vergleichen dynamisieren. Das Spektrum von Lifelogging (Selke 2014), also der digitalen Lebensprotokollierung, ist umfangreich und reicht inzwischen von Sleep-, Mood-, Baby-, Senioren-, Sex-, über Work- bis hin zum Death-Logging (Selke 2016). Zumindest von technischer Seite scheint es keine Grenzen mehr zu geben.

Dabei erfolgte Selbstvermessung lange Zeit vorwiegend in Forschungskontexten (z. B. als autoethnografisches Werkzeug) oder in Szenen wie Quantified Self. Inzwischen findet digitale Selbstvermessung vor allem in der Form *popularisierter* Praxen in den Bereichen Fitness, Gesundheit sowie Prävention statt, Bereiche, die als die größten Wachstumstreiber gelten. Gerade innerhalb dieser Felder repräsentieren Technologien der Selbstvermessung die kapitalistische Leidenschaft für repetitive Ordnungen. Sie markieren die nächste Stufe im Übergang von rituellen zu mechanischen Regelmäßigkeiten, zu geordneten Zeit- und Lebenseinteilungen, zu Verfahren der Kontrolle und Buchführung des Lebens (accountability). Und sie verdeutlichen, dass Messwerte sich immer an Ideal- oder Durchschnittswerten orientieren müssen. Die Einführung des persönlichen Intelligenzquotienten brauchte zwingend einen normierten Durchschnitts-IQ zum Vergleich. Jede Leistungsmessung benötigt die Vorstellung einer Höchstleistung. Kein Fitness-Tracking ohne die Orientierung an einer optimalen Schrittzahl. Selbst für Stimmungen scheint es ein definierbares Optimum zu geben. Fast alle Menschen erleben es als einen (zumindest latenten) Zwang, in allen möglichen Lebensbereichen optimal „funktionieren" zu müssen. Der Mensch wird tendenziell als eine Energiequelle betrachtet, die möglichst störungsfrei und effizient Leistung (Arbeitsleistung, Beziehungsleistung, Konsumleistung etc.) abgeben soll.

Welche Fragen resultieren nun aus diesen Einsichten? Der Theatermacher Christian Tombeil bringt es im Spielplan des Theaters in Essen (Saison 2015/2016) so auf den Punkt: „Mit immer differenzierteren Messungen durchleuchten und reglementieren wir uns, unsere Gesundheit und Leistungsfähigkeit – also unseren Nutzwert (…) Wir wollen doch so gerne besser werden. (…) Aber können wir es wirklich? Und wenn ja: um welchen Preis? Schaffen wir uns nicht ein Stück weit selber ab? Was denken Sie?" Dieser Frage gilt es nun nachzugehen.

2   Erschöpfte Gesellschaften und die Maßstabsebene des Beherrschbaren

Aus soziologischer Perspektive erscheint Selbstvermessung als verspätete technokratische Reaktion auf grundlegende Sinn- und Komplexitätskrisen moderner Gesellschaften. In sozial erschöpften Gesellschaften wächst – quer zu aller Rhetorik des Individualismus – der Konformitätsdruck. Dafür gibt es tiefere Ursachen. Erstens: Die Kollektivierbarkeit von Krisendiagnosen ging weitgehend verloren, d. h. Krisenwahrnehmungen und Krisenbewältigung werden zunehmend individualisiert. Zweitens: Der Korridor zwischen Wohlstandsaskese (freiwillige De-Privilegisierung der Eliten) und Wohlstandsverwahrlosung (Bedarfsdeckungslücken des unfreiwilligen Prekariats) wird immer breiter. Leben findet dauernd zwischen den Polen (messbare) Leistung und (unerwünschte) Erschöpfung statt. Gewinner sind nur jene, die frühzeitig lernen, ihre Besonderheitsindividualität („jede/r ist einzigartig"!) in der Form einer permanenten Lebendbewerbung zu Markte zu tragen. Es gilt zu lernen, dass soziale Respektabilität zu einer Ware wird, d. h. zu einem messbaren Kennzeichen. Jegliche „Schaffens- und Könnensmüdigkeit" (Ehrenberg 2004) des erschöpften Selbst führt sofort dazu, dass ein „Loch im Sein" (Lutz 2014) entsteht. Die Radikalisierung ökonomischer Verhältnisse, also die schleichende Revolution des Neoliberalismus hat, so die Politikwissenschaftlerin Wandy Brown (Brown 2015), erst die Wohlstandsgefälle erschaffen, dessen Effekte nun beklagt werden. Erschöpfung ist eben nicht (nur) die fehlende Regenerationsfähigkeit Einzelner, sondern das Symptom eines gestörten Zugriffs auf die Welt. Diesem Monster der Bodenlosigkeit, das an den Pfaden der Ausgrenzung beginnend mitten im Kern der Gesellschaft auf uns wartet, muss etwas entgegengesetzt werden, um die latenten Ängste zu beherrschen. Schon der Soziologe Siegfried Kracauer stellte in den 1920er Jahren fest, dass die Menschen vor allem Angst davor haben, als „Altware aus dem Gebrauch gezogen zu werden" (Kracauer 2013).

Also kommen die neuen Vermessungstechnologien (Gadgets, Smartphones, Apps) gerade zur rechten Zeit. Sie steigern nicht nur das Ausmaß der Vermessbarkeit des eigenen Lebens bei gleichzeitig immer weiter sinkendem Aufwand, sondern erzeugen auch den Wunsch, sich in Krisenzeiten eine objektivere Selbstwahrnehmung zuzulegen und damit eine rationale Lebensführung zu erreichen. Und das alles, um der Angst vor der eigenen Nutzlosigkeit als überflüssiger Mensch zu entkommen. Soziologisch ausgedrückt: Die komplexe Wirklichkeit soll Schritt für Schritt geordnet und systematisiert werden, „um sie vorhersehbar und beherrschbar zu machen" (Loo und Reijen 1997, S. 34). Es geht um „Kalkulierbarkeit in einer nicht kalkulierbaren Welt" (Nassehi 2015, S. 169). In unserer radikalen Diesseitskultur steigen daher die Anforderungen an die Selbstveredelung. Erkennbar ist das an den kleiner werdenden Balancespielräumen und den immer umfangreicheren Möglichkeiten zur Selbstthematisierung. Steigende Leistungsanforderungen führen dazu, dass immer mehr Mühe darauf verwandt wird, Gefahren in kalkulierbare Risiken und erwartbare Sicherheiten zu zerlegen. Wenn auf nichts mehr Verlass ist und man nicht mehr weiß, wo man den Hebel ansetzen soll, dann beginnt man am besten bei sich selbst. Digitale Selbstvermessung suggeriert eine noch nicht dagewesene Beherrschbarkeit der Welt. Es ist verständlich, dass sich Menschen nach aktiver Selbststeuerungsfähigkeit und positiven Selbstwirksamkeitserfahrungen sehen. Dieses Verlangen mündet in den Rückzug auf die Maßstabsebene des Beherrschbaren, d. h. den eigenen Körper, die eigene Leistung und die eigene Lebensführung. Der eigene Körper wird durch Monitoring in den ‚sorgenden Blick' genommen – als eine Form privatisierter Kontingenzreduktion (Krause 2005). Auch wenn es das Feuilleton anders sieht: Selbstvermessung ist gerade kein digitaler Narzissmus, sondern die Verinnerlichung desjenigen Risikomanagements, das in der komplexen und kontingenten ‚Welt da draußen' nicht mehr gelingen kann. Leben wird von einer Qualität zu einer Vielzahl vermessbarer Quantitäten. Aber Leben ist mehr als Zellteilung und pünktliches Erscheinen am Arbeitsplatz. Dem Verlust der metaphysischen Geborgenheit setzen Selbstvermesser vertrauensvoll bunte Balkendiagramme, deskriptive Statistiken und letztlich eine Logik entgegen, die sich in der hypnotisch redundanten Sinn-Formel erschöpft, dass sich Selbsterkenntnis durch Datensammeln steigern ließe. Indem die Welt kleiner und simpler gemacht wird, gewinnt die Illusion der Beherrschbarkeit Raum.

3 Rückkehr des alchemistischen Prinzips

Die Art und Weise, wie dieses privatisierte Risikomanagement funktioniert, erinnert an ein ur-altes Prinzip. Digitale Selbstvermessung kann metaphorisch als Rückkehr des alchemistischen Prinzips in zeitgemäßer Verkleidung verstanden werden. Damit lässt sich das Motto der weltweit größten Selbstvermessungsszene Quantified Self („Self knowledge through numbers") gegen den Strich lesen. Immer ist der Ausgangspunkt der ‚unedle', suboptimale oder der risikobehaftete Mensch, also der Mensch als Mängelwesen, der zunehmend die „Hilfe der Maschinen" braucht, glaubt man einem der Gründer der Szene (Wolf 2010). Mittels Quantifizierungen soll die eigene Lebensführung effizienter werden. Aus dem *unedlen* Menschen soll durch digitale Transformationen die *edle* Essenz des optimierten Selbst gewonnen werden. Die Leitformel digitaler Alchemie erweist sich somit auch als Triumph des neoliberalen Denkens im Alltag (Stark 2014, 2016).

Das alchemistische Prinzip besteht darin, das Unedle nach elitären Maßstäben in etwas vermeintlich Edles zu verwandeln. Aus dem unedlen Menschen soll die edle Essenz des optimierten Selbst gewonnen werden. In der Neigung, die ‚unedle Essenz Mensch' mittels Verfahren der Datengewinnung und Datenanalyse in ein edles Optimum zu verwandeln, können wir die Rückkehr des alchemistischen Prinzips im Zeitalter der Digitalität erkennen. Damit ist jedoch die Paradoxie verbunden, dass immer *rationalere* Verfahren eingesetzt werden, um letztlich einem *irrationalen* Ziel zu folgen. Alle Verfahren, die dabei prinzipiell zum Einsatz kommen können, machen nur dann Sinn, wenn sie zu *sozialen Vergleichen* genutzt werden. Die Rhetorik, dass alles immer besser würde und jeder davon profitieren könne, endet in einer Leerformel. Das Spiel der alchimistischen Optimierung produziert zwangsläufig auch Verlierer, auch wenn dies auf den ersten Blick anders aussehen mag. Selbstvermessung nach dem alchemistischen Prinzip korrespondiert mit den modernen (weil sanften) Formen der „Menschenregierungskünste" (Bröckling 2017) und passt sich perfekt in herrschende Präventionslogiken ein.

4 Technisierte Selbstsorge

Technikunterstützte Selbstbeobachtung und der Diskurs über eine steigende Responsibilisierung des Individuums harmonieren bestens miteinander (Kuhn 2014, Knoepffler und Daumann 2017). Die weitreichenden Möglichkeiten zur numerischen Erfassung von Körperzuständen verändern sowohl die individuelle als auch die gesellschaftliche Sprachfähigkeit über Gesundheitshandeln und Gesundheitsnormen. Was passiert also, wenn datenbasierte Wettbewerbsfähigkeit zur Zielgröße des Sozial- und Gesundheitswesens wird?

Gerade im Gesundheitswesen drückt sich die Durchsetzung des dominierenden gesundheitsökonomisch-bürokratischen Vernunftstils in der Definition von Risikoparametern und Grenzwerten (für fast alles) aus und mündet in einer schon fordistischen Anrufung an das „präventive Selbst" (Lengwiler und Madarász 2010). Auffallend ist hierbei, wie stringent dabei die existentielle Letztverantwortung des Individuums betont wird. Diese Verlagerung der dominanten Handlungsform von der Sorge zur Prävention als Ausdruck einer neosozialen Versorgungslogik (Lessenich 2008) ist weitgehend politisch gewollt und findet breiten Konsens. Risiken bzw. Ängste werden individualisiert und instrumentalisiert und müssen dann unter anderem innerhalb von Selbstvermessungspraxen verarbeitet werden. Aber die Realitäten des Lebens lassen sich durch Selbstvermessung nur bedingt einfangen – wer Kalorienverbrauch genau vermisst kann noch lange nichts über die innere Harmonie aussagen. Verkannt wird, dass „viele Bestandteile sozialer, materieller und physiologischer Realität kontingenten Prozessen ausgesetzt sind und sich insofern leicht der Kontrolle entziehen." (Mathar 2010, S. 216).

Gleichwohl wird Gesundheit immer mehr mit Aktivsein und präventivem Verhalten gleichgesetzt, was sich vor allem in Aktivierungs- und Selbstverantwortungsimperativen ausdrückt. Schönheitshandeln, Körperarbeit und die Investition in korporales Kapital (Schröter 2009) sind Ausdruck der Bedeutungszunahme symbolischer Gesundheit als Indikator eines neuen Gesundheitsverständnisses. Damit werden (nach und nach) sowohl neue Normalitätsfiktionen als auch ein neues Menschen- und Gesellschaftsbild begründet. Gesundheit als eine Komponente des „unternehmerischen Selbst" (Bröckling 2007) wird Gegenstand der Selbstregierung von Individuen und wirkt sich auf die soziale Positionierung von Subjekten aus.

Unter dem Deckmantel einer marktkonformen Selbstoptimierung wurde die Grundlage für eine neue Dimension von Subjektivierung und Ökonomisierung von Gesundheit gelegt. Selbstvermessung wird zu einem Element biopolitischer Regierung durch Selbstregierung, einer modernen Form der Technologien des Selbst (Foucault 1993). Besondere Aufmerksamkeit erlangt dieser Aspekt im Rahmen des Aufstiegs neuer Kompetenzbegriffe (Health Literacy bzw. eHealth- oder mHealth-Literacy). Zu beachten ist hierbei das Spannungsfeld zwischen datenbasiertem Empowerment einerseits und Subjektivierung von Gesundheit andererseits. Indem eHealth-Literacy sinnbildlich Normvorstellungen der Gesundheitswissenschaften abbildet, wird digitalen Gesundheitsangeboten einerseits das Potenzial zugesprochen, Menschen in ihrer Gesundheitskompetenz zu stärken, andererseits sind damit Entgrenzungen des Verständnisses als KonsumentIn und BürgerIn verbunden. Digitale Daten wirken immer desintegrierend *und* disziplinierend zugleich. Normen, die an Gesundheit, Gesundheitshandeln und die gesundheitliche Versorgung angelegt werden, entspringen meist Standards, die die Perspektive vulnerabler Gruppen nur unzureichend berücksichtigen. Präventionsangebote oder Präventionstechniken spiegeln sehr selten die tatsächliche Heterogenität der Bevölkerung wieder, sondern repräsentieren eher ein digitales Abbild eines Norm-Menschen.

Technisierte Selbstsorge ist besonders in Krisenzeiten als eine neue Strategie der Mobilisierung für Prävention hochwillkommen. Denn Subjekte lassen sich leichter beeinflussen, als Systeme. Menschen sind „lästig", weil sie nicht fähig (und willens) sind, ein prä-stabilisierendes Verhältnis zu ihrer Umwelt aufzunehmen. Als Alternative bietet sich daher der unmittelbare Zugriff auf die Subjekte selbst an. Leider ist die Mitmachbereitschaft der Menschen eine sehr begrenzte Ressource, die immer wieder erneuert werden muss – zum Beispiel durch den Einsatz digitaler Technologien zur Selbstvermessung und der daran angeschlossenen Gamificationsprinzipien.

Eine kleine Archäologie des Präventionsbegriffs verdeutlicht gleichwohl die Ambivalenz des Präventionsgedankens. Hierbei ist vor allem das kirchenrechtliche Verständnis instruktiv. Prävention wird dort als ein Recht des höheren Geistlichen verstanden, „in die Befugnisse des Untergebenen einzugreifen." (Schülein 1983, S. 13 ff.). Unter der präventiven Wende lässt sich daher ein „gesellschaftssanitäres Projekt" (Schulz & Wambach 1983) verstehen, bei dem nach und nach alltags- und lebensweltliche Strukturen nach der normativen Maßgabe einer Elite durchrationalisiert werden. Statt repressiver Kontrolle von oben erfolgt die schleichende Etablierung einer Präventionspolitik mit repressivem Charakter, dies aber im Gewand der „smarten neuen Welt". Setzen sich die korrespondierenden Praxen von Selbstvermessung und Prävention weiter unhinterfragt durch, müssen

Langzeitfolgen bilanziert werden. So wird zum Beispiel die flexible Anpassungsfähigkeit der Subjekte an Präventionslogiken und -ziele latent überfordert. Gerade weil wissenschaftlichen Rationalität die Grundlage von Präventionsimperativen darstellt, erhöht sich der Druck auf Individuen, den Notwendigkeiten des Präventionsgedankens nachzukommen. Der appellative Charakter für Interessensverzichte („Wohlstandsaskese") nimmt zu, während gleichzeitig algorithmenbasierte Entscheidungsarchitekturen („Big Nudging") immer tiefer in die Routinen des Alltagshandelns eingreifen und Menschen nach meist partikularen Interessen instrumentalisieren.

5 Gierige Institutionen und programmierte Lebensentwürfe

Der Philosoph Ivan Illich behauptete, dass leistungsstarke, übereffiziente Werkzeuge Prozesse der *Machtzentralisierung* begünstigen (Illich 2009, S. 70). Er spricht davon, dass übereffiziente Werkzeuge radikale Monopole entstehen lassen, die die Balance zwischen dem, das Menschen (noch) selbst tun können und womit sie einfach nur versorgt werden, zerstört (Illich 2009, S. 82 f.). Radikale Monopole machen Menschen zu Zwangskonsumenten und schränken deren Autonomie ein. Sie sind daher als eine spezifische Form sozialer Kontrolle anzusehen.

Damit stellt sich die Frage, ob Technologien der digitalen Selbstvermessung in derartige Kontexte eingebettet sind. Der Soziologe Lewis S. Coser (Coser 2015) beschreibt genau diese Rahmung und deren Folgen. Sein Konzept der „gierigen Institutionen" („greedy institutions") eignet sich gut, um digitale Vulnerabilität besser zu verstehen. In einer pluralen Gesellschaft wird es immer schwieriger, Menschen auf ein kollektives Ziel hin auszurichten. Gierige Institutionen sind Lösungen für das wiederkehrende Problem, menschliche Energie und persönliche Loyalität zu bündeln. Zur Erinnerung: Kollektive Krisenwahrnehmungen sind so gut wie unmöglich geworden. Deshalb besteht der ‚Trick' nach Coser darin, Menschen trotz unterschiedlicher Interessen und Rollenanforderungen an ein gemeinsames Meta-Programm zu binden und damit das kollektive Bewusstsein zumindest zu simulieren.

Gierige Institutionen reduzieren daher stellvertretend Komplexität. Sie „versprechen, die Fragmentiertheit der Existenz des modernen Menschen (....) aufzuheben" (Egger de Campo 2015, S. 166) und sie bieten einen exklusiven Zugang zu knappen, wertvollen Ressourcen (Wahrheit, Erleuchtung, Selbsterkenntnis etc.). Dafür aber beanspruchen sie nicht nur den Zugang zu einem Teil, sondern zur *kompletten* Existenz der Menschen. Sie vereinnahmen die gesamte Persönlichkeit, gerade so, wie dies der Leistungsgedanke in einer neoliberalen Gesellschaft nahelegt (Stark 2014), in der sich die Ökonomisierung des Sozialen mit der Individualisierung von Verantwortung verbindet. „Gierige Institutionen sind immer exklusiv." (Coser 2015, S. 17 f.). Sie stellen somit eine komplette Lebenswelt zur Verfügung, inklusive einer Vorstellung von Ganzheit und Geborgenheit. Gleichzeitig kann dies jedoch dazu führen, dass es zur „Auslöschung" von Merkmalen kommt, die die Privatperson als *autonom Handelnde* ausmachen." (Coser 2015, S. 27). Soziologisch gewendet: Gierige Institutionen üben Herrschaft über ihre Mitglieder aus. Und die Mitglieder gieriger Institutionen verzichten mehr oder weniger „freiwillig" auf Privilegien wie Privatheit, Autonomie oder Entscheidungsfähigkeit. Nicht umsonst ist das idealtypische Modell einer gierigen Institution bei Coser die religiöse Sekte.

6 Warenwerdung des übereffizienten Menschen

Es ist relativ offensichtlich, dass datensammelnde Unternehmen (bzw. datensammelnde Staaten) Eigenschaften gieriger Institutionen besitzen. Die Herrschaft der gierigen Institutionen ist eine „Herrschaft durch Algorithmen" ((Egger de Campo 2015), S. 192). Daten repräsentieren die programmierbare Regulierung des Zugangs zu Körper, Leben und Welt. Die Heilsversprechen einer „Always-On"-Existenz (Kimpeler 2010) erzeugen totale Abhängigkeiten in den Bereichen Kommunikation, Interaktion und Konsumption. Soziale Bewertbarkeit wird zunehmend an ökonomische Verwertbarkeit geknüpft.

Denn der „Terror der Ökonomie" (Forrester 1999) zeigt sich gerade auch in den Rationalisierungslogiken der Selbstvermessung und Selbstregulation im Kontext gieriger Institutionen. Das Resultat besteht darin, dass es keine marktfreien sozialen Räume mehr gibt. Die Selbstvermesser folgen dabei den Imperativen der gierigen Institutionen. Leben bedeutet inzwischen immer häufiger, sich unter Wettbewerbsbedingungen selbst so zu (re)konfigurieren, als wäre man eine Maschine, die optimal funktionieren soll. Berechenbarkeit gilt als idealtypischer Ausdruck leistungsgerechter Lebensführung. Digitale Selbstvermessung anhand von sozialen Programmen bringt Menschen dazu, das eigene Leben marktfundamentalistisch zu organisieren. Erst vor diesem Hintergrund wird die Kritik an der ‚Überprogrammierung' des Menschen verständlich. Kevin Kelly (einer der Begründer der Quantified Self Bewegung) verlangt sogar, dass der Mensch „selbst zum Werkstück [wird], das seinen Wert erst durch Verarbeitung und Tausch bekommt." (zit. n. Schirrmacher 2013, S. 227). Vielfach bleibt dabei unbemerkt, dass VerbraucherInnen und BürgerInnen als „digitale Prosumenten" (Heyen 2016) damit eine Rolle einnehmen, die sich nicht mehr vollständig mit herkömmlichen Rollenmodellen beschreiben lässt. Sie sind nicht nur Konsumenten von Waren. Der Endpunkt in der Reihe der Selbstverzweckungsprinzipien ist die Kommodifizierung des Menschen selbst, d. h. seine Transformation in eine fiktive Ware („fictitious commodity", Polanyi 2014). Die in eine Ware umgewandelte Qualität wird zu einer Ware, die dafür benutzt werden kann, um Profite zu erwirtschaften (Knorr-Cetina 1998). Dies ist der Hintergrund des bekannten Ausspruches, nachdem wir selbst das Produkt sind.

Im Fall der digitalen Selbstvermessung bedeutet dies auch, dass soziale Phänomene (Solidarität, Fürsorge, Verantwortung, Entscheidungen über Ressourcen) nach und nach mit den Qualitäten von Dingen ausgestattet werden und damit ökonomisch kalkulierbar gemacht werden. Verunsicherte, erschöpfte und teils entwurzelte Individuen versuchen mittels Datensammlungen privatisierte Kontingenzreduktion zu betreiben. Dabei werden sie von gierigen Institutionen unterstützt, deren Herrschaftsinstrument Algorithmen darstellen, die versprechen, Komplexität durch vorgegebene standardisierte Lebensprogramme zu reduzieren. Dabei gehört es zum manipulativen Charakter der gierigen Institutionen den *Schein der Freiwilligkeit* zu wahren (Lanier 2013, S. 24). Tatsächlich aber verbergen sich hinter der vermeintlichen Freiwilligkeit neue Zwänge und Abhängigkeiten. Gierige Institutionen zeichnen sich nicht nur durch die totale Vereinnahmung ihrer Mitglieder aus, sondern auch durch eine Asymmetrie der Machtverhältnisse. Der Machtzuwachs liegt ganz auf der Anbieter- und nicht auf der Konsumentenseite. Datensouveränität als Schlüsselressource in der Big Data Ära (Friedrichsen und Bisa, 2016) liegt aufseiten der datensammelnden, gierigen Unternehmen „Allerdings besteht systematisch und dauerhaft ein großer Wissensvorsprung der Anbieterseite bezüglich der Daten", so der *Sachverständigenrat für Verbraucherfragen,* „wenn diese die ‚neue Währung' in der digitalen Welt sind, dann spricht dies nicht für eine Angleichung der beiden Marktseiten auf Augenhöhe. Die Informations- und Machtasymmetrie in Bezug auf Schlüsselressourcen scheint sich eher zu verstärken" (SVRV 2016, S. 18).

Zur Illustration gieriger Institutionen kann exemplarisch *Google* bzw. *Alphabet* herangezogen werden. Das Unternehmen steht sinnbildlich für die neue, personenzentrierte Datenökonomie, die sich aus einem Netzwerk datensammelnder und datenverarbeitender Unternehmen ergibt. Gierige Institutionen basieren auf Entscheidungsmaschinen. Entscheidungsmaschinen sind von Menschen programmierte Apparaturen, die darüber entscheiden, wie weit man von der „Norm" abweichen kann und trotzdem noch „normal" ist. Wie weit *greedy institutions* gehen können machen Eric Schmidt und Jared Cohen *(Google)* auf den letzten Seiten ihres manifest-artigen Buches The New Digital Age (dt.: Die Vernetzung der Welt) deutlich. Die Autoren fordern zu nichts anderem auf, als zu einer freiwilligen Unterwerfung unter die wohl bekannteste Entscheidungsmaschine der Welt: „In einer Art Gesellschaftsvertrag werden die Nutzer freiwillig auf einen Teil ihrer Privatsphäre und andere Dinge verzichten, die sie in der physischen Welt schätzen, um die Vorteile der Vernetzung nutzen zu können." (Schmidt und Cohen 2013, S. 368). Und wenn Google behauptet, dass Vernetzung und Technologien der beste Weg seinen, „um das Leben in aller Welt zu verbessern" muss an die entscheidende Frage erinnert werden, wer denn eigentlich darüber entscheidet, was ‚normal' ist. Digitale Selbstvermessung orientiert sich an Maßstäben, *die für alle gleiche Geltung* besitzen. Was jedoch so modern klingt, war (und ist) also nichts anderes als eine unfreiwillige Vereinheitlichung von Weltwahrnehmung.

7 Rationale Diskriminierung und die metrische Neu-Organisation des Sozialen

Digitale Datensammlungen dienen meist dazu, Objektivität und Rationalität zu steigern und letzte Zonen der Intransparenz auszuleuchten. Dabei erzeugen sie jedoch auch neue soziale Unterscheidungsmöglichkeiten. Aus immer genauer auflösenden (‚granularen') Datensammlungen ergibt sich die Möglichkeit numerischer Differenzierung. Diese „Explosion der Unterschiedlichkeit" (Kucklick 2014, S. 12) führt zunächst zu verschiedenen De-Konstruktionsprozessen. So lassen sich genaue Einzelbilder von Konsumenten, Patienten, Mitarbeitern und Bürgern entstellen.

Aber die auf digitalen Daten basierende (Selbst-)Beobachtung wird nicht nur immer *genauer,* sie wird auch immer *trennender.* Von rationaler Diskriminierung (Selke 2015) kann dann gesprochen werden, wenn nicht nur Unterscheidungen gemacht werden, sondern wenn diese Unterscheidungen soziale Folgen nach sich ziehen: Rationale Diskriminierung resultiert aus der Kopplung von Daten und Chancen. Im alchemistischen Spiel der Selbstveredelung dienen Daten primär dazu, soziale Erwartungen zu ‚übersetzen'. Aus deskriptiven Daten werden sodann normative Daten, die soziale Erwartungen an ‚richtiges' Verhalten, ‚richtiges' Aussehen, ‚richtige Leistung' usf. in Kennzahlen ausdrücken.

Damit setzt sich letztlich ein defizitorientiertes Organisationsprinzip des Sozialen durch. Durch die Allgegenwart von Vermessungsmethoden kommt es zu ständiger Fehlersuche, sinkender Fehlertoleranz und gesteigerter Abweichungssensibilität anderen und uns selbst gegenüber.

Rationale Diskriminierung bedeutet, dass nicht nur (feine) Unterscheidungen gemacht werden, sondern dass diese Unterscheidungen auch soziale *Folgen* nach sich ziehen. Frühformen dieser Kopplungen von Daten und Chancen können wir bereits jetzt beobachten. Immer ist damit die Vorstellung verbunden, das eigene Leben ‚unter Beweis' stellen zu müssen. Dabei entsteht als neue Sozialfigur der Verbraucher, der sich devot an den eigenen Daten orientiert. Dieser devote Konsument ist ‚ehrerbietig' und ordnet sich seinen Daten unter. Daten erhalten autoritative Macht, sie sind Teil einer neuen Beziehungsform zu sich selbst und zu anderen. *Wir beginnen, uns anders zu sehen, wenn wir uns auf der Basis von Daten beobachten* – und uns gegenseitig der Normabweichung verdächtigen. Das kann als eine Form symbolischer Gewalt verstanden werden. Damit setzt sich aber nach und nach ein defizitorientiertes Organisationsprinzip des Sozialen durch.

Im Kapitalismus wird als akzeptable Leistung schlicht nur das anerkannt, was vermess- und berechenbar ist oder scheint. „Joggen wird zur Leistung, ebenso wie Sightseeing oder das verfügbare Repertoire an Sexpositionen." (Distelhorst 2014, S. 13). Rationale Diskriminierung basiert zwar auf vermeintlich objektiven und rationalen Messverfahren. Dennoch werden mit den Vermessungsmethoden digitale Versager und Gewinner produziert, Kostenverursacher von Kosteneinsparern, sowie Nützliche von Entbehrlichen getrennt. Vor allem kommt es zu einer Renaissance vormoderner Anrufungen von Schuld im Gewand der Rede von der Eigenverantwortung. Digitale Selbstvermessung kann vor diesem Hintergrund auch als *shame punishment* verstanden werden. Oder wie es die Literaturnobelpreisträgerin Elfriede Jelinek in einem Theaterprogramm ausdrückt: „Heute ist vom unvollkommenen Körper zu sagen, dass jeder selbst schuld ist, wenn er ihn hat." Das funktioniert gerade dann, wenn sich der Diskriminierungsaspekt hinter den Fassaden spielerischer Wettbewerbe einer Psychopolitik (Han 2016, S. 69 ff.) oder Belohnungssystemen (Incentivierung) verbirgt.

Verdächtig ist, wessen Werte von der Norm abweichen. Die neue Verdachtskultur der rationalen Diskriminierung basiert auf der wissenschaftlichen Dignität einer Wahrscheinlichkeitsrechnung (Castel 1983, S. 62). Damit stehen auch die modernen Ideologien der Prävention „im Banne einer großen technokratischen, rationalisatorischen (sic!) Träumerei von der absoluten Kontrolle über den Zufall" (Castel 1983, S. 62). Vor dem Hintergrund einer „großen Hygienikerutopie" (a.a.O.) setzt sich die absolute Herrschaft der kalkulierenden Vernunft durch. Damit erhöht sich die um die Macht ihrer Planer, Agenten, Verwalter und Technokraten, die sich als Verwalter eines Glücks sehen, dem nichts mehr widerfahren kann. Schon der Soziologe Robert Castel stellte fest, dass sich dabei „nicht die leiseste Spur einer Reflexion über den gesellschaftlichen und menschlichen Preis dieser neuen Hexenjagd" (Castel 1983, S. 62) findet, an deren Ende ein radikal anderes Bild des Sozialen steht. Das Soziale wird zu einem homogenen Raum, in dem sich Menschen auf vorgezeichneten Bahnen bewegen und Populationen durch Profilgebungen nach wünschenswerten Maßstäben in Risiko- und Verwertungsgruppen eingeteilt werden. Es geht hierbei längst nicht mehr um Ordnung, sondern allein um Effizienz, die zur Übereffizienz anwächst.

Die vermeintlich perfekte Passung zwischen digitaler und technisierter Selbstsorge und der zeitgenössischen Gesundheits- und Selbstverantwortungslogik sollte also kritisch in den Blick genommen werden, weil Präventionsprojekte immer auch *repressive Gesellschaftsveränderungsprojekte* sind. Im Kontext dieser Projekte werden Anpassungszwänge für Subjekte organisiert, weil dies einfacher ist, als Systemalternativen utopisch zu entwerfen und politisch durchzusetzen. Nach und nach setzt sich aber als Folge ein instrumentelles Menschen- und Gesellschaftsbild durch. Statt Systeme und Strukturen zu verändern (z. B. die Struktur der Erwerbsarbeit), muss sich das präventive Selbst in das herrschende System einfügen und die eigenen subjektiven Verhaltensdispositionen ändern. Die adaptive Selbstregulation präventiver Subjekte ist um so vieles einfacher als die Transformation von Umweltbedingungen. Kurz gesagt wird dabei im großen Stil eine Problemverlagerung in die Subjekte hinein betrieben. Besser, man ändert sich, als die Welt. Prävention wird hauptsächlich als Plicht der Subjekte verstanden, weil diese vor dem Hintergrund von Krisen- und Konkurrenzdruck zugänglicher für notwendige Wartungsmaßnahmen an sich selbst sind. Soziale Phänomene wie Solidarität, Fürsorge oder Verantwortung werden nach und nach mit den Qualitäten von Dingen ausgestattet und damit ökonomisch kalkulierbar gemacht. Rationale Diskriminierung basiert nicht mehr auf rassistischen oder sexistischen Formen der Aberkennung, sondern auf vermeintlich objektiven und rationalen Messverfahren. Gleichwohl werden mit den Vermessungsmethoden digitaler Versager und Gewinner entlang neuer soziale Bewertungsmechanismen produziert. So werden Leistungsträger von Leistungsverweigerern getrennt, Kostenverursacher von Kosteneinsparern, „Health-On"-Menschen (Gesunde) von „Health-Off"-Menschen (Kranke) sowie Nützliche von Entbehrlichen. Das läuft letztlich auf ein Programm der Umerziehung hinaus. Wenn die Daten-Dublette des Menschen zur Basis des Selbst- und Fremdverständnisses erhoben wird, dann werden Menschen zu Konformisten, blind für die Möglichkeiten eigenen Denkens und vor allem autonomer Entscheidungen.

8 Total assistiertes Leben und kopierte Existenzen?

Die „Penetration der Digitalisierung in den Alltag" (so im O-Ton ein wenig sprachsensibler Unternehmensvertreter der Digitalbranche) ist in vollem Gange. Und alle digitalen Evangelisten sind sich einig: Sie ist irreversibel. Dies führt zu zahlreichen Befürchtungen. So kritisiert der Sachverständigenrat für Verbraucherfragen (SVRV 2016), dass durch die zunehmende Korrelation von physiologischen und emotionalen Zuständen, Ergebnisse der Selbstvermessung in Kombination mit freiwilliger Datenablieferung die Möglichkeiten anwachsen, „in das Innerste von VerbraucherInnen zu blicken." Die Frage ist, ob wir das so wollen. Sind wir also auf dem besten Weg hin zu einer total assistierten Gesellschaft bzw. einer assistiven Kolonialisierung durch digitale Selbstvermessungstechnologien (Selke 2017), in der wir ohne die Hilfe manipulativer Werkzeuge, gieriger Unternehmen und algorithmenbasierter Entscheidungsmaschinen überhaupt nicht mehr leben können? Sind wir dem alchemistischen Prinzip alternativlos ausgeliefert?

Die abschließende These fällt ernüchternd aus: Aus der Perspektive des Verbraucher- und Datenschutzes gedacht lautet sie: *Man kann Menschen nicht vor etwas schützen, wonach sie sich sehnen.* Um diese These zu erläutern, fasse ich nochmals kurz meine Argumentation zusammen: Digitale Selbstvermessung erscheint bei näherem Hinsehen als die zeitgemäße Rückkehr zum alchemistischen Prinzip im Gewand der algorithmischen Herrschaft. Dabei geht es darum, Unedles in Edles zu verwandeln. Qualitäten werden dabei zunehmend in messbare Quantitäten verwandelt. Der Preis für diese datengetriebene Transformation sind jedoch neue soziale Unterscheidungen und ein neues Organisationsprinzip des Sozialen auf der Grundlage rationaler Diskriminierung. Darunter ist der Anstieg der Fehlerempfindlichkeit zu verstehen, was dazu führt, dass Menschen sich anders sehen und begegnen. Das soziale Klima in Wettbewerbsgesellschaften fördert diese sozialen Sortierungen. Je mehr wir uns auf Daten als „Spiegel des Ichs" verlassen, desto anfälliger werden wir für die Angebote und Anrufungen gieriger Institutionen, deren Vision eines neuen Gesellschaftsvertrags darauf beruht, uns im Gegenzug zu totaler Transparenz einen vorprogrammierten Lebensentwurf, ein soziales Meta-Programm, zu bieten. Alle diese Prozesse verstärken sich gegenseitig: Übereffiziente Menschen werden zu freiwilligen Konsumenten übereffizienter und manipulativer Werkzeuge und übereffiziente Institutionen verkoppeln programmierte und komplexitätsreduzierte Lebensentwürfen. Diese Lebensentwürfe sind hochattraktiv und hochwillkommen (selbst wenn so gut wie niemand dies „offiziell" zugeben würde). Sie leisten eine weitreichende Reduktion von Komplexität und Kontingenz. Die Nutzung manipulativer Werkzeuge durch übereffiziente Menschen und deren Einwilligung in vorprogrammierte Lebensentwürfe endet jedoch fatalerweise in „kopierten Existenzen" (Luhmann 1991). Wie der Soziologe Niklas Luhmann herausgearbeitet hat, ist das Prinzip der Kopie eine ebenso einfache wie wirkungsvolle Strategie der Komplexitätsreduktion. Die Sehnsucht nach komfortablen Technologien ist größer als alle Bedenken. Der Wille, soziale Gebrauchsanweisungen zu befolgen, ist ausgeprägter als das Wissen um die Folgen des eigenen Tuns.

9 Konviviale Werkzeuge oder ethische Freihandelszonen?

Abschließend gilt es, zumindest einen Ausblick auf Alternativen zu wagen. Wie kann unter diesen Bedingungen vermieden werden, dass aus einem humanistischen Menschenbild eines wird, das nur auf Algorithmen basiert? Wie können ethische Freihandelszonen (auch politisch) eingehegt werden, worunter Prozesse und Lebensbereiche zu verstehen sind, in denen Effizienzgewinne wichtiger sind, als die Einhaltung von Menschenwürde?

Als analytischer Kompass kann hier das Konzept der *Konvivialität* (Lebensdienlichkeit) dienen, das beschreibt, wann Technologien bzw. Werkzeuge dem Menschen dienen – und wann es sich gerade umgekehrt verhält (Illich 2009). Unter Konvivialität versteht der Philosoph Ivan Illich das „Konzept einer multidimensionalen Ausgewogenheit des menschlichen Lebens". Illich geht davon aus, dass Werkzeuge dem Gemeinwohl (und nicht bloß Eliten) dienen sollten. Bei manipulativen Technologien ist dies nicht der Fall. Sie sind für Illich das Gegenteil konvivialer Werkzeuge. Manipulative Technologien übersetzen qualitative Vorgänge des Lebens in abstrakte Quantitäten. Bereits der Soziologe Herbert Marcuse zeigte, dass der damit verbundene technologische Determinismus sich in der (irrigen) Annahme begründet, dass sich soziale Werte in technische Werte übersetzen ließen (Marcuse 2004, S. 243). Die soziologische Pointe dieser Analyse besteht jedoch darin, dass nicht Maschinen oder Werkzeuge Menschen konditionieren, sondern diese Maschinen und Werkzeuge ihrerseits auf sozialen Programmen beruhen, und zwar solchen, die wir Ideologien nennen. Manipulative Werkzeuge sind ideologisch, weil sie Vorstellungen sowie Erwartungen über „richtig" und „falsch" von außen aufzwingen. Damit sind zahlreiche Erwartungen geradezu in die Technologien der Selbstvermessung eingebaut (Kaminski 2010).

Wie könnte es anders sein? Konviviale Technologien sind progressiv. Sie fordern uns heraus, zu lernen. Manipulative Technologien sind hingegen regressiv. Folgt man dem Psychoanalytiker Wolfgang Schmidbauer (Schmidbauer 2015), dann unterstützen zu komfortable Technologien das Verlernen (De-Skilling) grundlegender menschlicher Fähigkeiten. Sie steigern die Abhängigkeit von Experten, die für uns stellvertretend über ‚richtig' und ‚falsch' entscheiden. Deren *Maß* ersetzt immer häufiger das eigene Wissen um die *Angemessenheit* (Gadamer 2003). Vor diesem Hintergrund erweisen sich digitale Selbstvermessungstechnologien gerade nicht als konviviale, sondern als komfortable und manipulative Werkzeuge, deren Kern die Zerlegung von Qualitäten in Quantitäten ist.

Wir müssen uns also um den Charakter derer sorgen, die die Urheber und Protagonisten dieser smarten Ideologien sind. Wir müssen uns aber auch um die Veränderung des Charakters derer sorgen, die Nutzer der so erzeugten manipulativen Werkzeuge sind. *Der quantifizierte Konsument ist vor allem ein unfreiwilliger Konsument sozialer Programme.* Illich fasste dies in der Erkenntnis zusammen, dass „identische Werkzeuge (…) die Entwicklung der gleichen Persönlichkeitsstrukturen" fördern (Illich 2009, S. 34). Das alchemistische Programm mag Menschen veredeln. Erfolgreich ist es aber nur um den Preis, dass sich die so Veredelten immer ähnlicher werden. Bei näherem Hinsehen lässt sich hier ein Widerspruch entdecken: Das Versprechen auf eine moderne Besonderheitsindividualität mündet in einem kollektiven Gleichschaltungsprogramm.

Bleibt abschließend noch festzustellen, dass es absurd erscheint, das Leben in eine perfekte Ordnung bringen zu wollen oder diese gar vorauszusetzen. Die Sehnsucht nach Effizienz und Veredelung mündet langfristig in Entgrenzungen, die sich eine moderne Zivilisation nicht leisten kann. Dabei gibt es ein einfaches Gegenmittel gegen den Terror einer datengetriebenen Verdachtskultur: Wird uns weiterhin eingeredet, nur durch Selbstveredelung gut genug für diese Welt zu sein, dann bedeutet die Tatsache, sich selbst so zu akzeptieren, wie man ist, den ersten Akt einer notwendigen Rebellion gegen das Diktat des Datenregimes. Denn wir sind nicht auf dieser Welt, um perfekt zu sein. Mittlerweile lässt der überall spürbare Perfektionszwang auch Unmut entstehen. Die Prämisse der damit verbundenen Gegenbewegung fasste Jens Jessen mit dem Aufruf *Ruiniert eure Körper* pointiert zusammen (Jessen 2016). Er spricht damit eine der Schattenseiten des neuen, datengetriebenen Bewusstseins an: die zunehmende moralische Aufladung der Lebensführung, die „Entstehung einer Verbotskultur, einer Neigung zur Bevormundung und Entmündigung, zum schamlosen Hineinregieren in persönliche Lebensentwürfe." Der zentrale Punkt, der hierbei angesprochen wird, ist die dringend notwendige Ent-Moralisierung der Debatten, in deren Mittelpunkt Effizienzanforderungen, Normalisierungsstrategien und Optimierungsimperative stehen.

Die Idee einer *informationellen Suffizienz* könnte hierfür leitend sein. Sie geht davon aus, dass es eine losere Kopplung privater Lebensdaten zur individuellen Lebensführung mit volkswirtschaftlicher Kostenrechnung insgesamt zu einer lebensdienlicheren Gesellschaft führen würde. Informationelle Suffizienz bedeutet, dass alle genug Daten, nicht aber wenige alle Daten besitzen. Um dieser oder ähnliche Ideen zu mehr Akzeptanz zu verhelfen, braucht es mehr Dialoge zwischen Gesellschaft, Wissenschaft, Wirtschaft und Politik. Deren Ziel sollte es sein, Digitalisierungsverlierer zu vermeiden. In diesen Dialogen müsste dann daran erinnert werden, wie hoch die Kosten für die Veredelung des Unteilbaren und damit Einzigartigen – des Individuums – eigentlich sind und dass digitale Alchemie, die zu kopierten Existenzen führt, das genaue Gegenteil einer sozial inklusiven Gesellschaft darstellt. Alchimistische Menschenoptimierung reduziert humane Diversität. Statt paternalistischer Schutzreflexe braucht es deshalb zunächst ein ernsthaftes Bekenntnis zum humanistischen Menschenbild, das die Gemeinsamkeiten betont, vor allem die geteilte Vorstellung, dass jedem Menschen trotz aller Unterschiede Würde zuerkannt werden muss. Setzt sich hingegen ein algorithmisches Menschenbild durch, so werden stattdessen in erster Linie messbare Unterschiede hervorgehoben, die zwangsläufig zu vermeintlich rational ableitbaren Diskriminierungen führen. Wird Leben nur als das Befolgen einer Gebrauchsanweisung verstanden, so geht der Kern des Menschlichen verloren. Ich will aber nicht funktionieren wie ein Gerät, sondern sein wie ein Gedicht, offen für Interpretationen und damit: unberechenbar.

Literatur

Bröckling, U. (2007). *Das unternehmerische Selbst. Soziologie einer Subjektivierungsform*. Frankfurt a.M.: Suhrkamp.

Bröckling, U. (2017). *Guten Hirten führen sanft. Über Menschenregierungskünste*. Frankfurt a.M.: Suhrkamp.

Brown, W. (2015). *Undoing the Demos: Neoliberalism's Stealth Revolution*. New York: Zone Books.

Castel, R. (1983). Von der Gefährlichkeit zum Risiko. In M. M. Wambach (Hrsg.), *Der Mensch als Risiko. Zur Logik von Prävention und Früherkennung*. Frankfurt a.M.: Suhrkamp, 51–75.

Coser, L. A. (2015). *Gierige Institutionen. Soziologische Studien über totales Engagement (im Original: Greedy Institutions. Patterns of Undivided Commitment)*. Frankfurt a.M.: Suhrkamp.

Distelhorst, L. (2014). *Leistung. Das Endstadium einer Ideologie*. Bielefeld: Transcript.

Egger de Campo, M. (2015). Zur Aktualität des Konzepts der gierigen Institution. In *Gierige Institutionen. Soziologische Studien über totales Engagement*. Frankfurt a.M.: Suhrkamp, 166-210.
Ehrenberg, A. (2004). *Das erschöpfte Selbst. Depression und Gesellschaft in der Gegenwart*. Frankfurt a.M.: Campus.
Forrester, V. (1999). *Terror der Ökonomie*. München: Goldmann.
Foucault, M. (1993). Technologien des Selbst. In L. H. Martin (Hrsg.), *Technologien des Selbst*. Frankfurt a.M.: Fischer, 24–62.
Franzen, E. (Hrsg.). (1959). *6. Darmstädter Gespräche: Ist der Mensch messbar? Im Auftrag des Magistrats der Stadt Darmstadt und des Komitees Darmstädter Gespräche*. Darmstadt: Neue Darmstädter Verlagsanstalt.
Friedrichsen, M., & Bisa, P. (Hrsg.). (2016). *Digitale Souveränität. Vertrauen in der Netzwerkgesellschaft*. Wiesbaden: Springer VS.
Gadamer, H.-G. (2003). *Über die Verborgenheit der Gesundheit*. Frankfurt a.M.: Suhrkamp.
Han, B.-C. (2016). *Psychopolitik. Neoliberalismus und die neuen Machttechniken*. Frankfurt a.M.: Fischer.
Heyen, N. (2016). Selbstvermessung als Wissensproduktion. Quantified Self zwischen Prosumtion und Bürgerforschung. In S. Selke (Hrsg.), *Lifelogging. Digitale Selbstvermessung und Lebensprotokollierung als disruptive Technologie und kultureller Wandel. In Druck*. Wiesbaden: Springer VS.
Höttges, T. (2016). Digitale Verantwortung. *Medienkorrespondenz, 9*, S. 3-112.
Illich, I. (2009). *Tools for Conviviality*. London: Boyars Publishers.
Jessen, J. (2016c). Ruiniert eure Körper. *DIE ZEIT vom 23. März 2016*, S. 63.
Kaminski, A. (2010). *Technik als Erwartung. Grundzüge einer allgemeinen Technikphilosophie*. Bielefeld: Transkript.
Kimpeler, S. (2010). Leben mit der digitalen Aura. Szenarien zur Mediennutzung im Jahr 2020. In S. D. Selke, Ulrich (Hrsg.), *Postmediale Wirklichkeiten aus interdisziplinärer Perspektive*. Hannover: Heise, 61–81.
Knoepffler, N., & Daumann, F. (2017). *Gerechtigkeit im Gesundheitswesen*. Freiburg i. Br.
Knorr-Cetina, K. (1998). Sozialität mit Objekten. Soziale Beziehungen in posttraditionellen Gesellschaften. In W. Rammert (Hrsg.), *Technik und Sozialtheorie*. Frankfurt a.M.: Campus, 83–120.
Kracauer, S. (2013). *Die Angestellten. Aus dem neuesten Deutschland*. Frankfurt a.M.: Suhrkamp.
Krause, B. (2005). *Solidarität in Zeiten privatisierter Kontingenz. Anstöße Zygmunt Baumans für eine Christliche Sozialethik in der Postmoderne*. Münster: Lit.
Kucklick, C. (2014). *Die granulare Gesellschaft. Wie das Digitale unsere Gesellschaft auflöst*. Berlin: Ullstein.
Kuhn, J. (2014). Daten für Taten. Gesundheitsdaten zwischen Aufklärung und Panopticum. In B. Schmidt (Hrsg.), *Akzeptierende Gesundheitsförderung. Unterstützung zwischen Einmischung und Vernachlässigung*. Weinheim/Basel: BeltzJuventa, 51–61.
Lanier, J. (2013). *Who owns the future?* New York: Simon & Schuster.
Latour, B. (2017). *Kampf um Gaia. Acht Vorträge über das neue Klimaregime*. Frankfurt a.M.: Suhrkamp.

Lengwiler, M., & Madarász, J. (Hrsg.). (2010). *Das präventive Selbst. Eine Kulturgeschichte moderner Gesundheitspolitik*. Bielefeld: Transkript.

Lessenich, S. (2008). *Die Neuerfindung des Sozialen. Der Sozialstaat im flexiblen Kapitalismus*. Bielefeld: Transkript.

Loo, H. V. D., & Reijen, W. V. (1997). *Modernisierung. Projekt und Paradox*. München: dtv.

Luhmann, N. (1991). Copierte Existenz und Karriere. Zur Herstellung von Individualität. In U. B.-G. Beck, Elisabeth (Hrsg.), *Riskante Freiheiten. Individualisierung in modernen Gesellschaften*. Frankfurt a.M.: Suhrkamp., 191–200.

Lutz, R. (2014). Soziale Erschöpfung. *Kulturelle Kontexte sozialer Ungleichheit*. Weinheim und Basel: Beltz Juventa.

Marcuse, H. (2004). *Der eindimensionale Mensch. Studien zur ideologie der fortgeschrittenen Industriegesellschaft*. München: Dt. Taschenbuchverlag.

Mathar, T. (2010). *Der digitale Patient. Zu den Konsequenzen eines technowissenschaftlichen Gesundheitssystems*. Bielefeld: Transkript.

Nassehi, A. (2015). *Die letzte Stunde der Wahrheit. Warum rechts und links keine Alternativen mehr sind und Gesellschaft ganz anders beschrieben werden muss*. Hamburg: Murmann.

Polanyi, K. (2014). *The Great Transformation. Politische und ökonomische Ursprünge von Gesellschaften und Wirtschaftssystemen*. Frankfurt a. M.: Suhrkamp.

Schirrmacher, F. (2013). *Ego. Das Spiel des Lebens*. München: Blessing.

Schmidbauer, W. (2015). *Enzyklopädie der dummen Dinge*. München: oekom.

Schmidt, E., & Cohen, J. (2013). *Die Vernetzung der Welt. Ein Blick in unsere Zukunft*. Reinbek b. Hamburg: Rowohlt.

Schröter, K. (2009). Korporales Kapital und korporale Performanzen in der Lebensphase Alter. In H. Willems (Hrsg.), *Theatralisierung der Gesellschaft* (S. 163–181). Wiesbaden: Springer VS.

Schülein, J. A. (1983). Gesellschaftliche Entwicklung und Prävention. In M. M. Wambach (Hrsg.), *Der Mensch als Risiko. Zur Logik von Prävention und Früherkennung*. Frankfurt a. M.: Suhrkamp, 13–28.

Schulz, C., & Wambach, M. M. (1983). Das gesellschaftsanitäre Projekt. Sozialpolizeiliche Erkenntnisnahme als letzte Etappe der Aufklärung? In M. M. Wambach (Hrsg.), *Der Mensch als Risiko. Zur Logik von Prävention und Früherkennung*. Frankfurt a. M.: Suhrkamp, 75–88.

Selke, S. (2014). *Lifelogging. Wie die digitale Selbstvermessung unsere Gesellschaft verändert*. Berlin: ECON.

Selke, S. (2017). Assistive Kolonialisierung. Vom ,Vita Activa' zum ,Vita Assistiva'. In P. Biniok (Hrsg.), *Assistive Gesellschaft*. Wiesbaden: Springer VS, 99–119.

Selke, S. (2015). Rationale Diskriminierung. Neuordnung des Sozialen durch Lifelogging. *Prävention. Zeitschrift für Gesundheitsförderung, 3*, S. 69–73.

Selke, S. (Ed.). (2016). *Lifelogging. Digital Self-Tracking between disruptive technolgy and cultural change*. Wiesbaden: Springer VS.

Sloterdijk, P. (2011). *Du mußt dein Leben ändern*. Frankfurt a. M.: Suhrkamp.

Stark, C. (2016). Der neoliberale Zeitgeist als Nährboden für die digitale Selbstvermessung. Selbstevaluation – allumfassend, 86.400 Sekunden am Tag, 365 Tage im Jahr. In S. Selke (Hrsg.), *Lifelogging zwischen disruptiven Technologien und kulturellem Wandel*. Wiesbaden: Springer VS.

Stark, C. (2014). *Neoliberalyse. Über die Ökonomisierung unseres Alltags*. Wien: Mandelbaum.

SVRV (Sachverständigenrat für Verbraucherfragen) (2016). *Digitale Welt und Gesundheit. eHealth und mHealth – Chancen und Risiken der Digitalisierung im Gesundheitsbereich*. Retrieved from https://www.bmjv.de/DE/Ministerium/Veranstaltungen/SaferInternetDay/01192016_Digitale_Welt_und_Gesundheit.pdf?__blob=publicationFile&v=3 (Zugegriffen: 17. September 2017).

Wirz, A. (2001). Sanitarium, nicht Sanatorium. Räume für die Gesundheit. In A. Schwab & C. Lafranchi (Hrsg.), *Sinnsuche und Sonnenbad. Experimente in Kunst und Leben auf dem Monte Verità*. Zürich: Limnat, S. 119–139.

Wolf, G. (2010). The Data-Driven Life. Retrieved 17.08.2013, from https://www.nytimes.com/2010/05/02/magazine/02self-measurement-t.html?_r=0&pagewanted=print (Zugegriffen: 12. April 2017).

Hören abschalten? Filmische Ins-Bild-Setzungen des Cochlea-Implantats

Robert Stock

Zusammenfassung

Der Beitrag untersucht die filmische Produktion von Hörpraktiken des Cochlea-Implantats (CI). Zuerst wird die Erfolgsgeschichte des CI fokussiert, wie sie in CI-Aktivierungs-Videos betont wird. Dann stehen Praktiken der Abstimmung zwischen UserIn und CI im Vordergrund. Drittens wird das Scheitern des CIs und die Kritik an dessen Inklusionsversprechen, gehörlose Menschen mit der „hörenden" Welt zu verbinden, in den Blick genommen. Viertens wird die spektakularisierte Inszenierung einer Abkehr von Neuroprothesen und akustischen Zumutungen skizziert. So wird aufgezeigt, wie auf eine – obligatorische – akustische Teilhabe und damit verknüpfte Normalisierungserwartungen etwa mit Taktiken des (temporären) Abschaltens, nicht-Einschaltens oder radikalem Entzug reagiert wird.

Dieses Kapitel entstand im Rahmen des Projekts „Recht auf Mitsprache: Das Cochlea-Implantat und die Zumutungen des Hörens", Teilprojekt 2 der Forschungsgruppe „Mediale Teilhabe. Partizipation zwischen Anspruch und Inanspruchnahme", gefördert von der Deutschen Forschungsgemeinschaft (DFG), Projektnummer 258454408.

R. Stock (✉)
Universität Konstanz, Konstanz, Deutschland
E-Mail: robert.stock@uni-konstanz.de

Schlüsselwörter

Cochlea-implantat · Sozio-technisches Arrangement · Gebärdensprache · Hören · Aktivierungsvideos · Langzeitdokumentationen · Kurzfilme

1 Einleitung

Vorstellungen über eine nahtlose Verbindung von Technologien und Menschen sind in der Wissenschaft sowie auch in der Populärkultur weit verbreitet. Ein wichtiges Beispiel für ein solches „Upgrade" des menschlichen Körpers bzw. des physiologischen Hörens ist das Cochlea-Implantat (CI), eine Innenohrprothese inklusive externem Sprachprozessor, Mikrofon und Übertragungsspule, die gehörlosen Menschen Sprachverständnis sowie weitere Hörerfahrungen ermöglichen soll (Helmreich und Friedner 2012, S. 78 f.). Ein Zukunftsszenario „spiritueller Maschinen" imaginierend schrieb Ray Kurzweil etwa: „cochlear implants, originally used just for the hearing impaired, are now ubiquitous [in 2029]. These implants provide auditory communication in both directions between the human user and the worldwide computing network" (1999, S. 221 zitiert in Mills 2014, S. 262). Eine solche Vorstellung vom CI wird aber nicht nur in den 1990er Jahren und einer wachsenden Computerkultur bzw. vernetzten Gesellschaft geprägt, sondern geht mitunter zurück auf die 1960er und 1970er Jahre. Denn schon in der Frühzeit des Implantats wurde das System von Ingenieuren und Medizinern als „bionisches Ohr" bezeichnet – nicht nur um einen populären Fortschrittsglauben in die Medizintechnik bzw. Wissenschaft sowie eine Hoffnung auf die „Überwindung von Gehörlosigkeit" zu bedienen, sondern auch um notwendige Forschungsgelder zu akquirieren (Blume 2010, S. 71 f.). Populär wurde die Bezeichnung hauptsächlich durch die Printmedien, zunächst wurde sie aber in Melbourne von Graham Clark und dessen Team am *Bionic Ear Institute* geprägt. Dabei lagen auch Assoziationen des „bionischen Ohrs" mit bekannten US-Fernsehserien wie *Six Million Dollar Man* (ABC 1974–1978) oder *Bionic Woman* (ABC 1976–1977) auf der Hand (Clark 2000, S. 71), in denen versehrte Körper durch diverse Prothesen in etwas transformiert wurde, was oft als „Cyborg" (Haraway 1985) bezeichnet wurde.[1]

---

[1]Der Begriff Cyborg wird bzw. wurde dabei oft in verkürzter Weise benutzt, um auf eine enge, subkutan hergestellte Verbindung von Mensch und Technik und deren Zukunftspotenzial zu verweisen. Die Infragestellung von Grenzen zwischen Natur und Kultur,

Der Prozess, in dem sich das Cochlea-Implantat als biotechnologisches und nanomedizinisches System stabilisierte, ist jedoch weitaus komplexer als der Begriff „bionisches Ohr" suggeriert. Vor allem Mara Mills (2014) ist es zu verdanken, dass diese Geschichte in wissenschaftshistorischer Perspektive mit Bezug auf CI-UserInnen ausgelotet wurde. Mills wertete Aufzeichnungen von Charles Graser aus, einem der ersten Patienten, die über einen längeren Zeitraum seine Hörerfahrungen protokollierte und in Zusammenarbeit mit Technikern, Medizinern und Ingenieuren das System zum Funktionieren brachte. So gelingt es Mills, das Wechselspiel von Fortschritten, Störungen und Rückschlägen zu beschreiben, die das technische Objekt CI und seine prozessuale wie (in-)stabile Verknüpfung mit dem Körper der TrägerInnen ausmachen. Zudem haben Mills, Blume (2010) und weitere dazu beigetragen, die politische Dimension der CI-Signale (Mills 2013) zu analysieren sowie das System als einen Akteur zu beschreiben, dessen Konfliktpotenzial bei der Zusammenführung und Formierung von gegensätzlichen Auffassungen zum Hören und zu Gebärdensprachkultur in Aktion tritt (Ochsner 2013).

Vor diesem Hintergrund werden im Folgenden filmische Übersetzungen von Hör- sowie Kommunikationspraktiken untersucht. Dies geschieht u. a. in Anschluss an Helmreich und Friedner (2012), die eine Verschränkung von Sound Studies und Deaf Studies vorschlagen – eine Verknüpfung, die hier zudem mit medienkulturwissenschaftlichen Ansätzen angereichert wird. Zuerst geht es um die Erfolgsgeschichte des CIs, die in den letzten Jahren nicht mehr vorwiegend von Printmedien, sondern nunmehr auch durch sogenannte Aktivierungsvideos auf Video-Sharing-Websites wie YouTube vermittelt wird. Dieser Diskurs, in dem Argumente eines medizinischen Modells von Behinderung audiovisuell perpetuiert werden, ist Ausgangspunkt für eine Betrachtung von zwei Langzeitdokumentationen über den Umgang bzw. die Abkehr vom CI. Praktiken des Abschaltens des CIs sind, angesichts der Standardisierung und Stabilisierung des Implantatsystems, wenig im Fokus der medizinischen Forschung (Marshall

---

zwischen Tieren, Menschen und Maschinen durch die Figur der Cyborg sowie deren politische (feministische) Implikationen bleiben zumeist unberücksichtigt (Gane 2006, Spreen 2010). Wie Harrasser bemerkt: „Die Attraktivität der Figur der Cyborg hatte jahrelang die Rezeption dominiert und Donna Haraway – von ihr unbeabsichtigt, aber doch nicht grundlos – in die Nähe fortschrittseuphorischer und/oder apokalyptischer Grenzüberschreitungs- und Rekombinationsphantasmen a la Artificial Intelligence-Diskurs bzw. Baudrillard und Co. gerückt." (Harrasser 2006, S. 457).

2000; Watson und Gregory 2005; Özdemir et al. 2013). Sie können aber anhand der vorliegenden Beispiele – *Natalie oder der Klang nach der Stille* (2013) und *Verbotene Sprache* (2009) – sowie in Bezug auf Kurzfilme wie *Man hears for the first time* (2014) schlaglichtartig diskutiert werden und erlauben somit eine differenzierte Betrachtungsweise jener Prozesse, in denen Hören und auch das CI selbst in sozio-technischen Arrangements (filmisch) hervorgebracht werden.[2]

2 Einschalten: Aktivierungsvideos und das CI als „Wunder", das Hören vollbringt

Die Bekanntheit und Wahrnehmung des Cochlea-Implantats wird zu großen Teilen durch soziale Netzwerke und Tageszeitungen bestimmt. Wenn man etwa auf der Video-Sharing-Plattform YouTube die Suchworte „hearing for first time" eingibt, so erhält man derzeit Links zu rund 5,6 Mio. Einträgen.[3] Es handelt sich größtenteils um Amateurvideos von Cochlea-Implantat-Aktivierungen, die häufig zehntausend- oder gar millionenfach angeklickt wurden. Zwei prominente darunter sind etwa jene, die die Implantat-Aktivierungen von Sarah Churman[4] oder Joanne Milne[5] ins Bild setzen. Daneben gibt es tausende weitere, in denen die CI-Aktivierung bei Kindern und Kleinkindern oder (jungen) Erwachsenen

---

[2]Zum diffizilen Wechselverhältnis von Technologien und „Anderskörperlichen" vgl. auch Harrasser und Roeßiger (2016).

[3]Vgl. youtube, https://www.youtube.com/results?search_query=hearing+for+first+time (Zugegriffen: 20.09.2017). Darunter sind bereits eine Reihe von Kompilationen, sozusagen „Best of", die in einer bloßen Aneinanderreihungen stets auf ein neues das Anschalten des CIs präsentieren. Im Gegensatz dazu liefert die Suche mit den Stichworten „hören zum ersten Mal" rund 38.000 Hits. Vgl. youtube, https://www.youtube.com/results?search_query=h%C3%B6ren+zum+ersten+mal (Zugegriffen: 20.09.2017).

[4]Churman erhielt ein Esteem-Implantat (https://envoymedical.de/), wird aber häufig in den CI-Diskursen mit erwähnt. Ihr youtube-Video wurde bislang über 26 Mio. mal angeklickt. Vgl. „29 years old and hearing myself for the 1st time!", 26.09.2011, https://www.youtube.com/watch?v=LsOo3jzkhYA (Zugegriffen: 20.09.2017). Ihre Erfolgsgeschichte wurde auch in der *Ellen The Today Show* im Oktober 2011 bekannt und ist nachzulesen in Churman (2013).

[5]Vgl. „Deaf woman hears for the first time", The Telegraph, 27.03.2014, https://www.youtube.com/watch?v=UyECCMdlVFo (Zugegriffen: 20.09.2017). Milne wurde das Usher-Syndrom diagnostiziert. In ihrem Fall würde neben der Gehörlosigkeit auch eine langsame Erblindung dazukommen. Das CI-Hören verhinderte in ihrem Fall daher eine Taubblindheit (Grant 2015).

filmisch aufbereitet werden. Es geht hier, so die Titel und Beschreibungen, um den ersten, oft als „magisch" angesehenen Moment, in dem das „Wunder" bzw. „Geschenk" des Hörens die schwerhörige oder gehörlose Person ereilt. Zumeist handelt es sich um Aufnahmen, die mit Smartphones oder Minidigitalkamera von Familienangehörigen während der entsprechenden Arzttermine erstellt wurden. Ehepartner, Eltern oder andere Verwandte möchten diesen Moment festhalten und entscheiden sich zudem dazu, die Filme öffentlich zu machen (Ochsner et al. 2015, S. 242 ff.).

Diese Videos suggerieren in ihrer einfachen Machart die hohe Effektivität und Wirksamkeit neuerer medizintechnologischer Entwicklungen. Indem dort die komplexen und diffizilen prä- bzw. postoperativen Vorgänge ausgeblendet werden (Christie et al. 2010), wird ein Bild erzeugt, das eine unproblematische Verbindung von Nanotechnologie, Neuroprothesen und einem als defizitär verstandenen Körper nahelegt. Dem nicht zum (physiologischen) Hören fähigen Körper wird scheinbar per Knopfdruck eine Funktion rückerstattet, die dessen „Menschlichkeit" (Brueggemann in Edwards 2005, S. 910) wiederherstellt und dabei auch dessen Integrationsfähigkeit ‚repariert'. CIs stehen hier als „bionisches Ohr" für das „Wunder des Hörens" (Campbell 2005). Offensichtlich verdichtet sich in den Darstellungen damit ebenso ein medizinisches Verständnis von Gehörlosigkeit, das vor allem eine „Heilung" von Gehörlosigkeit oder Taubheit[6] in Aussicht stellt. Eine solche Auffassung spiegeln auch die Werbeslogans der CI-Hersteller wider, die oft mit einer starken Dichotomie von gehörlos und unglücklich vs. hörend und glücklich operieren (Edwards 2005, S. 912; Zdenek 2007). Insofern erscheinen CI-Systeme als Symbol einer technologisch basierten „Upgrade-Kultur" (Spreen 2015, S. 58), die sich nahtlos an den zu verbessernden Körper anschließen lassen. Dass die erwähnten Filme in der Regel keinerlei Verweis auf die Gebärdensprache beinhalten, verweist einmal mehr auf einen Diskursstrang, der hauptsächlich einem Ansatz verpflichtet ist, der Normalisierungserwartungen und ableism (Campbell 2009, S. 5) zur Voraussetzung macht.[7]

---

[6]Zu den unterschiedlichen Begriffen gehörlos, taub, schwerhörig etc. vgl. u. a. Uhlig 2012, S. 63 ff.

[7]Befähigung kann vielmehr „als vielgestaltiges relationales Phänomen denn als binäre Opposition zwischen Normalität und Behinderung" angenommen werden. „Der Begriff [ableism] bezeichnet somit – in unserem Verständnis – all jene sozialen, soziotechnischen und technischen Prozesse, die Individuen, Gruppen oder Dingen Fähigkeiten und Begabungen zuschreiben, sei es in auf- oder abwertender Weise. Untersuchungen von Ableismus setzen dazu an, die gesellschaftliche Anschauung von Fähigkeiten und (vorgeblich oder real) fähige Personen zu untersuchen." (Buchner et al. 2015).

Nachfolgend wird mit Verweis auf einige Dokumentar- und Kurzfilme auf Vorgänge aufmerksam gemacht, in denen sich die wechselseitige Anpassung von Implantatsystem und CI-UserInnen sowie auch Praktiken des Abschaltens beobachten lassen. Dabei wird zudem ein Beispiel herausgegriffen, dass das Scheitern eines CIs und die Hinwendung zur Gebärdensprache verdeutlicht.[8] Schließlich wird an zwei Kurzfilmen darauf eingegangen, wie der Akt des „zum ersten Mal wieder Hörens" ironisch ins Bild gesetzt wird. Auch wenn es sich hier um ‚Nebenschauplätze' des Diskurses um das CI handelt, so werden doch damit wichtige Aspekte thematisiert, mit denen auf die Langwierigkeit dieses Prozesses, in dem Menschen, Technologien und Sinne miteinander verbunden werden, die damit verbundenen Schwierigkeiten sowie die alternativen Deutungsangebote verwiesen werden kann.

3 Abstimmungsprozesse zwischen CI und Userin: Reguläres Abschalten

Natalie oder der Klang nach der Stille (Jung 2013) entstand über einen Zeitraum von mehreren Jahren und vermittelt Eindrücke vom Leben der Protagonistin, wobei der Fokus jeweils auf die akustische Dimension bestimmter Alltagserfahrungen gelegt wird und ihre Perspektive als Mensch mit Hörbehinderung im Vordergrund steht (Jung 2014). Der Film zeigt sie sowohl vor als auch nach der Implantation des Cochlea-Implantats und lässt in Interviews Familienmitglieder, ArbeitskollegInnen oder ÄrztInnen eines CI-Zentrums zu Wort kommen. Obwohl viele Szenen, in denen Hören von Bedeutung ist, für die Kamera arrangiert wurden, gelingt es der Dokumentation eine interessante Sichtweise auf das Phänomen Nicht-Hören bzw. CI-Hören zu entwickeln sowie auch den Prozess des Hören-Lernens mit einem Cochlea-Implantat zu veranschaulichen. Mit seinem Ansatz, nicht nur die Aktivierung und ersten Erfolge des CI-Hörens der Protagonistin zu zeigen, sondern auch den langen Prozess der Abstimmung zwischen Implantat und NutzerIn, ist die Produktion in einem Zusammenhang zu

---

[8]Ochsner (2016, S. 79) schreibt, dass 2013 ca. 30.000 Menschen in Deutschland CI-User waren. Von rund 3500 Operationen in 2013 waren 70 dazu bestimmt, CIs – aus verschiedenen Gründen – wieder zu entfernen.

situieren, in dem die Vorzüge des Neuroimplantats zwar deutlich in den Vordergrund rücken,[9] ohne sich dabei jedoch allzu offensichtlich einer Marktlogik der großen Hersteller wie *Medel* oder *Cochlear* unterzuordnen (Zdenek 2007).

Generell artikuliert der Film einen positiven Bezug Natalies zu Lernprozessen, die mit lautsprachlicher Erziehung von Menschen mit Hörbehinderungen sowie auch dem CI-Hören verknüpft sind. Letzteres zeigt sich wiederholt in Szenen, die etwa die Zeit nach der Operation thematisieren und in denen die Protagonistin ehrgeizig mit ihren Großeltern das Sprachverstehen mit CI (ohne Unterstützung des Sehens) trainiert. Der positive Bezug auf lautsprachliche Erziehung hörbehinderter Kinder ist ebenso Thema einer Szene, die zeitlich zwischen Operation und Aktivierung des CI anzusiedeln ist. Dort trifft Natalie auf Susann Schmid-Giovannini, eine Schweizer Hörgeschädigten-Pädagogin, die sich u. a. mit dem von ihr in Meggen gegründeten Beratungszentrum Bekanntheit verschafft hat.[10] In der Gegenüberstellung eines alten Lehrvideos und eines *reenactments* lautsprachlicher Lehrmethoden zwischen der Protagonistin als ehemalige Schülerin und der Pädagogin wird in fast nostalgischer Weise das Potenzial dieses Ansatzes beschworen, der Natalie unter großem Aufwand und entgegen aller Erwartungen „sprechend" machte. Ohne Verweis auf Fälle, in denen der lautsprachliche Ansatz nicht fruchtete, bzw. auf Alternativen wie die Gebärdensprache, wird hier im Sinne eines Audismus (Bauman 2004) quasi implizit für eine Fortführung solcher Methoden eingetreten.[11]

Doch zurück zum CI-Hören und zum Ein- bzw. Ausschalten des Implantat-Systems, das hier problematisiert werden soll. Die dafür relevante Sequenz

---

[9]Siehe etwa auch die Memoiren von CI-NutzerInnen wie u. a. Chorost XX; Bollag 2006 oder Görsdorf XX, die jeweils auf sehr eigene Weise ihre Hörerfahrungen und Lernprozesse mit dem CI beschreiben. Vgl. des Weiteren Mills (2013, 2014) für eine Analyse von CI-Hörprozessen.

[10]Schmid-Giovannini vertritt in zahlreichen Publikationen die Auffassung, dass auch gehörlose Kinder sprechen lernen können. Vgl. u. a. Schmid-Giovannini 1989, 1996, 2007. Auch Bollag (2006), eine CI-Trägerin erwähnt das Lautsprachtraining bei der Schweizer Pädagogin. Doch ist Schmid-Giovannini unter Gehörlosen umstritten, wie Diskussionen im Forum Deafzone zeigen. Vgl. https://www.deafzone.ch/discussion/action/view/content_id/827/answer_id/9894/disablePager/1/ (Zugegriffen: 20.09.2017).

[11]Interessant ist in dieser Hinsicht der Film *Im Land der Stille* (1992, R: Nicolas Philibert) über französische Gehörlose. Dort werden Kinder einer gehörgeschädigten Klasse mehrfach bei Sprachübungen gezeigt. Dies wird nicht explizit kritisiert. Aber durch Interviews mit Gehörlosen über deren Erfahrungen mit lautsprachlicher Erziehung sowie Hörgeräten werden solche pädagogischen Konzepte durchaus infrage gestellt.

des Films beginnt mit einem Interview, in dem Natalie und eine ihrer jüngeren Schwestern im Park sitzen und sich an die ersten Tage nach der Aktivierung des CIs erinnern. In dieser Schilderung wird das chaotische Erleben der nun auch hörend zu erschließenden Umwelt betont. Es folgen einige Einstellungen, in denen Natalie mit ihrer Großmutter beim häuslichen Hörtraining gezeigt wird. Damit verweist der Film – ohne das CI am Körper von Natalie dabei auffällig in Szene zu setzen – auf den langen Prozess, der auf die Aktivierung und Einstellung folgt: namentlich das sozio-technisch gerahmte Lernen von Hören und Verstehen – nicht nur von Sprache – durch das CI (Ochsner und Stock 2014). Illustriert wird dies, wenn Natalie etwa von der Schwierigkeit spricht, ein „ratterndes Geräusch" (Jung 2013, 01:03:30) entweder als Hubschrauber oder Rollkoffer zu erkennen, ohne die Objekte jeweils zu sehen. Im Anschluss folgt eine Szene, bei der Naturgeräusche und Stille von Bedeutung sind. Zuerst eröffnet die Kamera den Blick auf einen grünen und dicht bewachsenen Park, wobei auf der Tonspur die geräuschvolle Stille dieses Orts abseits städtischen Lärms durch Windgeräusche und Vogelgezwitscher – sowie eine entsprechende Nahaufnahme eines Singvogels – unterstrichen wird. Hier ist zu beachten, dass im Kontext der CI-Diskurse oft darauf hingewiesen wird, dass das System es auch ermöglichen würde, wieder Vogelgesang zu hören.[12] Es schwingt dabei die Konnotation einer Natürlichkeit des Hörens mit – obwohl der Akt des Hörens durch den Film offensichtlich mit konventioneller Stereophonie und digitalen Audioaufnahmegeräten realisiert wurde. Innerhalb dieser Umgebung, so zeigt die nächste Einstellung, nimmt Natalie die CI-Komponenten vom Ohr ab und schaltet das System aus. Sofort wird auch die Tonspur stumm gestellt und so filmisch der Übergang von hörend zu gehörlos nahegelegt.[13] Die inszenierte Stille

---

[12]Dies wird häufig auch in Testimonials offenkundig, die CI-Hersteller für Marketingzwecke einsetzen. Die Audiologin Leanne, CI-Trägerin, führt gegenüber Medel etwa aus: „Meine Lebensqualität hat sich unglaublich verbessert. Es macht mich so glücklich Vögel zwitschern zu hören und Geräusche kennen zu lernen, von denen ich nicht einmal wusste, dass es sie gibt." https://www.medel.com/de/leanne-Audiologin-und-CI-Nutzerin/ (Zugegriffen: 20.09.2017). Siehe auch Zdenek 2007 zu Vermarktungsstrategien der CI-Hersteller.

[13]Dabei ist zu beachten, dass das Stummstellen der Tonspur ein konventionelles filmisches Gestaltungsmittel darstellt, um im filmischen Zusammenhang eine gehörlose Figur zu charakterisieren. Diese Praktik des Ton-Ausschaltens wird gleichermaßen im Spiel- wie auch im dokumentarischen Film dazu eingesetzt, die Hörsituation der Protagonisten, in diesem Falle in Nicht-Hören oder ihre Hörbehinderung anzuzeigen – ganz ähnlich wie der schwarze Bildschirm die Wahrnehmung eines blinden Protagonisten verdeutlichen soll und die Reichhaltigkeit und Diversität blinder Wahrnehmungspraktiken gewissermaßen reduziert. (Rodas 2009, S. 119).

wird so in Gegensatz zur natürlich wirkenden akustischen Umgebung des Stadtparks gesetzt. Auch die Handlung steht still, als die Protagonistin sich auf eine Decke im Gras legt und auf dem Rücken liegend den wolkig-sonnigen Himmel betrachtet. Es ist ein poetisches Bild, das einen Moment der Reflexion anhand einer elegant geschwungenen Aufwärtsbewegung der Kamera und eines Point-of-view-Shots evoziert. Vermittels filmischer Gestaltungsmittel werden so die Grenzen dokumentarischer Filme ausgelotet und über eine sich als rein faktische ausgebende Darstellung hinausgegangen – gerade auch deswegen, um der Situation des Ausschaltens des Implantat-Systems, dem Moment der Entkopplung von der akustischen Umwelt Nachdruck zu verleihen. Die temporäre Entkopplung zwischen Körper und CI, die hier in Szene gesetzt wird ist ein wichtiger Punkt, wenn es um Umgangsweisen mit dem Implantat geht. Denn damit wird die Möglichkeit des temporären Entzugs, einer Nicht-Teilhabe an einer von Tönen bestimmten Welt, angezeigt.[14] Man ist zudem geneigt, eine gewisse Erleichterung in dieser Szene zu verspüren. Es wird ein kurzer Moment des Verweilens und der Entspannung produziert, in dem eine Distanz zum (sozialen) Druck des Hören-Lernen-Müssens und -Wollens eingenommen werden kann.

Doch könnte das Abschalten des CIs auch Anlass sein, das Thema Enhancement (Maguire und McGee 1999, S. 9; Gasson 2012) ins Gespräch zu bringen, geht es doch hier um die sozio-techn(olog)ische Regulierung eines Körperorgans und den damit verknüpften Wahrnehmungssinn: Zunächst wird das CI in einem Moment der Entspannung ausgeschaltet, der per se eine Situation der temporären und selbstbestimmten sozialen Isolierung darstellt. Als CI-Trägerin besitzt Natalie durch das Ausschalten des Systems folglich die Möglichkeit ihren Rückzug doppelt abzusichern. Man könnte hier möglicherweise sogar von einem Vorteil sprechen, die eine Hörbehinderung mit sich bringt, um sich von der Zumutung einer tönenden Welt zu befreien.[15] So stellt es sich jedenfalls für den CI-Träger Enno Park dar, über

---

[14]Die Szene verweist darüber hinaus aber auch darauf, dass CI-TrägerInnen zwar in die Lage versetzt werden, zu hören. Doch ist dieses technologisch bedingte Hören auf das Funktionieren des CI-Systems angewiesen. Denn CI-TrägerInnen – so legen Statements von Enno Park (2011–2016), Alexander Görsdorf (2013) oder anderen nahe – bleiben Menschen mit Hörbehinderung, die sich im Moment des Abschaltens des Systems wiederum auf andere Praktiken des Umgangs mit der hörenden Welt – wie etwa Lippenlesen o. ä. – verlassen müssen.

[15]Dies gilt gleichermaßen auch für Hörpraktiken ‚normalhörender' Menschen, bei denen bestimmte Musik (Entspannungs-CDs oder ähnliches) gehört wird – vorzugsweise über Noise-Cancelling-Kopfhörer, die Umgebungsgeräusche reduzieren – oder bei denen eine Entkopplung von der akustischen Umgebung durch Gehörschutz realisiert wird.

dessen transhumane Hörpraktiken und CI-Hacking-Ideen Spöhrer schreibt: „Ebenso könne man das Gerät ja auch schließlich je nach Belieben ein- und ausschalten und so selektiv Hören, was beispielsweise beim Ein- und Ausschlafen sehr praktisch sein könne und mit einem herkömmlichen Hörorgan nicht ohne weiteres möglich sei." (Spöhrer 2016, S. 320). Doch sollte dies nicht mit einem beliebigen Wechsel zwischen den Positionierungen gehörlos bzw. hörend verwechselt werden, so „als könnte die Grenze mal kurz übersprungen werden, ein Mensch in beiden Welten gleichermaßen leben, als hinge eine komplexe kulturelle Selbstbestimmung nur an einem kleineren Stecker, und als läge dieser Stecker wirklich in der Hand eines/ einer Einzelnen" (Bergermann 2000, S. 387).

Letztlich stellt das Ausschalten des CI im Falle von *Natalie oder der Klang nach der Stille* (Jung 2013) nur einen kurzen Moment dar und kann als Bestandteil einer regulären CI-Praxis verstanden werden, dem kein spezifisch widerständiges Potenzial inhärent ist.[16] Wichtiger sind in diesem Fall also das reibungslose Funktionieren des sozio-technisch ermöglichten Hörens sowie die dadurch realisierte Verbindung mit der akustischen Welt, die zur Voraussetzung für Natalies berufliche und private Alltagspraktiken als Architektin und Mutter oder Schwester werden.[17] Dabei wird ihre auditive Wahrnehmung durch ein sozio-technisches Arrangement von CI-System, CI-Trägerin und sowie akustischer Umwelt realisiert, in dem die jeweiligen Elemente durch ihre Relationierung wechselseitig und situativ hervorgebracht werden. Es geht um Möglichkeiten, Versprechen aber auch Zumutungen, die im Kontext eines Rechts auf Mitsprache, eines Rechts auf gesellschaftliche Teilhabe und folglich auf das, was gemeinhin als Selbstverwirklichung verstanden wird, thematisiert werden. Letztere wird hier unter der Bedingung nanotechnologisch geprägte Arrangements zwischen Mensch, Software, Sprachprozessoren und Wetware realisiert. Die Praktik des Abschaltens, wie sie weiter oben anhand des Films beschrieben

---

[16]Sportliche Aktivitäten, Duschen oder Schlafen erfordern möglicherweise entweder spezielle Ausführungen von CIs oder das Abnehmen und Abschalten des Systems.

[17]Siehe etwa die Ratgebervideos von pro audito schweiz, darunter auch „Mit Cochlea-Implantat im Berufsalltag", https://www.youtube.com/watch?v=wqJn-hyC1r4 (Zugegriffen: 22.09.2017).

wurde, besitzt hier folglich nur deshalb eine Logik, weil das baldige Einschalten darin vorprogrammiert ist. Konnektivität (Ochsner und Stock 2015), Ein- und Ausschluss bzw. Ver- und Entnetzung (Stäheli 2013)[18] stehen demzufolge in einem engen Wechselverhältnis zueinander und bedingen sich gegenseitig.

4 Scheitern des CI und Deaf Gain

Doch nicht in allen Fällen gelingt die Verbindung von CI, User und dem Hörsinn so produktiv, wie im oben untersuchten Beispiel. So porträtiert die Dokumentation *Verbotene Sprache* (Sutter und Thayer 2009) den Gebärdensprachpoeten Rolf Lannica.[19] Lannica ist seit seiner Geburt hörbehindert und wuchs in einem lautsprachlich orientierten familiären Umfeld in der Schweiz auf (Boyes Braem et al. 2012). Die Dokumentation basiert größtenteils auf Interviews mit dem Protagonisten und zeigt zudem einige seiner Performances bei Deaf Poetry Slams. Über knapp 40 min vermittelt die Produktion einen Eindruck davon, wie Lannica als Kind und junger Erwachsener seine Hörbehinderung empfand und sich schließlich der Gebärdensprachkultur (Ladd 2003) zuwandte: wie er sich mit der Vorherrschaft der Lautsprache im schulischen oder anderen sozialen Kontexten konfrontiert sah, wie er sich Sprachtherapien unterziehen musste oder medizinische Eingriffe erfuhr (Müller 2010). Der Film nimmt hierbei dezidiert die Perspektive des Protagonisten ein und formuliert eine Kritik gegen ein vorwiegend medizinisch geprägtes Verständnis von Gehörlosigkeit und Schwerhörigkeit, das auf die Wiederherstellung der Hörfähigkeit abzielt. Denn im Fall Lannicas, der zu den ersten Personen in der Schweiz gehörte, bei denen ein CI implantiert wurde, erwiesen sich diese Neuroprothesen gerade nicht als „Wunderwerke der Medizin und der Technik" (Uhlig 2012, S. 90). Insofern ist *Verbotene Sprache* (Sutter und Thayer 2009) eines der wenigen Beispiele

---

[18]Stäheli (2013) zufolge handelt es sich bei Entnetzungspraktiken „um artifizielle, manchmal inszenierte Verfahren, mit Hilfe derer Kontakte reduziert, Kommunikationsflüsse ins Stocken gebracht oder andere Modalitäten der Anschlusslosigkeit aktualisiert werden sollen" (S. 10).

[19]Der Film wurde durch Unterstützung des Schweizerischen Gehörlosenbunds, der Max-Bircher-Stiftung und der FRAMIX GmbH ermöglicht. Er ist auf DVD erhältlich unter https://www.fingershop.ch/weitere-produkte/dvds/verbotene-sprache.php (Zugegriffen: 19.09.2017).

dafür, dass CIs mitunter auch scheitern können. Solche misslingenden soziotechnischen Kopplungen werden selten in autobiografisch geprägten Schriften oder im Film reflektiert (Ochsner und Stock 2014). Daher verdient gerade diese Produktion eine nähere Betrachtung, kann doch mit ihr sowohl das CI-Hören als auch das gemeinschaftsstiftende Potenzial der Gebärdensprache problematisiert werden.[20]

In einem Rückblick stellt der Film dar, dass die Gebärdensprache als Kommunikationsform in der Schwerhörigen-Schule Landenhof, die Lannica von 1984 bis 1996 besuchte, nicht erlaubt war. Dort wurden die SchülerInnen in Lautsprache unterrichtet und zum Lippenlesen erzogen. Die förmliche Gewalt dieser Methoden wird deutlich, als der Protagonist und dessen Partnerin in einer Szene einige alte Video-Aufnahmen ansehen und dazu Stellung beziehen. Darauf folgt eine Szene, in der es um einen weiteren Versuch geht, Lannicas Hörbehinderung zu behandeln, sollte er doch durch modernste Technologie wieder zu einem „Hörenden" werden. In der Szene wird dabei die Aufnahme eines CIs eingesetzt. Zu sehen sind in der Einstellung der Sprachprozessor und die Sendespule, die hier stellvertretend für das gesamte System abgebildet werden. Es ist auffällig, dass das CI hier von vornherein separat vom Körper des (ehemaligen) Users ins Bild gesetzt wird. Zudem wird die Aufnahme musikalisch durch einen zurückhaltenden Synthesizer-Akkord unterlegt. Dadurch wird eine gedämpfte Stimmung erzeugt und bereits hier der Misserfolg des CIs bei Lannica angedeutet.

Der darauffolgende Interviewausschnitt stellt Lannica in den Mittelpunkt. Er schildert die ersten chaotischen Hör-Eindrücke, die er mit dem CI erlebte, und geht auf die vielen Übungen ein, die er zur Einstellung des Systems und zu Beginn des neuen Hörens absolvieren musste. Das Hören-Lernen (Ochsner und Stock 2014) gestaltete sich schwierig für ihn. Hören und Verstehen erreichten, so Lannica, in diesem langen Prozess der wechselseitigen Abstimmung von Mensch und CI bei ihm keine Deckungsgleichheit. Dazu kam, so führt er aus, dass der neue Umgang mit dem Hören und das Ziel, die Lautsprache zu erlernen, ihn so in Anspruch nahm, dass seine eigentlichen Bildungsziele aus dem Blick gerieten. Die Lösung aus dieser Situation bot ihm schließlich die Gebärdensprache, die er

---

[20]Als weiteres Beispiel sei hier die Dokumentation *Hear and Now* (Brodsky, 2007) genannt. Die Filmemacherin begleitet den Prozess, in dem ihre Eltern – beide gehörlos und im Rentenalter – ein CI erhalten. Auch in diesem Fall ist der Vorgang des Hören-Lernens im Zusammenspiel mit dem CI schwierig. Zudem wird die Situation dadurch verkompliziert, dass Vater und Mutter auf sehr unterschiedliche Weise mit dem Implantat agieren.

erlernte und sich damit auch einen Zugang zu Kultur und Wissen „ohne Defizit" verschaffte. Sein T-Shirt, mit dem er auch in anderen Szenen vor die Kamera tritt, artikuliert diese Hinwendung deutlich. Dort kann man – ganz im Sinne eines von Bauman und Murray beschriebenen „Deaf Gain" (Bauman und Murray 2014) – lesen: „Swiss Sign Language ist not a Crime".

Diese Interview-Szene verwendet – so wie alle anderen auch – keine Kameraeinstellung, die konventionell für „talking heads" in Dokumentationen oder Fernsehen genutzt wird. Der Interviewte wird mit halbnahen Einstellungen frontal zur Kamera ins Bild gesetzt. Dadurch wird den „bedeutungstragende[n] Bewegungen des Körpers" (Bergermann 2001, S. 217) entsprechend Raum gegeben, ohne dass sie alsbald an die Grenzen des filmischen Kaders stoßen bzw. diese überschreiten. Die Wahl des Bildausschnitts soll die Verständlichkeit des Gebärdeten garantieren, auch wenn in der zweidimensionalen Darstellungsweise des Films die räumliche Dimension der Gebärdensprache nicht optimal gerahmt werden kann. In der Szene fehlen illustrative Einblendungen von Archivmaterial, wie dies bei hörenden InterviewpartnerInnen gängig ist. Eine solche Gestaltung würde schließlich den Fluss des Gebärdeten unterbrechen und das Verständnis erschweren. Als eine weitere visuelle Information erscheinen im Bild lediglich die Untertitel, die die DVD-Version des Films in vier verschiedenen Sprachen (Deutsch, Englisch, Französisch und Italienisch) liefert.[21] Insofern können die Interview-Szenen als Übersetzung einer Kultur der Gehörlosigkeit begriffen werden, in der „der Leib des Gehörlosen Ausdruck seiner Existenz vor allem durch seine [...] Expressivität" ist (Höhne 2005, S. 101). Es wird deutlich, dass „die Antlitzgerichtetheit für den fortwährenden Fluß von Frage und Antwortstrukturen leiblichen Agierens, in dem sich Bedeutung im Mitsein mit Anderen herausbildet, unerläßlich" (Höhne 2005, S. 103) ist. So betonen die langen Einstellungen den narrativen Charakter des Films und ermöglichen ein Verständnis der biografischen Hintergründe Lannicas, dessen Entscheidung gegen das CI und für die Gebärdensprache.

Die Kritikpunkte gegenüber der „hörenden" Welt, die im Film thematisiert werden, seien hier anhand zweier Gebärdensprachpoesien verdeutlicht: Erstens geht es um den Zwang zu hören, der sich für Lannica im CI kristallisiert. Bei einer der gezeigten Deaf Slam Performances geht Lannica so weit, die mit dem Implantat

---

[21]Zudem gibt es generell sowie für die Szenen, in denen gebärdet wird, auch eine weibliche *voice over,* sodass hier auf einer weiteren Ebene für eine Übersetzung und Verständlichkeit gesorgt wird.

verknüpfte Medizinpolitik mit der nationalsozialistischen Vernichtungspolitik zu vergleichen. Mit einem solchen „politischen Text" (Uhlig 2012, S. 202) werden Positionen artikuliert, die in den CI-Kontroversen in den USA in den 1990er Jahren und um 2000 vorgebracht wurden. Vor allem aus der Gebärdensprachgemeinschaft wurden Vorbehalte laut, dass die Re-Normalisierung des Hörens durch CIs und dessen zunehmende Verbreitung Nachteile für die Gebärdensprachkultur mit sich bringen würden (Sparrow 2005). Die Annahme war (bzw. ist), dass durch die massenhafte Implantation des CIs sowie die Kürzungen der finanziellen Förderung von Gebärdensprache bei CI-UserInnen langfristig die Zahl jener drastisch sinken würde, die sich der Gebärdensprache bedienen. Da sich viele Gehörlose nicht als „behindert" begreifen, sondern sich als zu einer sprachlichen Minderheit zugehörig fühlen, wurde folglich von einer Art kulturellem Genozid gesprochen (Rao 2009, S. 4). Sich der Gebärdensprache zu bedienen, an regelmäßigen Treffen gehörloser Menschen teilzunehmen und einen Beitrag zu deren kulturellen Aktivitäten zu leisten, wäre dann auch als Widerspruch gegen die Hoheit der CI-Kolonialisierer (Valente 2011, S. 645, Bergermann 2016) aufzufassen.

Diese Form von *Deafhood* (Uhlig 2012, S. 337 f.) artikuliert der Film folglich, wenn dort – mit relativ unspektakulären dokumentarischen Bildern – Deaf Performances ins Bild gesetzt werden. In dieser Hinsicht sind auch – zweitens – die eigens für den Film gedrehten Inszenierungen von Deaf Poetry zu verstehen. Dort sind Lannica und seine Partnerin, Regula Perrollaz, vor schwarzem Hintergrund und schwarz gekleidet zu sehen. Hier wird eine Kritik in Bezug auf die Zumutungen der lautsprachlichen Erziehung in theatralischer Manier formuliert. In Anspielung auf SM-Praktiken wird das Erlernen der richtigen Aussprache von Konsonanten oder Vokalen als Folter mit Peitsche in einer langen, frontal gefilmten Einstellung dargestellt, wobei sowohl die Vorherrschaft der Hörenden als auch die Unterwürfigkeit der Gehörlosen und Schwerhörigen angesichts dieser Machtansprüche ironisiert und infrage gestellt werden. Hier verlässt der Film folglich den eher beobachtend-dokumentarisch geprägten Modus zugunsten einer Darstellungsweise, die den künstlerischen Ansatz der Gehörlosen-Poesie performativ zur Geltung bringen möchte.[22]

Insgesamt formuliert der Film eine Kritik in Bezug auf das Normalhören, d. h. auf ein Hören, das oft schon ausschließlich auf ein Verstehen von Lautsprache ausgerichtet ist (Ochsner und Stock 2014). Diesem Zwang entzieht sich Lannica durch den Nicht-Gebrauch seines CIs. Sein selbst gewählter Rückzug aus einer

---

[22] Vgl. die Beiträge von Bauman, Rose und Krentz in Bauman/Nelson/Rose (2006).

sozio-technisch vermittelten akustischen Welt – sozusagen eine Art Downgrade[23] oder „De-Apparatisierung"[24] – geht einher mit der Hinwendung zur Gebärdensprache und damit verknüpften sozialen Praktiken wie dem Deaf Slam. Damit konstruiert *Verbotene Sprache* (Sutter und Thayer, 2009) in ähnlicher Form wie die Filme *Louisa* (Pethke 2011) oder *Ich sehe was, was Du nicht hörst* (Lehmann 2012) Argumente, die für eine Normalisierung von Gehörlosigkeit sprechen, die sich erst bzw. gerade auch in Verbindung mit Theater, Musik oder Tanz realisieren kann (Leigh et al. 2015, Kap. 9).[25]

Interessanterweise sind es gerade die künstlerischen Praktiken, denen der untersuchte Film die größte Aufmerksamkeit widmet und so für eine Anerkennung von Gehörlosigkeit als ‚normaler' Lebensweise argumentiert. Nicht zuletzt sind es die Qualitäten des Protagonisten als Gebärdensprachpoet, die hier von Interesse sind. Andererseits gibt Lannica im Film ebenso zu, dass seine Abkehr vom CI zugleich nicht mit einer vollständigen Abkehr von der Lautsprache oder dem Lippenlesen zu verwechseln ist.[26] Letztere seien ihm in der Kommunikation bei seiner beruflichen Tätigkeit und in der Kommunikation mit seiner Mutter oder anderen Angehörigen von Nutzen. Vor diesem Hintergrund ist der Protagonist, und das zeigt etwa auch eine Szene, in der er sich lautsprachlich mit seiner Mutter verständigt, eher als ein „Schwellenwesen" (Uhlig 2012, S. 242 ff., Leigh 2009, Chapter 1) zu sehen, das in seiner täglichen Praxis zwischen Zuschreibungen wie hörend, schwerhörig oder gebärdend oszilliert.

---

[23]Der Film lässt offen, ob das Implantat tatsächlich bei Lannica entfernt wurde oder ob er nur die externen Komponenten einfach nicht mehr benutzt.

[24]In seiner Analyse setzt sich Schulze mit Praktiken auseinander, die eine „umfassende Apparatisierung der Sinne" (Schulze 2016, S. 251) durch Kopfhörer, Konzert-Systeme, Kaufhausbeschallung oder Home-Entertainment-Anlagen Alternativen entgegensetzen. Erwähnt wird etwa auch die menschliche Echoortung, prominent gemacht durch den blinden Mobilitätstrainer Daniel Kish. „Diese Ansätze […] brauchen allesamt keine technischen Apparaturen mehr, keine Soft- oder Hardware […]. Sie erlauben es vielmehr, neue Kulturtechniken zunächst als individuelle Körpertechniken einzuüben.[…] Das Eintauchen und nahezu Verschwinden in obsessiven Phantasien einer vollständig technologisch geprägten Wahrnehmung brachte genau ihr Gegenteil hervor, neue körperliche Formen der Wahrnehmung." (Schulze 2016, S. 252).

[25]Zur Diskussion des CIs im Bereich US-amerikanischer TV-Serien, im Besonderen anhand der Serie Switched At Birth (USA 2011-) vgl. Grebe et al. (2019), Foss (2014). Siehe auch den Ausschnitt „Not hearing loss, deaf gain", https://www.youtube.com/watch?v=F5W604uSkrk (Zugegriffen: 20.09.2017).

[26]Für eine audiovisuelle Reflexion des Lippenlesens vgl. etwa den Kurzfilm Can you read my lips (Fine, 2014).

5 Ironisches Spektakel

Nachdem zwei Beispiele für filmische Übersetzungen von CI-Hörpraktiken bzw. Gebärdensprachkommunikation aus dem Dokumentarfilmbereich diskutiert wurden, geht es im folgenden Abschnitt um weitere Reaktion auf die bereits angeführten Aktivierungsvideos. Während die Langzeitdokumentationen über die CI-Userin Natalie und den Gebärdensprachpoeten Rolf Lannica als notwendige Ergänzungen zu einem medialen Erfolgsnarrativ über die Neuroprothese zu berücksichtigen sind, können noch weitere Stränge analysiert werden, die die Verschaltung von CI und UserInnen filmisch bearbeiten und dabei einen eher ironisch akzentuierten Fokus setzen. Solche Filme findet man etwa, wenn auf YouTube die eingangs erwähnte Suche mit den Stichwörtern „hearing for first time" durchführt. Unter den Suchresultaten sind dann nicht nur eine Reihe von Aktivierungsvideos, sondern unter anderem auch die Produktion *Man hears for the first time* vom User Deer Prom (McKeever und Pope 2014) zu finden.[27] In dem Kurzfilm geht es um einen Audiologen, seinen Assistenten, einen Mann mit Hörbehinderung, dessen Implantatsystem aktiviert wird, sowie die Frau des Patienten. Wie sich zeigt, wird in dem Film in parodistischer Manier gegen ein medizinisches Modell von Behinderung argumentiert und die Verschränkung von Diskursen über Behinderung, Rasse, Gender und Sexualität polemisch inszeniert.

Am Beginn von *Man hears for the first time* (McKeever und Pope 2014) werden durch Sound-Effekte auf der Tonspur Höreindrücke nahegelegt, wie sie möglicherweise beim Einschalten des Implantats entstehen könnten. Es handelt sich hier um eine spezifische Form von auditiver Übersetzung des Techno-Hörakts, die vor allem auf der Basis analog wirkender Störgeräusche erstellt wurde und scheinbar im Gegensatz zu den ersten von CI-UserInnen geschilderten Eindrücken steht. Letztere – oft Spätertaubte, die folglich auf gewisse Hörerfahrungen zurückgreifen können – berichten zumeist von digitalen, roboterartigen Klängen, die sie erleben, nachdem die umfangreiche Einstellung des Systems Schritt für Schritt erfolgt ist und das Implantat aktiviert wurde (Ochsner und Stock 2014). Dies wird folglich in diesem Film – wie auch in den Aktivierungsvideos – zugunsten des Genres (Kurzfilm) in gestraffter Weise umgesetzt. Das Anschalten erfolgt umstandslos und zeigt sofort Wirkung. So wird die Integration des CI-Users in die hörende Welt dann

---

[27]Ein weiterer Film, der die Thematik des Hörens ironisiert, ist *Watch This Incredible Moment When A Father Of Four Hears Silence For The First Time* (Somewhen Productions, 2015).

im Video dadurch angezeigt, dass der Protagonist nach seiner Aktivierung sowohl den Klingelton eines Handys als auch den Song „Crazy Love" von Van Morrisons 1970er Album *Moondance* wahrnehmen kann, den der Audiologe auf seinem Laptop abspielt. Doch ist der Einsatz der romantischen Ballade, die mit der Zeile „I can hear her heart beat for a thousand miles" beginnt, hier ein Auftakt zu einem unerwarteten Ende. Denn als der Protagonist zum ersten Mal die Stimme seiner Frau hört, ist er davon wenig entzückt und bittet den Audiologen darum diesen „sound" doch bitte sofort abzustellen. Die Abneigung gegenüber der Stimme seiner Frau subvertiert auf ironische Weise romantisierte, heteronormative Vorstellungen jener Aktivierungsvideos, die den Moment des ersten Hörens mit Liebes- oder Heiratserklärungen verbinden.[28] Auch die Mainstream-Popmusik, die die Frau des Patienten auf ihrem Smartphone abspielt, empfindet der CI-Träger als unangenehm. So sieht sich der Implantat-User offensichtlich nicht mit einem gelungen Ausgang der Aktivierung konfrontiert. Die Aktivierung des Implantats erscheint folglich nicht als „Wunder des Hörens". Eher wird das medizinische Szenario als Desaster inszeniert. Doch der Film geht noch weiter und bringt ebenso Diskussionen um Rasse und Sexismus ins Spiel. Der Assistent des Audiologen weist etwa auf die negativen Aspekte des Hörens hin und bringt als Beispiel, dass es äußerst unangenehm wäre, hören zu müssen wie „two black ladies talking on the train". Mit dieser überspitzten Bemerkung wird eine sexistische und rassistische Weltwahrnehmung kritisiert (Bradley 2015). Zugleich scheint Nicht-Hören nicht als defizitär, sondern als Vorteil in einer von Geräuschbelästigungen gefüllten, urbanen Umwelt.

Am Schluss des Films gerät die Diskussion zwischen Arzt, Assistent, Ehefrau und Implantat-User schließlich völlig außer Kontrolle. Alle Hörenden bringen zugleich ihre Forderungen gegenüber dem Behandelten zum Ausdruck, warum dieser unbedingt hören solle. Handkamera und schnelles Schnitttempo verleihen der Szene eine besondere Dramatik und unterstreichen das Durcheinander, das aufseiten des Patienten und angesichts der ihm gegenüber geäußerten Forderungen entsteht. Obwohl der Protagonist zum Implantat neigt und die Geräusche der Natur – Wasserfälle oder Vogelgesang, wie der behandelnde Arzt ausführt – hören möchte, weist er es zurück und reißt es sich vom Kopf. Zu aufdringlich erscheinen die Stimme seiner Frau und ihre Popmusik, womit hier zugleich Vorurteile über ‚schlechte' Musik und den ‚schlechten' Musikgeschmack von Frauen überhaupt – in stereotypisierter und überspitzter Weise

---

[28]Vgl. Deaf Woman Hears Boyfriend's Voice, Marriage Proposal. Breaking News, 17.03.2016. https://www.youtube.com/watch?v=CCvYgB_p2ME (Zugegriffen: 20.09.2017).

– artikuliert werden. Die gewaltsame Trennung von Patient und Implantat unterstreicht der Soundtrack wiederum durch ein massives Störgeräusch. Nunmehr entkabelt und von der akustischen Welt entnetzt entspannt sich die Körperhaltung des Protagonisten. Er lehnt sich zurück und schließt die Augen, wobei auf der Tonspur erneut Van Morrisons „Crazy Love" erklingt – nun als ein innerlich wahrgenommener, erinnerter Klang. Dieser Showdown lenkt die Aufmerksamkeit folglich auf eine De-Aktivierung des Apparats und die Abkehr von der akustischen Welt mit ihren vielen, hier als unangenehm markierten Reizen und Zumutungen. Zugleich stellt er ein Bei-Sich-Sein und eine Form des In-Sich-Hinein-Hörens als Form der Subjektivierung in Aussicht,[29] die als Alternative zu einer Adressierung durch die hörende Welt in Szene gesetzt werden.

Eine ähnliche Kritik an den auf YouTube und auf Nachrichtenportalen zu findenden Aktivierungsvideos wird aber nicht nur von Filmen wie *Man hears for the first time* (McKeever und Pope 2014) und anderen geäußert. So argumentiert William Mager, selbst CI-User, „[t]he switch on is usually the worst day of most people's lives" (2013). Lilit Marcus, ein CODA (child of deaf adults) widerspricht dem Hype um die Aktivierungsvideos ebenso vehement: „These ‚inspiring' videos continue to push one of the most problematic narratives in the history of the Deaf community: that deaf people are broken and therefore need to be ‚fixed'." (Marcus 2014). Hier geht es nicht nur um Zweifel an der ‚sofort' einsetzenden Wirkmächtigkeit des Implantatsystems, sondern auch darum, dass Hörbehinderung nicht per se als defizitär markiert werden soll, ginge es doch vielmehr auch um eine Anerkennung der Werte der Deaf Community und Gebärdensprache.

Der Film des Nutzers Deer Prom argumentiert auf den ersten in Blick in eine ähnliche Richtung wie Mager oder Marcus, indem er das Einschalten des CI als Desaster darstellt und damit auch die Hyper-Emotionalisierung sowie das Erfolgsnarrativ des Neuroimplantats persifliert.[30] Gewissermaßen ähnelt der Gestus einer – hier nun negativ gewendeten – Spektakularisierung der CI-Aktivierung in ihrem quasi ikonoklastischen Charakter jenem Moment, in dem

---

[29]Die Bedeutung von Musik bzw. der individuellen Erinnerung an Musik – ein inneres Hören sowie auch Melodien, die für eine bestimmte Zeit den Kopf nicht verlassen (sogenannte Ohrwürmer, vgl. Priest 2016) – für Subjektivierungspraktiken und autobiografisches Schreiben hat etwa Lacoue-Labarthe (1989, S. 150 ff.) aufgezeigt.

[30]Dafür sprechen auch einige der unzähligen Kommentare von UserInnen – so z. B. Victor Blaer, der meint: „Didn't realize this was a sketch" –, die folglich gar nicht mit einer Ironisierung von CI-Aktivierungsvideos gerechnet haben. Vgl. https://www.youtube.com/watch?v=IedGs6Y4kLE (Zugegriffen: 20.09.2017).

Jean François Mercurio 1990 beim *International Congress on Education of the Deaf* sein Hörgerät als Protest gegen die in die Assistenztechnologien eingeschriebenen Normalisierungserwartungen mit einem Hammer zerschmettert (Edwards 2005, S. 909). Doch bleibt die Comedy-artige Intervention *Man hears for the first time* letztlich doch dem Spektakel viraler Videos verhaftet. Zwar wird die Zwangsbeglückung durch neueste Medizintechnologie auf unterhaltsame Weise infrage gestellt. Jedoch geschieht dies wiederum, ohne dabei auf etwaige Alternativen wie die Kommunikation mit Gebärdensprache hinzuweisen.[31] Nicht zuletzt mag man die Orientierung des Videos an einem hörenden Publikum an fehlenden Untertiteln oder einer ausgefeilten Postproduktion des Sound Tracks festmachen.[32] Es stellt sich die Frage, ob hier Behinderung folglich nicht so sehr im Sinne eines (aktivistisch konnotierten) disabling Humors (Ellis und Goggin 2015, S. 29 f.; Ellis und Kent 2011, S. 58), funktioniert, sondern eher als „narrative Prothese" (Mitchell und Snyder 2000) zu verstehen ist, die zum ‚Entertainment' eines nicht-behinderten Publikums eingesetzt wird.

6 Schluss

Nach den großen Kontroversen um das Verhältnis von CI und Gehörlosenkultur bzw. der Gebärdensprache in den 1990er Jahren und um 2000 sind beträchtliche Veränderungen zu beobachten (Blume 2010). Diese ergeben sich u. a. durch die Standardisierung der Operationsmethoden und zunehmende Optimierung bzw. Verbreitung des Implantatsystems. Dies hat auch zur Folge, dass an einer Institution wie der Gallaudet Universität (GU) in den USA, die eigentlich hauptsächlich gehörlose Studierende aufnahm, mittlerweile auch vermehrt CI-TrägerInnen studieren, womit unterschiedlichste Herausforderungen für die GU verbunden sind (Bauman 2009; Swiller 2012). Die Wechselwirkungen zwischen Gehörlosen, Schwerhörigen und CI-TrägerInnen sowie der „hörenden Welt" sind also stetigen Wandlungen unterworfen und es bleibt fraglich, wie sich dieses Spannungsverhältnis in der nächsten Zeit weiter, und zwar auch und gerade durch

---

[31]Hierfür wäre der Kurzfilm *This is normal* (Giddins 2014) zu nennen, in der die gehörlose Protagonistin eine Implantation vornehmen lässt, um wieder zu hören. Dabei riskiert sie jedoch die Beziehungen zu ihren sich mit Gebärdensprache (ASL) verständigenden Freunden.

[32]Bislang, d. h. mit Stand vom 20.09.2017, sind im Video nur automatische englische Untertitel verfügbar. Zu Problemen der automatischen Untertitelung vgl. Ellcessor 2016.

sozio-technische Arrangements, verändern wird. Denn es ist ebenso zu berücksichtigen, dass sich das CI im Umfeld einer kontemporären sowie ubiquitären Digitalkultur, d. h. angesichts technologisch operierender Umwelten zunehmend in ein Lifestyle-Objekt transformiert, das mit Personalisierungsmöglichkeiten und Konnektivitätsoptionen ausgestattet wird (Ochsner und Stock 2015). Vor diesem Hintergrund bedienen neuere Designs und Ausstattungen des Implantatsystems auch den Diskurs einer populären Upgrade-Kultur (Spreen 2015). Darin stellt Hören aber nur einen von vielen Sinnen dar. Denn sensorische Wahrnehmungspraktiken erfahren gegenwärtig generell eine umfassende Technologisierung und Environmentalisierung (Hansen 2011, S. 371 f.; Hörl und Parisi 2013, S. 40 f.), sodass mitunter von Techno-Sensorien (Stephens 2017) gesprochen werden sollte. Insofern stellt sich die Frage, wie sich die Fantasien einiger „Deaf Futurists", wie sie von Mills (2013, S. 336) genannt werden, sowie auch anderer, die Vorstellungen von einem besseren oder anderen Hören entwerfen, in der nächsten Zeit verändern werden.[33] Im Gegensatz zu dem von Kurzweil (1999, S. 221 zitiert in Mills 2014, S. 262) entworfenen Szenario bleiben an dieser Stelle wenig Zweifel daran, dass die Verschaltung von Technologien, Menschen und Hör-Sinnen ein diffiziles Unterfangen bleiben wird, das nicht nur kleinteilig ist und algorithmisch verfertigt wird, sondern auch unerwartete Stör- oder Nebeneffekte hervorbringen kann.

Literatur

Bauman, H. Dirksen L. (2004). Audism. Exploring the metaphysics of oppression. *Journal of Deaf Studies and Deaf Education* 9 (2): S. 239–246.
Bauman, H. Dirksen. (2009). Postscript: Gallaudet Protests of 2006 and the Myths of In/Exclusion. *Sign Language Studies* 10 (1): S. 90–104.
Bauman, H. Dirksen L./Nelson, Jennifer L./Rose, Heidi M., Hrsg. (2006). *Signing the body poetic. Essays on American Sign Language literature.* Berkeley: University of California Press.
Bauman, H. Dirksen/Murray, Joseph J. (2014). Deaf Studies im 21. Jahrhundert. ‚Deafgain' und die Zukunft der menschlichen Diversität. *Das Zeichen. Zeitschrift für Sprache und Kultur Gehörloser* 28 (96): S. 18–41.

---

[33]Zu nennen wären an dieser Stelle etwa App-gesteuerte „Hearables" (Charara 2017), die eine Echtzeit-Anpassung an sich verändernde akustische Umgebungen und umfassende Funktionalität versprechen sowie eine Verknüpfung mit Virtual Reality-Anwendungen in Aussicht stellen.

Bergermann, Ulrike. (2000). Von der Verbesserung des Menschen. Cyborgs und CIs zur Zeit der EXPO. *Das Zeichen. Zeitschrift zum Thema Gebärdensprache und Kultur der Gehörlosen* 14 (53), S. 386–393.
Bergermann, Ulrike. (2001). *Ein Bild von einer Sprache: Konzepte von Bild und Schrift und das Hamburger Notationssystem für Gebärdensprachen.* München: Fink.
Bergermann, Ulrike. (2016). Hören, eine Trajektorie. ‚Auditiver Kolonialismus' und Deaf Ethnicity. In *Parahuman neue Perspektiven auf das Leben mit Technik*, hrsg. von Karin Harrasser und Susanne Roeßiger, 91–104. Köln Weimar Wien: Böhlau.
Blume, Stuart. (2010). *The Artificial Ear. Cochlear Implants and the Culture of Deafness.* New Brunswick: Rutgers University Press.
Bollag, Fiona. (2006). *Das Mädchen, das aus der Stille kam.* Verlag Ehrenwirth, Bergisch Gladbach.
Boyes Braem, Penny, Haug, Tobias und Patty Shores. (2012). Gebärdenspracharbeit in der Schweiz: Rückblick und Ausblick. *Das Zeichen. Zeitschrift für Sprache und Kultur Gehörloser* 90: S. 58–74, online unter https://www.fzgresearch.org/PDF_Refs/Boyes%20Braem,%20Haug,%20Shores%202012.pdf (Zugegriffen: 20.09.2017).
Bradley Regina N. (2015). SANDRA BLAND: #SayHerName Loud or Not at All. Sounding Out, https://soundstudiesblog.com/2015/11/16/sandra-bland-sayhername-loud/ (Zugegriffen: 20.09.2017).
Buchner, Tobias, Pfahl, Lisa und Boris Traue. (2015). Zur Kritik der Fähigkeiten. Ableism als neue Forschungsperspektive der Disability Studies und ihrer Partner_innen. *Zeitschrift für Inklusion* (2): https://www.inklusion-online.net/index.php/inklusion-online/article/view/273 (Zugegriffen: 20.09.2017).
Campbell, Fiona Kumari. (2009). *Contours of ableism. The production of disability and abledness.* Basingstoke: Palgrave Macmillan.
Campbell, Fiona. (2005). Selling the Cochlear Implant. *Disability Studies Quarterly* 25 (3): https://dsq-sds.org/article/view/588/765 (Zugegriffen: 20.09.2017).
Charara, Sophie. (2017). The best hearables and smart earbuds you can buy right now", *Wareable* (29.08.) https://www.wareable.com/samsung/best-hearables. Zugegriffen: 20.09.2017.
Christie, Elizabeth/Bloustien, Geraldine. (2010). I-Cyborg. Disability, affect and public pedagogy. *Discourse: Studies in the Cultural Politics of Education* 31 (4): 483–498.
Churman, Sarah. (2013). *Powered on. The Sounds I choose to hear & the NOISE I don't.* Pensacola: Indigo River Publishing.
Edwards, R. A. R. (2005). Sound and Fury; or, Much Ado about Nothing? Cochlear Implants in Historical Perspective. *Journal of American History* 92 (3): S. 892–920.
Ellcessor, Elizabeth. (2016). *Restricted access. Media, disability, and the politics of participation.* New York London: New York University Press.
Ellis, Katie/Goggin, Gerard. (2015). *Disability and the media.* London: Palgrave.
Ellis, Katie/Kent, Mike. (2011). *Disability and new media.* New York, NY: Routledge.
Foss, Katherine A. (2014). Constructing Hearing Loss or "Deaf Gain?" Voice, Agency, and Identity in Television's Representations of d/Deafness. *Critical Studies in Media Communication* 31 (5): S. 426–447.
Gane, Nicholas. (2006). When We Have Never Been Human, What Is to Be Done? Interview with Donna Haraway. *Theory, Culture & Society* 23 (7-8): S. 135–158.

Gasson, Mark N. (2012). Human ICT Implants. From Restorative Application to Human Enhancement. In: *Human ICT Implants: Technical, Legal and Ethical Considerations*, hrsg. von Ders., Kosta, Eleni und Diana M. Bowman, 11–28. The Hague: T. M. C. Asser Press.

Görsdorf, Alexander. (2013). *Taube Nuss. Nichtgehörtes aus dem Leben eines Schwerhörigen*. Reinbek bei Hamburg: Rowohlt.

Grant, Katie. (2015). Postscript: Jo Milne, the woman who heard for the first time aged 40 years. *Independent* 20.06., https://www.independent.co.uk/news/people/profiles/postscript-jo-milne-the-woman-who-regained-her-hearing-after-40-years-10333666.html (Zugegriffen: 20.09.2017).

Grebe, Anna/Spöhrer, Markus/Stock, Robert (2019): „Popular Narratives of the Cochlear Implant. In *Popular Culture and Biomedicine: Knowledge in the Life Sciences as Cultural Artefacts*, hrsg. von Heiner Fangerau, German Alfonso Nunez und Arno Görgen. Springer: Cham.

Hansen, Mark B. (2011). Medien des 21. Jahrhunderts, technisches Empfinden und unsere originäre Umweltbedingung. In: *Die technologische Bedingung: Beiträge zur Beschreibung der technischen Welt*, hrsg. von Erich Hörl, 365–409. Berlin: Suhrkamp.

Haraway, Donna. (1985). A manifesto for cyborgs. *Socialist Review* (80): S. 65–108.

Harrasser, Karin und Susanne Roeßiger (2016). Einleitung. In *Parahuman neue Perspektiven auf das Leben mit Technik*, hrsg. von Dies., 9–18. Köln Weimar Wien: Böhlau.

Harrasser, Karin. (2006). Donna Haraway: Natur-Kulturen und die Faktizität der Figuration. In: *Kultur. Theorien der Gegenwart*, hrsg. von Stephan Moebius und Dirk Quadflieg, 445–459. Wiesbaden: VS Verlag für Sozialwissenschaften.

Helmreich, Stefan/Friedner, Michele. (2012). Sound Studies Meets Deaf Studies. *The Senses and Society* 7 (1): 72–86.

Höhne, Annette. (2005). *Eine Welt der Stille: Untersuchungen zur Erfahrungswelt Gehörloser als Ausgangspunkt für eine phänomenologisch-orientierte Gehörlosenpädagogik*. München: Fink.

Hörl, Erich/Parisi, Luciana. (2013). Was heißt Medienästhetik? Ein Gespräch über algorithmische Ästhetik, automatisches Denken und die postkybernetische Logik der Komputation. *Zeitschrift für Medienwissenschaft* 8 (1): 35–51.

Jung, Simone. (2014). *Natalie oder der Klang nach der Stille*. Frankfurt am Main: Mabuse.

Kurzweil, Ray. 1999. *The age of spiritual machines when computers exceed human intelligence*. New York, NY: Penguin.

Lacoue-Labarthe, Philippe. (1989). The Echo of the Subject. In: *Typography. Mimesis, Philosophy, Politics*, 139–207. Cambridge, Mass. u.a.: Harvard University Press.

Ladd, Paddy. (2003). *Understanding Deaf Culture*. Great Britain: Cromwell Press Ltd.

Leigh, Irene. (2009). *A lens on deaf identities*. Oxford: Oxford University Press.

Maguire, G. Q. and Ellen M. McGee. (1999). Implantable Brain Chips? Time for Debate. *Hastings Center Report* 29 (1): 7–13.

Marshall, David H. (2000). Non-use of cochlear implants by post-lingually deafened adults. *Cochlear Implants International* 1 (1): 18–38.

Mills, Mara. (2013). Do signals have politics? Inscribing abilities in cochlear implants. In: *The Oxford handbook of sound studies*, hrsg. von Trevor J. Pinch, S. 320–346. Oxford: Oxford University Press.

Mills, Mara. (2014). Cochlear implants after fifty years. A history and an interview with Charles Graser. In: *The Oxford handbook of mobile music studies*, hrsg. von Sumanth Gopinath und Jason Stanyek, 261–297. New York: Oxford University Press.

Mitchell, David T./Snyder, Sharon L. (2000). *Narrative prosthesis. Disability and the dependencies of discourse.* Ann Arbor, Mich.: University of Michigan Press.

Müller, Franziska K. (2010). Mit dem Herzen hören. *Die Weltwoche*, https://www.weltwoche.ch/ausgaben/2010_2/artikel/artikel-2010-02-hochzeit-mit-dem-herzen-hoeren.html (Zugegriffen: 19.09.2017).

Ochsner, Beate. (2013). Teilhabeprozesse oder: Das Versprechen des Cochlea-Implantats. *AugenBlick. Konstanzer Hefte zur Medienwissenschaft* (58): S. 112–123.

Ochsner, Beate. (2016). Das Cochlear-Implantat oder: Versprechen und Zumutungen sozialer Teilhabe. In *Parahuman neue Perspektiven auf das Leben mit Technik*, hrsg. von Karin Harrasser und Susanne Roeßiger, 78–90, Köln Weimar Wien: Böhlau.

Ochsner, Beate, Spöhrer, Markus und Robert Stock. (2015). Human, Non-Human, and Beyond. Cochlear Implants in Socio-Technological Environments. *NanoEthics* 9 (3): 237–250.

Ochsner, Beate und Robert Stock. (2015). Neuro-Enhancement. Digitaler Lifestyle und Musikgenuss mit einem Cochlea-Implantat. In: *Überwindung der Körperlichkeit. Historische Perspektiven auf den künstlichen Körper*, hrsg. von Ylva Söderfeldt und Dominik Groß, 123–137. Kassel: Kassel University Press.

Ochsner, Beate und Robert Stock. (2014). Das Hören des Cochlea-Implantats. *Historische Anthropologie* 22 (3): S. 408–425.

Özdemir, Süleyman u.a. (2013). Factors contributing to limited or non-use in the cochlear implant systems in children. 11 years experience. *International Journal of Pediatric Otorhinolaryngology* 77 (3): S. 407–409.

Park, Enno. (2011–2016). Das elektrische Ohr. Blog, https://www.ennopark.de/das-elektrische-ohr/ (Zugegriffen: 20.09.2017).

Priest, Eldritch (2016): „Earworms, Daydreams and Cognitive Capitalism", in: *Theory, Culture & Society*, 0263276416667200.

Rao, Hayagreeva. (2009). *Market rebels. How activists make or break radical innovations.* Princeton, NJ: Princeton University Press.

Rodas, Julia Miele. (2009). On blindness. *Journal of Literary & Cultural Disability Studies* 3 (2): 115–130.

Schmid-Giovannini, Susanne. (1989). *Ist es wirklich möglich, als gehörlos diagnostizierte Kinder zum Hören zu bringen?* Meggen: Internationales Beratungszentrum.

Schmid-Giovannini, Susanne. (1996). *Hören und Sprechen. Anleitungen zur auditiv-verbalen Erziehung hörgeschädigter Kinder.* Meggen: Edizio Büro für Buchprojekte.

Schmid-Giovannini, Susanne. (2007). *Vom Stethoskop zum Cochlea-Implantat. Geschichte und Geschichten aus einem sechzigjährigen Berufsleben.* Meggen: Verlag S. Schmid-Giovannini.

Sparrow, Robert. (2005). „Defending Deaf Culture: The Case of Cochlear Implants. *The Journal of Political Philosophy* 13 (2): S. 135–152.

Spöhrer, Markus. (2016). ‚Wie ich zum Cyborg wurde'. Das Cochlea Implantat und die Übersetzungen des transhumanen Körpers. *Body Politics* 3 (6), S. 309–327.

Spreen, Dierk. (2015). *Upgradekultur. Der Körper in der Enhancement-Gesellschaft.* Bielefeld: transcript.

Spreen, Dirk. (2010). Der Cyborg. Diskurse zwischen Körper und Technik. In: *Die Figur des Dritten. Ein kulturwissenschaftliches Paradigma*, hrsg. von Eva Esslinger, 166–179. Frankfurt am Main; Berlin: Suhrkamp.
Stephens, Elizabeth. Techno-Sensoria: The Technologies of Sensation, https://www.academia.edu/3609318/Techno-Sensoria_The_Technologies_of_Sensation (Zugegriffen: 20.09.2017.)
Swiller, Josh. (2012). Den Wandel annehmen: Cochlea-Implantate und das neue Paradigma der Gehörlosengemeinschaft. *Das Zeichen. Zeitschrift für Sprache und Kultur Gehörloser* (91): S. 312–323.
Uhlig, Anne C. (2012). *Ethnographie der Gehörlosen. Kultur – Kommunikation – Gemeinschaft*. Bielefeld: transcript.
Valente, Joseph Michael. (2011). Cyborgization. Deaf Education for Young Children in the Cochlear Implantation Era. *Qualitative Inquiry* 17 (7): S. 639–652.
Watson, Linda M./Gregory, Susan. (2005). Non-use of cochlear implants in children. Child and parent perspectives. *Deafness and Education International* 7 (1): 43–58.
Zdenek, Sean. (2007). Frozen ecstasy. Visualizing hearing in marketing materials for cochlear implants. *Proceedings of the 25th annual ACM international conference on Design of communication*, S. 241–248. El Paso, Texas, USA: ACM.

Filme

Bionic Woman. ABC 1976–1977.
Brodsky, Irene Taylor (Regisseurin). (2007). *Hear and Now*. Vermillion Films und HBO Entertainment.
Fine, David Terry (Regisseur). (2014). *Can you read my lips*. San Francisco: Little Moving Pictures. https://vimeo.com/148127830 (Zugegriffen: 05.09.2018).
Giddings, Justin (Regisseur) und Welsh, Ryan (Regisseur). (2014). *This is normal*. https://vimeo.com/115687850 (Zugegriffen: 20.09.2017). Hollywood: Epic Level Entertainment und Giddy Welshmen Productions.
Hitt, Matt (Regisseur) und George, Hannah (Regisseurin). (2015). *Watch This Incredible Moment When A Father Of Four Hears Silence For The First Time*. Somewhen Productions. https://www.youtube.com/watch?v=18kqcczy6MQ (Zugegriffen am 20.09.2017).
Jung, Simone (Regisseurin). (2013). *Natalie oder der Klang nach der Stille*. Frankfurt am Main: jungwiehagen film gmbh.
Lehmann, Ulrike (Regisseurin). (2012). *Ich sehe was, was Du nicht hörst*. Ludwigsburg: Filmakademie Baden-Württemberg GmbH.
McKeever, John (Regisseur) und Pope, Tommy (Regisseur). (2014). *Man hears for the first time*. https://www.youtube.com/watch?v=IedGs6Y4kLE (Zugegriffen: 20.09.2017).
Pethke, Katharina (Regisseurin). (2011). *Louisa*. Köln: Kunsthochschule für Medien Köln.
Six Million Dollar Man. ABC 1974–1978.
Sutter, Katrin (Regisseurin) und Thayer, David (Regisseur). (2009). *Verbotene Sprache*. Zürich: Happy Monkey.

Making of the Modern Woman's Body: Re-virginization in Turkey

Hande Güzel

Abstract

This article provides an analysis of the modern woman's body in Turkey through re-virginization practices. Re-virginization refers to the creation of the conditions under which a woman can claim technical virginity via blood and/or tightness of the vagina. Based on in-depth interviews and online forum data, this article argues that re-virginization is the pinnacle of modernity. It also suggests that re-virginization blurs the lines between what might constitute as "natural" and "artificial" virginity in the medical understanding. This blurring is further aided by the Turkish state's allowing for re-virginization practices to be carried out.

Keywords

Re-virginization · State · Modernity · Body · Turkey

1 Introduction

Re-virginization is the set of methods women resort to in order to pass as a virgin mostly on the nuptial night. The methods are used to mimic the blood loss that is believed to take place during every woman's initial penile-vaginal intercourse.

H. Güzel (✉)
University of Cambridge, Cambridge, United Kingdom
E-Mail: hg401@cam.ac.uk

© Der/die Autor(en), exklusiv lizenziert durch Springer Fachmedien Wiesbaden GmbH, ein Teil von Springer Nature 2020
M. Şahinol et al. (Hrsg.), *Upgrades der Natur, künftige Körper,* Technikzukünfte, Wissenschaft und Gesellschaft / Futures of Technology, Science and Society, https://doi.org/10.1007/978-3-658-31597-9_7

This myth has been dominant in the public discourse for many years, despite various studies challenging the assumption (van Moorst et al. 2012, p. 94). However, not every woman living in a society where this myth is the dominant understanding about women's body resorts to re-virginization even if she has had pre-marital sexual intercourse. In particular, women who have been stuck in a "virginal façade" (Ozyegin 2015, p. 71) against their families, or against their boyfriends, fiancés, or their partners' families may conclude that the only way to get married, be accepted, or survive is through re-virginization. A "virginal façade" comes into play when women's sexual identities get stuck between their friendship and familial circles. Within the former, women are increasingly encouraged to experience pre-marital sexual encounters, as well as sharing details from these experiences with friends. However, women feel the need to either be silent about or deny the very existence of pre-marital sexuality when confronted with their family, or in daily life. This "virginal façade" may also come into play between different friendship circles, as being a virgin at the time of marriage is still favoured by a high percentage of men and women in Turkey (Cinsel Egitim Tedavi ve Arastirma Dernegi 2006; Gürsoy and Arslan Özkan 2014; Scalco 2014). Therefore, at the time of marriage, women perform the act of being a virgin through re-virginization methods and/or by behaving timidly during the sexual encounter in pursuance of hiding their previous sexual experience.

There has been a rapid increase in the demand for (and supply of) re-virginization methods in Turkey in the last several decades. On the one hand, through Internet, it has become easier to research these methods, access advertisements, as well as online venues to discuss them. At the same time, there has been an increase in the percentage of people who engage in pre-marital sexual relationships (Gokengin et al., 2003). However, studies show that women's virginity and 'honour' [*namus*] are still considered to be associated with each other by many people, reaching as high as 70% of participants in a study by the Sexual Health, Treatment and Research Association (Cinsel Egitim Tedavi ve Arastirma Dernegi 2006, p. 12). In addition, generational differences increasingly lead these women to live within a "virginal façade" as well as fearing that they won't be accepted by society, their families, and/or to-be-husbands if they reveal their sexual history. This fear is also a by-product of online conversations around relationships and re-virginization. The reason is that women read about other re-virginizers'[1]

---

[1] I have coined the term "re-virginizer" to refer to women who seek, sought, and/or went through any of the re-virginization practices.

stories, and share their own on online platforms anonymously due to not being able to discuss them without hiding their identities. These stories usually include a case of the woman's revealing her past to a boyfriend, who, upon finding out that his girlfriend is not a virgin, wants "to take advantage of the situation", in other words, "he wants to engage in sexual intercourse because [she] is not a virgin anyway" (Thread 43, July 2013),[2] or the boyfriend says that he wants a virgin bride, and abandons the now re-virginizer. These stories, even if they haven't been through a similar experience, lead women to conclude that they cannot get married unless they are virgins. The fear that their sexual history will be discovered by their family, especially parents and brothers is also quite common.

The assumed dichotomy between what is considered traditional and modern continues to equalize virginity, and hence re-virginization with tradition, while sexual freedom is matched with modernity. Nevertheless, I argue that re-virginization is the pinnacle of modernity, as one of the most vivid examples of the making of the modern woman's body in Turkey. Re-virginization blurs the lines between what might constitute as "natural" and "artificial" virginity in the medical understanding. I argue that the lines between "natural" and "artificial" virginity are further blurred by the state's allowing for re-virginization practices to be carried out. The Turkish state does not currently have any restrictions, or guidelines regarding re-virginization methods. I contend that this lack is deliberately choosing to look away from these practices. The reason is that the state is not interested in a woman's being a virgin at the time of marriage, but in the continuance of the institution of marriage. This also brings about a further grip on the woman's body, subtly managed by the state, but delegated to the self.

This is not to say that the concept of re-virginization is in no way linked to traditions. As Dr Onur[3] has noted in our interview, although they might consist of 10–20% of all re-virginizers, there are women who have had premarital sex with their to-be-husbands, but who still go through re-virginization in order to present the "bloody sheet" to their in-laws (Dr Onur, Gaziantep, November 2016, phone interview). Dr Onem has also seen such patients, and states that she offers her

---

[2]This, and many other quotations have been taken from online platforms where women publicly discuss re-virginization under pseudonyms. More details about this data collection are given on the Methodology section. Although all of these posts are public, I choose not to give direct references to the online links thereof, in order to respect women's privacy. Where the quotation is taken from an online forum, it is cited by referring to the number that the thread is assigned, and the month and year the post was published.

[3]All interviewees' names have been changed.

patients who come in with such a concern to make a small incision on their hands and pretend that it is hymeneal blood via staining a sheet with this blood, but "they [the couples] fear that they will tell the difference." (Dr Onem, Ankara, May 2017, personal interview) This old tradition is, of course, being reproduced by way of re-virginization, as it is being kept alive by making it possible to stain the sheet with hymeneal blood, be it real or not. However, despite these traditional ties, how re-virginization methods have seeped into the making of the modern woman's body needs to be taken into consideration first and foremost.

Re-virginization is highly similar to virginity examinations in terms of the discussions surrounding the modern/traditional divide.[4] Ayse Parla argues that virginity examinations are indeed modern practices: "Virginity examinations must be viewed as a particularly modern form of institutionalized violence used to secure the sign of the modern and/but chaste woman, fashioned by the modernization project embarked on by the Turkish nationalist elite under the leadership of Kemal Atatürk" (Parla 2001, p. 66). Parla's point can be made clearer when the modernization project's relationship with nationalism is considered. The modernization project and nationalism were "the odd couple of the last two centuries" (Migdal 1997, p. 255). Such a coupling does not seem odd, however, within the context of patriarchy and gender relations. The Republican woman in Turkey, as the bearer of the "new" nation, was to be virtuous and chaste. Although a concern with women's virginity was not new, this definition's being part of the modern ideal is novel, as well as the ways to keep it under control. Within this framework, I contend that re-virginization, just like virginity examinations, is in line with the Turkish modernization project, hence a modern practice. As Kandiyoti argues, "the fact remains that attributions of 'tradition' and 'modernity' continue to be part of a political struggle over different visions of the 'good society'" (Kandiyoti 1997, pp. 128–9), in which the vision of the "good woman" is one of the pillars. In order to keep up with this image, re-virginization practices have come to the surface as modern practices. The modernization of the Turkish woman by unveiling her and exposing her to the public space meant that

---

[4]Medical re-virginization practices require women to go through a virginity examination prior to any operation taking place. Therefore, there is a strong organic connection between the two concepts. However, some doctors carrying out hymenoplasty draw a fine line between the examination and hymenoplasty. For instance, Dr Levent has claimed that he never conducts virginity examinations, while he has approved of doing so for hymenoplasty seeking women (Dr Levent, Istanbul, March 2017, personal interview). This distinction may stem from the modern/traditional divide, as many doctors practicing hymenoplasty equate it with women's right to take action on the course of their lives, while virginity examinations, in and of themselves, are perceived to stem from another person's demand and more demeaning.

she had to be more concerned with how she kept to the Turkish feminine ideal: "A persistent anxiety over sexual morality lodged itself at the heart of images of the 'modern' woman. With segregation and the veil removed, women incurred the constant risk of overstepping dangerous boundaries, which now required diffuse but persistent monitoring. Modern femininities in Turkey continue to be haunted by this unresolved tension" (Kandiyoti 1998, p. 282). This is to say, re-virginization practices are the continuation of the coping mechanisms of women who are stuck with this tension.

Here, I take Zygmunt Bauman's conceptualization of "liquid modernity" as the foundation of what modern means. Bauman states,

> "To 'be modern' means to modernize – compulsively, obsessively; not so much just 'to be', let alone to keep its identity intact, but forever 'becoming', avoiding completion, staying underdefined. Each new structure which replaces the previous one as soon as it is declared old-fashioned and past its use-by date is only another momentary settlement – acknowledged as temporary and 'until further notice'. Being always, at any stage and at all times, 'post-something' is also an undetachable feature of modernity. [...] What was some time ago dubbed (erroneously) 'post-modernity' and what I've chosen to call, more to the point, 'liquid modernity', is the growing conviction that change is the only permanence, and uncertainty the only certainty. A hundred years ago 'to be modern' meant to chase 'the final state of perfection' -- now it means an infinity of improvement, with no 'final state' in sight and none desired." (Bauman 2012, pp. viii–ix)

This way of conceptualizing modernity is a step further from Parla's idea of the modern state, focused on virginity as state's honour. From a "liquid modernity" perspective, I contend that the state as modern is also in constant flux, with its focus moving away from the physical body to the display of virginity. Re-virginization as a modern practice is also better understood when we take Bauman's conceptualization of "liquid modernity" as our basis. Virginity's being an uncertain state of "becoming" (Deleuze and Guattari [1980] 1987), and re-virginization's being the proof of this uncertainty clearly underlines re-virginization as a modern set of practices. From the perspective of liquid modernity, it is easier to grasp that virginity is not a fixed state of being, but a constant becoming, where lines are continuously blurred.

2 Methodology

The findings and discussion presented here form part of my Ph.D. research.[5] The study is based on two sources of data. The first source of data is semi-structured in-depth interviews with fifty-five participants, comprising of medical personnel, artificial hymen vendors, re-virginizers, and laypeople. Where the interviewees consented, the interviews have been tape-recorded, and then fully transcribed, while the remaining interviews have been recorded via note-taking. All interviews have then been thematically analysed and coded using Atlas. ti. The second source is the feminist and post-structuralist discourse analysis of online forum discussions of women seeking re-virginization in Turkey. This data comprises of approximately seven thousand pages of online conversations across 47 forum threads, encompassing the experiences and advices of women between the years 2010 and 2017. This data has been significant especially in terms of following women's *processes* of re-virginization as they go through it, rather than reflecting on it years later. Women go through various stages throughout re-virginization, both emotional and physical. This process is documented online as women mostly post daily about their journey of re-virginization. This data has been manually coded using Atlas.ti, and excerpts used in this article have been translated into English from Turkish.

3 Methods of Re-virginization

There are two main practices of re-virginization that are frequently carried out today at a commercial level. The medical practice called hymenoplasty is more frequently conducted by gynaecologists, and plastic surgeons. There are two kinds of hymenoplasty according to many doctors' statements, and their online advertisements, although some doctors claim that such a distinction cannot be made. The first method of hymenoplasty is called "the flap method", which allegedly guarantees that the woman will bleed whenever the intercourse takes place after the surgery, even if it is after many years. This method is recommended more by medical doctors as a result of its durability, hence its name "permanent hymenoplasty". However, observations at doctors' clinics, and

---

[5]Guzel, H. (2020). Becoming-Virgin: Re-Virginisation Practices in Turkey [PhD Thesis]. University of Cambridge.

online data have revealed that there are many women who have this operation, yet do not bleed at their nuptial night. The second method of surgery, named as "temporary hymenoplasty", needs to be carried out several days before the intercourse will take place, making it a riskier process timewise, but slightly cheaper as well. This method is usually preferred by women who may have the opportunity to visit the doctor around the time of the wedding. In addition, those women who, upon learning about the lengthy healing process of "permanent hymenoplasty", which does not always produce the desired result, prefer to opt for the operation which will cause them less emotional and physical pain. Both types of operations are usually conducted at private clinics or hospitals to ensure confidentiality.

The so-called artificial hymen, on the other hand, is a product inserted into the vagina several minutes or hours -depending on the product- before the intercourse, and is aimed to produce a blood-like fluid during the intercourse. This is a cheaper and more practical alternative to the medical procedures detailed above. The artificial hymen does not create a hymen as its name might suggest, but mimics bleeding. There are a variety of artificial hymens on the market, ranging from Japanese to British versions. The functionality of these products is however dubious. Some women expressed online that it is less like blood and more like paint, which reveals the use of the product to the male partner. Therefore, women usually see the artificial hymen as a last resort.

Besides hymenoplasty and the artificial hymen, alternative methods are devised by women too. One example is cutting a labium with a razor blade. As this creates a very fine cut, bleeding does not start instantly, which provides the woman with time between performing the cut and the intercourse. Another example would be creating one's own artificial hymen by injecting an animal's blood in the intestinal membrane of an animal, and inserting it into the vagina just like the artificial hymen, as Dr Mehmet has witnessed during his obligatory service in Anatolia (Dr Mehmet, Istanbul, December 2016, personal interview). Some women, on the other hand, engage in coitus during the later days of menstruation to initiate bleeding just the right amount, and suggest this to other women online. These home-made remedies make re-virginization more accessible and affordable.

4 Re-virginization and the State in the Literature

In the last few decades, with the increase in the demand for hymenoplasty, there has been an increase in the social scientific literature in re-virginization as well (Awwad et al. 2013; Cindoglu 1997; Kaivanara 2015; Mahadeen 2013; Mernissi 1982; Rispler-Chaim 2007; Saharso 2003; Steinmüller and Tan, 2015; Wild et al. 2015; Wynn 2013, 2016). These studies have focused on mainly three themes: the ethics of re-virginization, the public opinion thereon, and women's experiences of re-virginization. However, the state as an actor in re-virginization rarely comes up in these studies. One area in which the state is discussed in relation to re-virginization is the role of the liberal state in relation to hymenoplasty. Within this realm, de Lora asks, "could it be the case that for the woman who belongs to a community in which her premarital virginity is expected, hymen reconstruction is the means to put her on an equal footing for the development of her personal autonomy? If there are other cases in which the State provides plastic or cosmetic surgery in order to protect individual's autonomy, not covering hymenoplasty would be unfair" (de Lora n.d., p. 6). This is a critical discussion, in terms of the liabilities of the state, as well as what it means to undergo hymenoplasty. However, a practical discussion around this can only be made in states where cosmetic surgery is financially covered by the state, partially if not entirely. States in which coverage is not provided, where hymenoplasty is banned, or ignored would not fall under this category.

Another theme that comes up within the social scientific literature on hymenoplasty in relation to the state is resistance. Ahmadi suggests that hymenoplasty needs to be seen "as a covert form of resistance to the prevailing sociocultural order in Iran, which forbids young women from freely engaging in their sexuality and permits sex solely under state-sanctioned marriage" (Ahmadi 2016, p. 223). This resistance, according to Ahmadi, takes place against the state and its hierarchies, as well as the social order. Although resistance can be a characterizing feature of hymenoplasty, or even re-virginization in general, in any country, the relationship between the state and re-virginization methods play a significant role in the extent to which these methods can be framed as resistance. In other words, as hymenoplasty is banned in Iran, the nature of the act of hymenoplasty differs from contexts in which hymenoplasty, or re-virginization methods in general do not receive any legal attention from the state, such as the case in Turkey. In these cases, the attention needs to be shifted to why the state chooses to be seemingly indifferent to re-virginization.

The scarcity of the literature around the discussions of the role, or position of the state in relation to re-virginization creates a gap that needs to be filled, which this chapter will attempt to do.

5 Re-virginization in Turkey

To understand the making of the modern woman's body through re-virginization, it is necessary to look at its history in the context of Turkey. Hymenoplasty can be traced back to at least the late 1970s, or early 1980s in Turkey. In its issue from May 1984, *Kadinca,* a women's magazine published in Turkey, points out at the high demand for hymenoplasty surgeries. It also suggests that these operations started to be performed in France in as early as 1973 ('Batidan Doguya Namus Nakli' [Honour Transplant from the West to the East] 1984). The narratives from the interviews conducted for this research support this claim too. A woman in her mid-60s, Nesrin narrated the story of a woman, the daughter of a PM who had had hymenoplasty multiple times from late 1970s to early 1980s. Similarly, another narrative was provided by Emel, a woman in her 50s, in which a young girl "had a flirt [with a man], had sex with him, and then they got separated." The girl had hymenoplasty after this relationship ended, and was forced to marry soon after. However, the bride's father-in-law knew about the operation, and sexually abused the woman for years by threatening her to tell her husband about it. Emel recalls that the woman had the operation around 1982–1983 at a luxurious region of Istanbul at that time. She states that she gets chills every time she tells this story.

However, alternative methods have been in use since much earlier. Cicek, a woman in her mid-60s, has narrated a story she heard in her village in central Anatolia. She recalls that around the 1960s, "a young, pretty girl living in a village had been raped by her uncle". On the night of her marriage to someone else, a relative had butchered a rooster, whose blood had been used to mimic the virginal blood. Of course, it is expected that these types of alternative practices have been in use for more than 60 years.

6 The Division Between Artificial and Natural Virginity

Although re-virginization methods have been in use in Turkey for over five decades, the demand and supply of them has significantly increased in the last two decades, as discussed earlier. The increased demand for re-virginization methods illustrates that the distinction between artificial and natural hymen is blurred more and more. From a medical point of view, a woman who has an intact hymen would have a 'natural' hymen, which can be detected via a virginity examination. On the other hand, one can talk about 'artificial virginity' in the cases of the re-creation of virginity through one of the multiple means, such as hymenoplasty, the artificial hymen, or one of the alternative methods outlined above. Although this medical distinction seems to have been ingrained in the non-medical realm as well, via the acceptance of the medical authority as the ultimate authority when it comes to the body, the distinction between these two states of being is much more elusive, if it ever exists. The reason is that both hymens, in other words the untouched, intact hymen and the artificial, re-generated, re-created hymen are social constructs, which only exist to respond to sociocultural needs.

Neither hymen can be the marker of virginity. Even if virginity is defined in the narrow sense, which is not having experienced penile-vaginal intercourse, neither blood nor the hymen can "prove" virginity. Zeynep's story of re-virginization is a case in point (Thread 20, May 2012). Zeynep, a nurse in her 20s, has never had penile-vaginal intercourse with anyone, but she had a virginity examination and found out that her hymen is elastic, which means that the hymen won't break during a penile-vaginal intercourse. However, Zeynep feared that her husband-to-be will conclude that she has had intercourse before when he does not see blood, which he believes is the indicator of virginity. Therefore, she decided to undergo surgery in order to ensure bleeding on the nuptial night. Zeynep's state of virginity before and after the operation displays clearly how the lines are blurred. To complicate things even further, after Zeynep has intercourse with her husband, she will bleed as a result of her operation, yet due to the elasticity of her hymen, it will have remained intact. If we take the hymen or the blood as indicators of virginity, the question of whether or not Zeynep was or is a virgin remains.

Unfortunately, Zeynep is not an exception, as there are many women who go through similar phases. Here is the account of another woman, who is struggling with the possibility of not bleeding due to her elastic hymen:

"Friends, please give me an idea about what to do. I went to the doctor, and he said I have an elastic hymen. I never had a relationship, I didn't have [sex] at all. I went there for a different reason. My doctor said I would bleed either very little or not at all. But in the end, 'you are a virgin, any doctor would determine that you are a virgin, don't worry', he said. I wish I could bleed, I hope I will. The doctor said he didn't lean towards suturing for the purposes of bleeding, 'you are a virgin at the end of the day', he said. But other doctors could suture for bleeding purposes. What should I do?" (Thread 43, November 2016)

In other examples, bleeding is repeatedly experienced by women who are allegedly naturally or artificially virgins. Yagmur has stated that she bled for over the course of a month as she had intercourse with her boyfriend, who was her first sexual partner (Yagmur, Istanbul, December 2016, personal interview). If blood is the indicator of 'virginity loss', was she a virgin during the entire month? In a similar vein, women who re-virginize experience bleeding over several intercourses as well. For instance, one woman describes her re-virginity loss experience as "I too bled a lot, it was all a mess. It continued 2–3 more days" (Thread 43, September 2013). The elusiveness of the distinction between artificial and natural virginity shows that relying on bodily features or liquids in order to determine the state of virginity of a woman does not provide the intended information. Therefore, it is not possible to deduce from blood or the intactness of the hymen that a woman is a virgin or not. Hence, a distinction between natural and artificial virginity cannot be made based on these so-called markers.

7 Re-virginization and the Modern State

The blurred, elusive lines between natural and artificial virginity are recognized as such by the modern Turkish state. In other words, the state plays into the elusive nature of virginity. This is apparent in the absence of legal regulations around hymenoplasty, and in the lack of a ban on artificial hymens. The reason is that, the modern state is not interested in whether or not the bride is a virgin. However, the modern state is indeed interested in the bride's displaying herself as a virgin at the time of marriage, even if she is not. The reason is that the state ultimately encourages a "healthy, stable, national family" (Parla 2001, p. 84), in order to ensure the ongoing of its core. This neo-conservatist point of view is ensured by the blood that is displayed to the husband, to the families, and even to the wife herself, as she feels secure in the marriage by way of this demonstration. Most women who resort to re-virginization say that they do so, because they fear that even if their husband-to-be might accept their sexual history now, there will always be the possibility that it will be held against them later in marriage. The lack of this feeling of security could be a significant barrier to the "healthy, stable, national" marriage. Within the framework of virginity and bleeding, the modern state is not interested in the physical body of the woman as much as it is interested in the blood that is believed to prove virginity. The reason is that the production of hymeneal blood contributes to stability in the familial body, hence ensuring the continuance of the nation-state, which takes the family as its core institution. Therefore, what matters is not whether the woman has had a pre-marital sexual relationship, or what kind of hymen she has. What matters is that she bleeds.

An alternative way of reaching and ensuring stability within marriages could have been to teach citizens that not all women bleed during the first penile-vaginal intercourse, or that women have a right to sexuality as much as men do. The former has been attempted by the Ministry of Family and Social Policies. The Ministry initiated a "Pre-Marriage Education Project" in 2012, part of which constituted of an educational book for couples getting married. Newspapers report that this book states, "not bleeding during the intercourse at the first night, the blood's being too little to be noticed, or excessive bleeding is natural" (Bakanlıktan yeni evlilere "gerdek kitapçığı" [Nuptial booklet to newly-weds from the Ministry] 2012). Although this statement is said to be found in the 2012 version of the booklet, it is not possible to come across this version in the paper format or the digital format. Furthermore, later versions do not have sections on the first sexual encounter between the spouses (Alpaydin 2012; Canel 2012).

The omission of guidelines about virginity, blood, or first sexual encounter within marriage from information books about marriage reflects the state's perception of gender relations, and the body at a foundational level. Overall, the state prefers not to provide sex education along the lines of advocating women's freedom to sexuality that is equal to men's, as it does not coincide with the neo-conservatist tendencies of the government. On the other hand, it does not educate on blood's not being the proof of women's virginity, as this would mean to let go of the power it exudes over women's body. Just like the very existence of re-virginization reproduces the myth that every woman bleeds in their first penile-vaginal intercourse, the absence of sexual education to counter this myth further empowers this myth. As a result, women are made to self-survey their bodies, and ensure that they bleed.

8 The Gaze

By way of putting on women the responsibility of displaying their virginity at the time of marriage, the virgin body, as the norm, directs them to work meticulously on themselves, either through virginity examinations prior to getting married, or via re-virginization methods. As a result, "technologies of the self" are being laid on the shoulders of women in pursuance of exercising a form of discipline, causing them to engage rigorously in self-surveillance. These technologies are defined by Foucault as those "which permit individuals to effect by their own means or with the help of others a certain number of operations on their own bodies and souls, thoughts, conduct, and way of being, so as to transform themselves in order to attain a certain state of happiness, purity, wisdom, perfection, or immortality" (Foucault 1988, p. 18). In the case of re-virginization, these technologies work to make women appear "pure" in the eyes and understanding of the social norms, "perfect", as in the ideals of the modern Turkish woman, as well as "happy", as the marriage will hopefully happen and continue for the purposes of the continuation of the nation.

Through re-virginization, women put their vaginas more on display than ever. On the one hand, they start to examine their own vaginas. Many women who have never peeked into their genitals have stated that they have begun to use mirrors to see where the hymen is, and in the meantime, they discovered other parts of their vagina. One woman shares with fellow re-virginizers what she has found about the "holes" when she visited her gynaecologist for hymenoplasty as follows:

> "The doctor drew it on a piece of paper for me, we have 3 holes, and as you say one of them is the one which allows menstrual blood to come through, and it has the hymen around it. When something larger than that hole's diameter enters the hole, it bleeds. Right below that is the urinary meatus, and the last one is towards the anus, which allows for excretion. I feel a little embarrassed as I write, but this is our anatomy." (Thread 43, January 2012)

This self-examination, whether through a doctor or not, is empowering in the sense that it enables women to get to know their bodies, although this is an unintended consequence of considering re-virginization. This also turns into conversations around comparing one's vagina with others', in terms of where the hymen is, its type, and its appearance before and after virginity loss, as well as before and after the re-virginization operation.

However, re-virginization opens one's body to be further scrutinized by the institution of medicine. Although seemingly willingly, the woman lays open her legs to be examined by a doctor. For many women, this step alone is one of the most painful experiences of the re-virginization process. Women call the gynaecological examination table "terrifying", and assert that they are "very scared to lie on that [table]" (Thread 43, July 2015). The gaze continues throughout the procedure, as one or two secretaries/assistants may be added to the team to assist with the operation, while gazing at the vagina as well. The gaze still continues as time progresses, because the woman visits the doctor for a control appointment about a month later to see if her stitches/sutures stayed in, and ends with the gaze on the blood on the day/night of the intercourse. If the woman had the temporary operation, however, the gaze of the woman on her vagina continues after the intercourse, as the threads from the stitches can be visible, so the woman visits the restroom right after the intercourse, in order to remove and flush down the threads before her partner sees them. In this scenario, instead of the state directly surveying the body, the gaze is delegated to the woman herself. Hence, the woman becomes complicit in her own surveillance.

Throughout the post-operative healing process, women are given a long list of instructions about how to move their body, and the precautions they need to take so that their tissues work in their favour, and the guarantee actually works. Most doctors prescribe medication, such as antibiotics to prevent infection, painkillers, and antiseptic solutions to keep the operated area hygienic. The precautions to be taken, on the other hand, significantly limit the movement of the body. Although many doctors initially state that the patient can move on with her daily life right after the operation, further exploration reveals that this is not possible for most, if any, of the patients. Women feel the need to stay home at least for several days, which might be more difficult than expected if the woman is living with her family, due to the confidential nature of the operation. One woman has stated that she slept for a month following her operation having bound her legs with a belt so that she would not accidentally open her legs wide enough to endanger the healing process. Women are also told not to walk with big steps, not to ride bikes or horses, or lift heavy weights in this period. Some doctors state that this period will last one month, while other doctors put it as 3 months.

Many women, however, struggle to comply with these precautions. As many of them live on minimum salary, they do have to lift heavy boxes in their workplace, or must work the day after the operation takes place. Although doctors claim that it is easily possible to go back to work or everyday life as soon as the patient leaves the clinic or the hospital, women suggest otherwise. Many women state that they have found it very difficult to immediately adapt into daily life, and that they would advise fellow re-virginizers to rest for about a week at the least (Thread 17, May 2015). With daily life kicking in, it becomes difficult for women to comply with their doctor's orders, making them feel culpable for potential negative results. Furthermore, doctors are not friendly when the results turn out to be negative. First, none of the doctors that I interviewed have reported that there have been negative results. Nevertheless, throughout my observations in the clinic, I have witnessed calls from several women who have told secretaries that they had intercourse, but that they did not bleed, as well as women's anonymous online posts where they state that they did not bleed. Secondly, women know that they have nowhere to turn in case they cannot get the service they were promised. Thirdly, doctors can easily put it on women if they foresee that the operation will not produce the desired result. This package heightens the feelings ingrained in self-surveying the body in the post-operative period. As a result of being held accountable for the result of the operation, women are increasingly more concerned about their body during this period. While before the operation almost all the doctors performing hymenoplasty state that they give 100% or 1000% guarantee that the operation will succeed in making the woman bleed in her next penile-vaginal intercourse, women who have the operation find out right after the operation that the doctors put the responsibility of success on them. Therefore, the full guarantee fades away almost immediately after the operation, leaving the woman in a position to shape her own fate. This also means that the woman is made to feel guilty in case the stitches do not stay in, and anxious during the healing period about this possibility. One woman summarizes this as follows:

> "They draw upon our victimhood, you can't even breathe without money unfortunately. The money [paid for] suturing is more than aesthetic surgery. How are we not going to go nuts? You can't say anything like 'why do you guarantee it if it doesn't stay in?', it will again be you to blame, there will be many excuses, like 'you didn't take good care of it'. Unfortunately, it is always us who are the victims." (Thread 43, November 2016)

As an unintended consequence, when women resort to the medical re-virginization practice, that is hymenoplasty, this also plays into creating a healthy nation. The reason is that during their appointment, women get an overall check-up around potential gynaecological issues, and as women have reported, they receive treatment for them too, preceded or followed by hymenoplasty. Hence, if women have an infection, or even a tumour, this is detected as a result of gynaecological examination preceding hymenoplasty. In many cases, this would go unnoticed, as many women do not visit a gynaecologist unless they are sexually active, or before marriage. In our interview, Dr Jale told the story of an 18-year-old girl, who had just broken up from her fiancé, with whom she had a sexual relationship. She visited the clinic with her mother, who knew of the intercourse, whereas the father did not. In the examination prior to the operation, Dr Jale identified a mass lesion of 15 cm in her ovaries, which could be malignant. Dr Jale suggested that this lesion be treated first, however the mother refused, as she believed that "the father could accept his daughter's having cancer, but not her having had sexual intercourse with her fiancé". The daughter ended up having hymenoplasty first, but Dr Jale tracked her, and she ended up being operated on for the lesion in the city where she lived (Dr Jale, Ankara, April 2017, personal interview). This story illustrates on the one hand the importance given to virginity and blood, while at the same time depicting the unintended consequence of hymenoplasty in creating a healthy nation via healthy women.

9 Conclusion

Within the under-researched area of re-virginization, the relationship between the state and re-virginization has found itself very little place. However, even if the state seemingly does not have a policy regarding re-virginization methods, and especially then, this relationship needs to be explored. In the case of Turkey, I contend that the lack of policies or guidelines regarding re-virginization points at the importance the state gives to the continuation of the "healthy, stable, national family" (Parla 2001, p. 84), as opposed to the importance given to virginity. In order to ensure this family model, the state allows for re-virginization methods to be freely practiced. However, this does not mean that the state does not hold its grip on the woman's body. On the contrary, it does so by delegating it to the women through mechanisms of self-surveillance that manifest themselves at various stages in the process of re-virginization.

Further research in this area can especially consider how the other side of the coin, that is neo-liberalism and re-virginization coincide within the institution of marriage. Especially, the fact that re-virginization allows for social mobility through marriage requires attention. Overall, the triangle of economy, state policies, and marriage with re-virginization in their centre becomes a cluster of themes to be explored further. This chapter has attempted to contribute to the growing literature in this area.

Bibliography

Ahmadi, A. (2016). Recreating Virginity in Iran: Hymenoplasty as a Form of Resistance: Recreating Virginity in Iran. *Medical Anthropology Quarterly, 30*(2), 222–237. https://doi.org/10.1111/maq.12202

Alpaydin, Y. (2012). *Evlilik Oncesi Egitimi Eğitici Kitabı. Istanbul*: T.C. Aile ve Sosyal Politikalar Bakanligi. Retrieved from https://www.aep.gov.tr/wp-content/uploads/2013/06/04_egitici_kitabi.pdf

Awwad, J., Nassar, A., Usta, I., Shaya, M., Younes, Z., & Ghazeeri, G. (2013). Attitudes of Lebanese University Students Towards Surgical Hymen Reconstruction. *Archives of Sexual Behavior, 42*(8), 1627–1635. https://doi.org/10.1007/s10508-013-0161-6

Bakanlıktan yeni evlilere 'gerdek kitapçığı'. (2012). *T24.Com.Tr.* Retrieved from https://t24.com.tr/haber/bakanliktan-gerdek-gecesi-tarifi/215028

Batidan Doguya Namus Nakli. (1984, May). *Kadinca*, (66), 94–99.

Bauman, Z. (2012). *Liquid Modernity.* Cambridge: Polity Press.

Canel, A. N. (2012). *Evlilik ve Aile Hayatı.* Istanbul: T.C. Aile ve Sosyal Politikalar Bakanlığı. Retrieved from https://www.academia.edu/download/42549414/01_02_evlilik_ve_aile_hayati.pdf

Cindoglu, D. (1997). Virginity Tests and Artificial Virginity in Modern Turkish Medicine. *Women's Studies International Forum, 20*(2), 253–261.

Cinsel Egitim Tedavi ve Arastirma Dernegi. (2006). *Bilgilendirme Dosyasi 5: Kadin Cinselligi.* Retrieved from https://www.cetad.org.tr/CetadData/Book/26/269201116550-bilgilendirme_dosyasi_5.pdf

Deleuze, G., & Guattari, F. ([1980] 1987). A thousand plateaus: Capitalism and schizophrenia. Minneapolis and London: University of Minnesota Press.

de Lora, P. (n.d.). The value of virginity and the value of the Law: generality, neutrality and the accommodation of multiculturalism in health care. Retrieved from https://blogs.harvard.edu/billofhealth/files/2012/09/The-value-of-virginity-and-the-value-of-the-Law-Journal-of-Clinical-Ethics-final-version.pdf

Foucault, M. (1988). Technologies of the self: A seminar with Michel Foucault (L. H. Martin, H. Gutman, & P. H. Hutton, Eds.). University of Massachusetts Press.

Gokengin, D., Yamazhan, T., Ozkaya, D., Aytug, S. et al. (2003). Sexual knowledge, attitudes, and risk behaviors of students in Turkey. *The Journal of School Health; Kent, 73*(7), 258–63.

Gürsoy, E., & Arslan Özkan, H. (2014). Turkish Youth's Perception of Sexuality / 'Honor' in Relation to Women. *Journal of Psychiatric Nursing, 5*(3), 149–159. https://doi.org/10.5505/phd.2014.18480

Kaivanara, M. (2015). Virginity dilemma: Re-creating virginity through hymenoplasty in Iran. *Culture, Health & Sexuality*, 1–13. https://doi.org/10.1080/13691058.2015.1060532

Kandiyoti, D. (1997). Gendering the Modern: On Missing Dimensions in the Study of Turkish Modernity. In R. Kasaba 1954- & S. Bozdoğan (Eds.), *Rethinking modernity and national identity in Turkey* (pp. 113–132). Seattle, Washington; London: University of Washington Press.

Kandiyoti, D. (1998). Some Awkward Questions on Women and Modernity in Turkey. In L. Abu-Lughod (Ed.), *Remaking women: feminism and modernity in the Middle East* (pp. 270–288). Princeton, N.J: Princeton University Press.

Mahadeen, E. (2013). Doctors and Sheikhs:" truths" in virginity discourse in Jordanian media. *Journal of International Women's Studies, 14*(4), 80–94.

Mernissi, F. (1982). Virginity and Patriarchy. *Women's Studies International Forum, 5*(2), 183–191.

Migdal, J. S. (1997). Finding the Meeting Ground of Fact and Fiction: Some Reflections on Turkish Modernization. In R. Kasaba & S. Bozdoğan (Eds.), *Rethinking modernity and national identity in Turkey* (pp. 252–260). Seattle, Washington and London: University of Washington Press.

Ozyegin, G. (2015). *New desires, new selves: sex, love, and piety among Turkish youth.* New York: New York University Press.

Parla, A. (2001). The 'Honor' of the State: Virginity Examinations in Turkey. *Feminist Studies, 27*(1), 65–88. https://doi.org/10.2307/3178449

Rispler-Chaim, V. (2007). The Muslim surgeon and contemporary ethical dilemmas surrounding the restoration of virginity. *Hawwa, 5*(2), 324–349.

Saharso, S. (2003). Feminist ethics, autonomy and the politics of multiculturalism. *Feminist Theory, 4*(2), 199–215.

Scalco, P. (2014). *City life, premarital sexuality and the politics of chastity: an ethnographic approach to sexual moralities and social reproduction in the context of istanbul.* Retrieved from https://www.escholar.manchester.ac.uk/api/datastream?publicationPid=uk-ac-man-scw:264718&datastreamId=FULL-TEXT.PDF

Steinmüller, H., & Tan, T. (2015). Like a virgin? Hymen restoration operations in contemporary China. *Anthropology Today, 31*(2), 15–18.

van Moorst, B. R., van Lunsen, R. H. W., van Dijken, D. K. E., & Salvatore, C. M. (2012). Backgrounds of women applying for hymen reconstruction, the effects of counselling on myths and misunderstandings about virginity, and the results of hymen reconstruction. *The European Journal of Contraception & Reproductive Health Care, 17*(2), 93–105. https://doi.org/10.3109/13625187.2011.649866

Wild, V., Poulin, H., McDougall, C. W., Stöckl, A., & Biller-Andorno, N. (2015). Hymen reconstruction as pragmatic empowerment? Results of a qualitative study from Tunisia. *Social Science & Medicine, 147*, 54–61. https://doi.org/10.1016/j.socscimed.2015.10.051

Wynn, L. L. (2013). Hymenoplasty and the relationship between doctors and muftis in Egypt. In G. Marranci (Ed.), *Studying Islam in Practice* (pp. 34–48). New York: Routledge.

Wynn, L. L. (2016). 'Like a Virgin': Hymenoplasty and Secret Marriage in Egypt. *Medical Anthropology*, 1–14. https://doi.org/10.1080/01459740.2016.1143822

Ästhetische „Upgrades" in Istanbul: Über alternde Körper und ästhetische Körpermodifikation als Überwachungsmedizin

Claudia Liebelt

Abstract

Im Zuge neoliberaler Umstrukturierungen, einer Feminisierung des städtischen Dienstleistungssektors und der Ausweitung einer global orientierten Mittelschicht entwickelte sich die türkische Metropole Istanbul in den vergangenen Jahren zu einem regionalen Zentrum der Schönheitsindustrie. Schönheitsoperationen und ästhetische Körpermodifikationen sind hier zunehmend normalisierte Formen des Konsums auch für ältere Frauen der Mittelschicht, die ihren Alterungsprozess mithilfe von ästhetischen "Upgrades" selbstbewusst zu steuern suchen. Aufbauend auf ethnographischer Forschung in einer privaten Schönheitsklinik in Istanbul analysiert das Kapitel diese Praktiken als eine Form der Überwachungsmedizin, die die Bereitschaft zur Selbstoptimierung und ein Verständnis von Altern als ästhetisch-medizinisches Risiko voraussetzt.

Schlüsselwörter

Ästhetische Körpermodifikation · Kosmetische Chirurgie · Weiblichkeit · Verjüngung · Altern · Konsum · Überwachungsmedizin (surveillance medicine) · Türkei

---

C. Liebelt (✉)
Universität Bayreuth, Bayreuth, Deutschland
E-Mail: claudia.liebelt@uni-bayreuth.de

© Der/die Autor(en), exklusiv lizenziert durch Springer Fachmedien Wiesbaden GmbH, ein Teil von Springer Nature 2020
M. Şahinol et al. (Hrsg.), *Upgrades der Natur, künftige Körper,* Technikzukünfte, Wissenschaft und Gesellschaft / Futures of Technology, Science and Society,
https://doi.org/10.1007/978-3-658-31597-9_8

1 Einleitung: Ästhetische Upgrades in Istanbul

Die Antwort des renommierten kosmetischen Chirurgen Dr. Oskui kam überraschend, als er in einem meiner ersten Interviews über Weiblichkeit und ästhetische Körpermodifikationen in der städtischen Türkei im Jahr 2011 auf meine Frage hin, weshalb die kosmetische Chirurgie in letzter Zeit so an Popularität gewonnen habe, erwiderte: „Da die Stadt immer schöner wird, wollen auch die Einwohner immer schöner werden. Aus diesem Grund breitet sich die kosmetische Chirurgie immer weiter aus."[1] Je länger ich zu Vorstellungen und Praktiken weiblicher Schönheit in Istanbul forschte, desto mehr begann die Verbindung zwischen der Transformation städtischer Körper und Räume Sinn zu ergeben.

Der Beginn des kommerziellen Schönheitsbooms in der Türkei geht auf die frühen 1980er Jahre zurück, als die türkische Wirtschaft nach einem gewaltsamen Putsch im Kontext von Globalisierung und Neoliberalisierung umstrukturiert wurde. Zugleich erlebte Istanbul eine enorme Ausweitung des Dienstleistungssektors, eine Zunahme weiblicher Arbeitskräfte und folglich eine Feminisierung der sogenannten *white-* und *pink collar-*Sektoren des städtischen Arbeitsmarktes. Der Stadtsoziologe Çağlar Keyder beschreibt die Rekrutierung junger, meist unverheirateter Frauen in Istanbuls neuem Dienstleistungssektor als eine massive Veränderung des städtischen Arbeitsmarktes „von der Produktion zur Dienstleistung, von männlich zu weiblich, von Muskelkraft zu kulturellem Kapital und von lokal zu global" (2005, S. 129, eigene Übersetzung).

Der Boom der städtischen Schönheitsindustrie ist eng mit diesen Phänomenen verbunden. Besonders attraktiv sind ihre Angebote für berufstätige Frauen, die oft zur ersten Generation von in Istanbul geborenen weiblichen Arbeitnehmerinnen in ihren Familien zählen. Ihre Vorstellungen und Bilder von weiblicher Attraktivität und Erfolg werden wie andernorts auch von den Massenmedien gefüttert. Einer von vielen kosmetischen Chirurgen, die in privaten TV-Shows wie Seda Sayan's *Elite Life* (ausgestrahlt am frühen Sonntagnachmittag im Privatkanal *Show Türk*) präsent sind, ist Dr. Oskui. Hier zeigen Oskui und seine Kollegen ihre neusten spektakulären und zumeist „kombinierten" Operationen und vermarkten

---

[1] Interview mit Dr. Ibrahim Oskui, 23. September 2011. Aus Gründen der Vertraulichkeit wurden die Namen der Forschungsteilnehmer_innen in diesem Artikel durch Pseudonyme ersetzt. Ausgenommen davon sind Personen des öffentlichen Lebens wie Dr. Oskui, die als Expert_innen interviewt wurden und mit der Verwendung ihres Namens einverstanden waren.

sich selbst. Laut Gül Özyegin (2001) entstand in der Türkei, insbesondere ihrer größten Stadt Istanbul, seit den 90er Jahren eine neue weibliche Subjektivität und eine „auf den Körper fokussierte" Konsumkultur (Özyegin 2001, S. 46, eigene Übersetzung). Dies geht neben einer wachsenden Anzahl von städtischen Haar- und Schönheitssalons, Fitness-, Kosmetik- und Nagelstudios, Ernährungszentren und Frauenzeitschriften mit dem Boom der kosmetischen Chirurgie in einem zunehmend privatisierten Gesundheitssektor einher: Während in den frühen 1960er Jahren, als die Türkische Kammer für Plastische und Rekonstruktive Chirurgie gegründet wurde, diese lediglich eine Handvoll kosmetischer Chirurgen verzeichnete, nahm die Türkei im Jahr 2016 mit geschätzt 1.200 praktizierenden kosmetischen Chirurg_innen Platz zehn weltweit ein (ISAPS 2017). Einen noch höheren Rang, nämlich Platz acht, belegt sie, wenn es um die Summe aller operativen und nicht-operativen ästhetischen Eingriffe weltweit geht (ISAPS 2017). Nicht zuletzt ist sie nach Thailand, dem Libanon, Ägypten, Kolumbien und Mexiko auf Platz sechs der weltweit beliebtesten schönheitschirurgischen Tourismusziele gelistet (ISAPS 2017, S. 104).

Während die Anzahl der Männer, die sich kosmetischen Operationen unterziehen, wie auch andernorts zunimmt, wird in der Türkei der größte Teil dieser Eingriffe von Frauen unternommen. Basierend auf verschiedenen Schätzungen beläuft sich ihr Anteil auf 80–95% (Yenal 2004). Über die Altersverteilung von Patient_innen kosmetischer Chirurgie existieren in der Türkei keine Statistiken. Allerdings kann mit Sicherheit davon ausgegangen werden, dass wie anderswo auch die meisten hier jüngeren oder mittleren Alters, zwischen 19–34 und 35–50 Jahre alt sind (ISAPS, S. 98). Aufgrund der hohen Kosten kosmetischer Behandlungen, die in der Regel nicht von der türkischen Sozialversicherungsanstalt (SGK) getragen werden, kann des Weiteren angenommen werden, dass die Patient_innen vorwiegend der Mittel- oder Oberschicht angehören. Die Beanspruchung von Schönheitsangeboten ist jedoch nicht mehr, wie in der sozialwissenschaftlichen Literatur zu Schönheit und ästhetischer Körpermodifikation oft suggeriert wird, auf jüngere und sozial aufstrebende Frauen beschränkt. Überraschenderweise sind die Schönheitspraktiken und -perspektiven von Frauen mittleren und hohen Alters trotz der Tatsache, dass viele Patientinnen mithilfe von Operationen Alterserscheinungen behandeln wollen und eine Verjüngerung anstreben, in dieser Literatur oft unterrepräsentiert. Wie ich im Folgenden zeige, bilden diese einen großen Bereich im städtischen Schönheits- und Kosmetikmarkt. Entsprechend fokussiert meine Darstellung auf die Praktiken und Erfahrungen von Frauen mittleren bis hohen Alters, genauer genommen derjenigen Patientinnen, die Istanbuler Ärzte gewöhnlich als die „informierte Frau in der Menopause" (*bilinç sahibi menopozlu kadın,* im Türkischen) bezeichnen.

Eingeführt als medizinisches Konzept in den 1930er Jahren in den Niederlanden, erlangte die Menopause in der Türkei erst Ende der 80er Jahre Bekanntheit (Erol 2011, S. 137). Nach Maral Erol (2011), die die soziale Konstruktion der Menopause in der Türkei untersuchte, dauerte es mindestens ein weiteres Jahrzehnt bis sie über einen kleinen Kreis von Mediziner_innen und ihren Patientinnen hinaus in der Öffentlichkeit Bekanntheit erlangte und noch länger, bis sie in den Medien breiter diskutiert wurde. Insbesondere in den Jahren zwischen 2005–2008 (Erol 2011, S. 137) befasste sich die öffentliche Debatte mit diesem Phänomen als einem Gesundheitszustand, in dem Frauen ihren „zweiten Frühling" (*ikinci bahar,* im Türkischen) erlebten. Hierbei wurde hervorgehoben, dass im Gegensatz zu früheren Vorstellungen des Alterns mit dem Ende der Menstruationsperiode und mit der richtigen medizinischen Behandlung das Sozial- und Sexualleben der Frau „noch nicht vorbei" sei (Erol 2011, S. 137, eigene Übersetzung). Dies steht im starken Kontrast zu einer kulturell verankerten Auffassung, nach der die Beschäftigung mit und Erhaltung von körperlicher Attraktivität als eine Aufgabe junger heiratsfähiger oder jungvermählter Frauen angesehen wird und es als beschämend (*ayıp,* im Türkischen) gilt, wenn Frauen mittleren oder älteren Alters sich mit ihrer eigenen Sinnlichkeit und ihrem Körper auseinandersetzen. Dies wurde während meiner Forschung am deutlichsten von dem konservativen islamischen Theologen Nureddin Yıldız ausgedrückt:

> „Es besteht die allgemeine Grundannahme, dass Schönheit, Körperpflege und kosmetische Chirurgie ausschließlich für junge Frauen bestimmt sind. All dies ist nicht mehr notwendig, wenn man ein Kind bekommt, geschweige denn, wenn man Großmutter wird."[2]

Im Gegensatz dazu werde ich im Folgenden zeigen, dass ästhetische Körpermodifikationen und Chirurgie zunehmend normalisierte Konsumformen auch für diejenigen geworden sind, die ein Kind zur Welt gebracht haben oder zumindest dem Alter nach ‚Großmütter' sind. Für Frauen mittleren und älteren Alters der städtischen Mittelschicht sind Maßnahmen der Verjüngung und sogenannte ästhetische „Upgrades" tatsächlich ein wichtiges Anliegen, in das erhebliche Mengen an Zeit und Geld investiert werden.

---

[2]*Interview mit Nureddin Yildiz, 13. Oktober 2013.*

In diesem Aufsatz behandle ich ästhetische Körpermodifikationen und Chirurgie basierend auf teilnehmender Beobachtung in einer privaten Schönheitsklinik und auf Interviews mit Frauen mittleren und höheren Alters der oberen Mittelschicht als eine Form der Überwachungsmedizin (*surveillance medicine*, Armstrong 1995). Im Folgenden werde ich zunächst auf das Konzept der Überwachungsmedizin und seinen Beitrag für eine ethnologische Analyse von Altern und Körperästhetik eingehen. Anschließend beschreibe ich meine methodische Herangehensweise und stelle ethnografisches Material von einem Tag der teilnehmenden Beobachtung in einer privaten Schönheitsklinik im zentral gelegenen Mittelschichtsviertel Etiler vor. Aus Perspektive der Überwachungsmedizin deuten meine Ergebnisse darauf hin, dass sich Altern im neoliberalen Zeitalter zunehmend als ein Gesundheitsrisiko oder gar als eine Krankheit darstellt, die mit Hilfe von kosmetischen Behandlungen, darunter prominent die Injektion von Botulinumtoxin („Botox") und anderen sogenannten „Verjüngungskuren", behandelt werden können.

2 Ästhetische Verjüngung als Form der Überwachungsmedizin

Abgeleitet von dem französischen Wort *surveiller*, „überwachen", kann Überwachung *(surveillance)* als „die konzentrierte, systematische und routinemäßige Beobachtung persönlicher Daten zum Zwecke der Einflussnahme, Steuerung, des Schutzes oder der Führung" (Lyon 2007, S. 14, eigene Übersetzung) definiert werden. Sie umfasst eine große Vielfalt von sozialen und medialen Interaktionen, die von einem immer breiteren Informationsangebot und digitalen Technologien abhängig sind. Maßnahmen der Überwachung sind grundlegend ambivalent, da sie auf der einen Seite den Schutz und die Sicherheit der Überwachten und auf der anderen Seite ihre Kontrolle und Disziplinierung beinhalten (Lyon 2007).

Diesen letzten Aspekt betonend entwickelte der Medizinsoziologe David Armstrong (1995) sein Konzept der Überwachungsmedizin *(surveillance medicine)*. Überwachungsmedizin beschreibt eine neue Art von Medizin, die ihren Siegeszug im frühen zwanzigsten Jahrhundert antritt und den medizinischen Blick auf die gesamte Bevölkerung, d. h. jede_n Einzelne_n hin ausweitet. Dem Konzept liegt der Versuch zugrunde, den Prozess einer „grundlegenden Neustrukturierung von Krankheitsräumen" (Lyon 2007, S. 395, eigene Übersetzung) zu ergründen. In Anlehnung an Foucaults Konzept der politischen Anatomie analysiert Armstrong eine Verschiebung des starren medizinischen Blicks vom

Inneren des Körpers eines Patienten bzw. einer Patientin hin zu seiner oder ihrer Beziehung zum Äußeren sowie auch zum kollektiven Körper.

In der Überwachungsmedizin kommen Instrumente wie soziomedizinische Studien und Profile, Diagramme zu Größenzuwachs und Gewichtszunahme etc. zum Einsatz, um die Gesundheit eines Kollektivs messbar zu machen und die Merkmale einer biopolitischen „Normalverteilung" festzulegen. Dabei werden klare Grenzen zwischen den klinischen Kategorien des Gesunden und Kranken als auch des Normalen und Pathologischen aufgelöst, was zur Folge hat, dass eine Welt geschaffen wird, in der alle Körper relativ zueinander sind und „alles normal und zugleich prekär abnormal ist" (Lyon 2007, S. 395, eigene Übersetzung).

Die Teilnahme der beobachteten Person an der Überwachung ist komplex und Gegenstand vieler Debatten innerhalb des neueren Forschungsgebiets der Überwachungsstudien (Lyon 2007). Diejenigen, die überwacht werden, sind unumgänglichen Blicken ausgesetzt, können sich allerdings der Überwachung auch widersetzen und, was vielleicht das Entscheidende ist, gestalten ihre Subjektivität während des Überwachungsprozesses in diesem. In der Überwachungsmedizin manifestiert sich diese Formierung von Subjektivität in einer „Auflösung der Grenze zwischen Gesundheit und Krankheit" (Armstrong 1995, S. 400, eigene Übersetzung), in der besondere Risikobevölkerungen identifiziert und räumlich abgebildet werden. So werden die gewöhnlichen Kategorien von Gesundheit und Krankheit in ein Verhältnis zueinander gebracht, in dem „die Gesunden noch gesünder werden können und Gesundheit mit Krankheit koexistieren kann" (ibid.). Innerhalb dieses Systems wird von jedem und jeder, insbesondere von denjenigen, die als „gefährdet" gelten, ein bestimmtes Maß an Selbstüberwachung erwartet, wobei die Verinnerlichung dieses Denkens von der gesamten Bevölkerung laut Armstrong der größte Erfolg der Überwachungsmedizin wäre.

Wie aus meinem ethnographischen Material hervorgeht, eröffnet die Konzeptualisierung eines „Risikofaktors" innerhalb von Arztpraxen für Patient_innen und Ärzt_innen einen Raum, in dem alle Behandlungsarten, die auf einen besonders „gesunden" Lebensstil als auch auf vorbeugende Behandlungen hin ausgelegt sind, gefördert werden. Durch den Aspekt der Prävention und die Planung weiterer, medizinisch nicht unbedingt notwendiger Eingriffe, wird der Behandlung zudem eine Zeitachse hinzugefügt, die die Zukunft des (alternden) Körpers bereits mitdenkt. Der Körper wird in diesem Kontext als in einem Prozess der „Deformierung" befindlich konzeptualisiert, der zwar (derzeit noch) nicht angehalten oder rückgängig gemacht, jedoch „verlangsamt" werden kann. Aus der Sicht der Überwachungsmedizin wird ähnlich der transhumanistischen

Auffassung von Altern als Krankheit (Hainz 2014), körperliches Altern als ein ästhetisch-medizinisches Risiko eingestuft, welches mit Hilfe von ästhetischen Upgrades durch körperliche Verjüngungsmaßnahmen behandelt werden kann.

3   Methodik und Forschung

Diese Arbeit ist Teil einer Forschung über Weiblichkeit, Schönheitsarbeit und ästhetische Körpermodifikationen in Istanbul, die auf fünfzehn Monaten ethnologischer Feldforschung zwischen 2011–2015 zurückgreift.[3] Insgesamt wurden über einhundert ethnografische Leitfadeninterviews mit Kund_innen und Patient_innen von Haar- und Schönheitssalons und -kliniken, Inhaber_innen und Angestellten von Schönheitssalons, kosmetischen Chirurg_innen und weiteren Expert_innen, darunter Tätowierkünstler_innen, Aktivist_innen verschiedener feministischer Organisationen, einer Modefotografin und einem islamischen Theologen geführt. Bei den Interviews handelte es sich größtenteils um zuvor verabredete und aufgezeichnete Gespräche. Des Weiteren wurden Medienanalysen, einschließlich einer systematischen Analyse von Zeitschriftenarchiven, Onlineforen (*Kadinlar Kulübü* und *Fetva Meclisi*) und sogenannten Makeover-Sendungen im Privatfernsehen, verwendet. In den Jahren 2013 und 2014 besuchte ich die jährlich stattfindende Istanbuler Messe „Schönheit und kosmetische Pflege", während derer Fragebögen an die Besucher_innen verteilt wurden. Diese verteilte ich auch unter den Teilnehmer_innen an zwei Kursen der städtischen Erwachsenenbildung zu Make-up und Gesichtspflege.

Mobile Ethnographie *(multi-sited ethnography)* wurde angewandt, um Schönheitspraktiken in verschiedenen Haar- und Schönheitssalons sowie -kliniken in mehreren Stadtteilen zu erforschen, darunter in konservativ-religiösen Stadtteilen wie Başakşehir und Fatih, sowie in Stadtteilen der säkularen Mittelschicht im Zentrum Istanbuls (Nişantaşı, Beyoğlu, Moda/Kadıköy und Etiler). In jedem dieser Viertel wählte ich ein bis zwei Haar- und Schönheitssalons aus, in denen in regelmäßigen Abständen teilnehmende Beobachtung und Interviews durchgeführt wurden. Der Ort und die Personen, die im Folgenden für die Darlegung ausgewählt wurden, sind nicht repräsentativ,

---

[3]Dieser Aufsatz basiert auf einer größeren Studie, die von der Deutschen Forschungsgemeinschaft (Nr. LI 2357/1–1) und dem Lehrstuhl für Sozialanthropologie der Universität Bayreuth, in Zusammenarbeit mit dem Institut für Soziologie der Boğaziçi-Universität in Istanbul, von 2013–18 unterstützt wurde.

weisen allerdings auf einige gängige Praktiken und Problemfelder der körperlichen Verschönerung in diesem und angrenzenden Stadtvierteln der säkularen, urbanen Mittel- und Oberschicht hin.

4 Warten auf Verjüngung in Etiler

Als meine Forschungsassistentin und ich an einem Donnerstagmorgen Anfang 2015 İlkes und Serhats private Schönheitsklinik in Etiler erreichten, um dort einen weiteren Tag mit teilnehmender Beobachtung und Gesprächen zu verbringen, wurden wir von einer sorgfältig geschminkten Empfangsdame im weißen Kittel eingelassen und zogen uns Einweg-Überschuhe aus einer Kiste neben dem Eingangsbereich über. Wir setzten uns in den großen Warteraum, der mit einer weiblichen Aktskulptur im griechischen Stil unter einer Wand voller medizinischer Diplome und Zertifikate geschmückt war, die İlke und Serhat in ihrer langen Laufbahn erworben hatten. Dort warteten wir auf das Eintreffen von Patient_innen.

İlke und Serhat, ein Ehepaar Anfang 50, hatten ihre Klinik im Jahr 1994 eröffnet, nachdem İlke, eine ausgebildete Dermatologin, eine zusätzliche Ausbildung als Kosmetikerin in Deutschland absolviert hatte. Zu dieser Zeit gab es in der Türkei noch keine vergleichbare Berufsausbildung, weshalb sich die Klinik in den oberen zwei Etagen eines Wohngebäudes als eine der ersten professionellen Schönheitskliniken der Gegend rasch etablierte. Als ich Serhat und İlke durch einen Familienfreund kennenlernte und ihre Klinik 2011 erstmals besuchte, hatten sich mehrere andere Schönheitszentren in unmittelbarer Nähe angesiedelt, darunter ein Privatkrankenhaus für plastische und ästhetische Chirurgie. Serhat und İlkes Patient_innen kamen aus ganz Istanbul, der Türkei, sowie verschiedenen Ländern des Nahen Ostens und Europas, um aus einer langen Liste von Schönheitsbehandlungen zu wählen. Dazu zählten diverse kosmetische Gesichtsbehandlungen zur Verjüngung, Füllungen, Lidstraffungen, Laser-Enthaarungen und Haartransplantationen, die in einer weiteren, von dem Paar betriebenen Einrichtung ausgeführt wurden. Die Injektion von Botulinumtoxin gehörte zu den gängigsten Behandlungsmethoden in der Klinik.

Die regelmäßige Injektion des neurotoxischen Proteins Botulinumtoxin („Botox") zur Behandlung und Vorbeugung von Faltenbildung durch die Lähmung von Gesichtsmuskeln war während meiner Forschung unter Frauen mittleren Alters aus der (säkularen) Mittel- und Oberschicht weit verbreitet. Botox-Injektionen stellten für gewöhnlich einen ersten Schritt für Frauen aus der Mittel- und Oberschicht dar, um sichtbaren Altersanzeichen vermeintlich nachhaltig entgegenzuwirken. Die erste Verwendung von Botulinumtoxin wurde 1989 von einem US-amerikanischen plastischen Chirurgen dokumentiert. Nach mehreren klinischen Studien und der Freigabe durch die US-amerikanische Zulassungsbehörde Food and Drugs Administration im Jahr 2002, stieg Botulinumtoxin zu einer weltweit beliebten kosmetischen Behandlungsmethode auf, die insbesondere von Allergan einem globalen Pharmaunternehmen mit Hauptsitz in Dublin, unter dem Namen „Botox" vermarktet wurde (Berkowitz 2017). Wie andernorts auch ist „Botox" in Istanbul zu einem gängigen Begriff und unverzichtbarer Bestandteil eines bestimmten Lebensstils der oberen sozialen Schichten geworden.

Insgesamt sind Botox-Injektionen und andere Gesichtsverjüngungsverfahren in Istanbul und der Türkei im weltweiten Vergleich äußerst beliebt. Im Jahr 2017 verzeichnete die Internationale Gesellschaft für ästhetische und plastische Chirurgie (ISAPS) geschätzte 221.808 Botulinumtoxin-Injektionen, die 2016 in der Türkei vorgenommen wurden. Hinzu kommen mehr als 70.000 andere nichtoperative Gesichtsverjüngungsbehandlungen und -injektionen, einschließlich Hyaluronsäure- und Eigenfett-Injektionen, sogenannte Füllungen. Das bedeutet, dass die Türkei 2017 in Bezug auf Botox mit erstaunlichen 4.5% aller weltweit vorgenommenen Injektionen weltweit auf Platz 4 aller von der ISAPS aufgeführten Ländern lag. Gemäß nationaler Vorschrift müssen Botox-Injektionen im Bereich Gesichtsästhetik und Gesichtsverjüngung von medizinischem Personal in einer medizinischen Einrichtung durchgeführt werden.[4] 2015 kostete eine Botox-Gesichtsinjektion in Istanbul pro Sitzung umgerechnet zwischen 80–150 EUR, wobei die Wirkung nach fünf bis sechs Monaten nachlässt und aufgefrischt werden muss. Entsprechend kritisieren viele Schönheitstherapeut_innen diese Behandlung als zu kostspielig und von lediglich begrenzter Wirkung und empfehlen andere, nicht-invasive monatliche Behandlungen der Gesichtsverjüngung, die in der Regel in Schönheitssalons und Kosmetikstudios durchgeführt werden.

Am Tag unseres Besuchs in der Schönheitsklinik in Etiler war die erste Patientin eine Stammkundin Serhats Anfang 60, Ayşe, die am späten Vormittag in Begleitung ihrer 37-jährigen Tochter erschien. Während Serhat die Injektionen im Gesicht der Tochter durchführte, erzählte uns Ayşe, sie verwende bereits seit zehn Jahren Botox, um die Zornesfalten zwischen ihren Augenbrauen zu glätten. Die habe sie von ihrer Mutter mütterlicherseits geerbt. Als Ayşe vor zehn Jahren in

---

[4]Offizielle Mitteilung über die Verordnung Medizinischer Einrichtungen im Bereich Schönheit und kosmetische Eingriffe, 12. Mai 2003, Verordnungs-Nr. 25.106.

die Wechseljahre kam und ihr Körper sichtbar rapide zu altern begann, begannend diese Falten sie zu stören und sie fürchtete, sie würde den gleichen strengen Gesichtsausdruck wie ihre Mutter bekommen. Vor ein paar Monaten bemerkte Ayşe die gleichen Falten im Gesicht ihrer Tochter, weshalb sie sie überredet hatte, sie heute in die Klinik zu begleiten, um möglichst früh und vorbeugend zu handeln. Nach der Behandlung mussten die beiden Frauen schnell los, um zu einer Verabredung mit Freundinnen zum Mittagessen in einem naheliegenden Einkaufszentrum zu eilen.

Sobald sie weg waren, setzte Serhat sich zu uns in das nun leere Wartezimmer und bat die Empfangsdame, Tee zu servieren. Er begann, sich über seine Patientin zu beschweren, die darauf bestand, die Injektionen nur zwischen die Augenbrauen zu bekommen, um so „natürlicher" zu wirken. Serhat empfand das als seltsam, da sie doch „sowieso schon was im Gesicht macht". Seiner Meinung nach unternahm sie eindeutig zu wenig, um ihre Alterserscheinungen zu vermindern. Wann immer er sie sehe, schlüge er ihr die Behandlung weiterer Gesichtsfalten mit Botox-Injektionen vor und lege ihr eine „dringende Behandlung" ihrer Tränensäcke und das Auffüllen ihrer tief eingesunkenen Nasolabialfalten nahe. Nichtsdestotrotz bliebe die Patientin auf ihre Zornesfalten fixiert.

In der Tat betonten viele Botox-Patientinnen, sie wollten „natürlich" wirken. Aufgrund seiner hohen Behandlungskosten und begrenzten Verfügbarkeit wurde Botulinumtoxin in der Türkei in den ersten Jahren nach seiner Entdeckung als kosmetisches Phänomen der High Society (Türkisch *sosiyété*) betrachtet. Sich „botoxen" hatte also einen gewissen Chic-Effekt, der über den tatsächlichen körperlichen Effekt hinaus ging und die Behandlung für soziale Aufsteiger_innen attraktiv machte. Andererseits wird Personen des öffentlichen Lebens, die für ihre Botox-Injektionen bekannt sind, oft vorgeworfen, es mit der Verschönerung zu „übertreiben". Die türkische Regenbogenpresse strotzt vor Bildern von Stars, deren Gesichter ungewöhnlich angeschwollen wirken, die permanente Schmollmünder haben oder aufgrund eines übermäßigen Botox-Effektes nicht in der Lage sind, zu lächeln. Dementsprechend war die Antwort der 60-jährigen Sekretärin Sakine, auf meine Frage hin, ob sie mit dem Ergebnis ihrer regelmäßigen Botox-Behandlung zufrieden sei, „ja, weil sie keinen Affen aus mir macht".[5] Ihre Aussage bezog sich auf eine vielzitierte Bemerkung eines berühmten Schönheitschirurgen in einer Fernseh-Talkshow einige Wochen zuvor.

---

[5]Interview mit Sakine, 26. Dezember 2013.

Dort sagte er über den türkischen Superstar Ajda Pekkan, eine Mitte der 1940er Jahre geborene Sängerin, die für ihre vielfachen ästhetischen Eingriffe bekannt ist, sie habe „keine Mimik im Gesicht" und ihre Lippen sähen aus wie „ein Affenhintern", da sie Botox übermäßig verwende.[6]

Die nächste Patientin, die an diesem Tag in die Klinik kam, war eine Frau namens Günay. Sie traf um 15 Uhr ein und kam aus dem nahegelegenen Şişli. Günay wurde 1973 in Azerbaijan geboren und zog in den frühen 90er Jahren nach Istanbul. Sie war verheiratete Mutter eines Sohnes und betrieb einen Perückenladen im wohlhabenden Viertel Nişantaşı. Inspiriert von der Ladenbesitzerin, einer modebewussten älteren Dame, von der Günay in den höchsten Tönen sprach, hatte sie vor vier Jahren mit regelmäßigen Botox-Injektionen begonnen. Zur selben Zeit begann sie „Probleme um die Augen herum" zu bekommen, die sie auf ihre „Gene" zurück führte. Im Interview erklärte sie:

> „Nach der Behandlung sah ich einfach hübscher aus, meine Augenbrauen wurden hochgezogen und mein Gesichtsausdruck wirkte gleich schöner. Als sich die Wirkung bemerkbar machte [mehrere Tage nach der Injektion], überkam mich ein extremes Glücksgefühl. Das ist auch der Grund, warum ich die Behandlung weiterhin regelmäßig mache."[7]

Günay trug schwarze Lederboots, eine enge schwarze Jeans und einen weißen Kaschmirpullover. Mit ihrem langen, schwarzen Haar, das zu einem Pferdeschwanz zusammengebunden war, erschien sie stilvoll und gepflegt. Ihre Augen und Lippen waren sorgfältig geschminkt und ihre langen, maniküren Nägel waren in einem leuchtenden Rot lackiert. „Das ist sehr wichtig, wenn du ein Geschäft in Nişantaşı leitest", behauptete sie. Während wir uns mit Günay unterhielten, betrat ihre enge Freundin Miray mit ihrer älteren Schwester Tülin die Klinik, um ebenfalls Botox-Injektionen zu erhalten. Die Frauen begrüßten sich herzlich und die Neuankömmlinge entschuldigten sich bei Günay, da sie zu spät aus ihrem Pilates-Kurs in einem nahegelegenen Fitnessstudio gekommen waren. Es war Tülins „erstes Mal" in der Klinik und Günay, die Miray vor einigen Jahren in der Klinik vorgestellt hatte, stellte nun Tülin vor. Während Serhat sich zur Behandlung von Günay ins Obergeschoss der Klinik begab, erhielt Tülin einen

---

[6]Pekkan erhob erfolgreich Klage wegen Rufmords gegen den Schönheitschirurgen (A.A. 2013).
[7]Interview mit Günay, 2. April 2015. Die folgenden Zitate von Günay sind ebenfalls diesem Interview entnommen.

Patientenfragebogen und ein Informationsblatt über den Ablauf und die Risiken der Behandlung zur Unterschrift. Die Empfangsdame machte zudem ein Foto von ihrem Gesicht, um das „Vorher-Foto" später mit dem Foto vergleichen zu können, das eine Woche nach der Behandlung gemacht wird, nachdem das Ergebnis sichtbar geworden ist. Bei der Durchsicht seiner Fotoaufnahmen zeigte uns Serhat Günays Vorher-Nachher-Bild, das von den Geschwistern, besonders in der ‚Vorher'-Version, als „überhaupt nicht wie [Günay] aussehend" kommentiert wurde.

Während sie auf Günay warteten, plauderten die Schwestern über Tülins kürzlichen Aufenthalt in einem Luxushotel an der Mittelmeerküste. Miray war eine attraktive Frau Anfang vierzig mit gebräunter Haut und einem Vogel-Tattoo auf ihrer Brust. Tülay, etwa zehn Jahre älter, trug Goldschmuck, eine Yves Saint Laurent-Handtasche und Designerjeans. Beide besaßen das neueste Modell eines teuren Smartphones; beide waren mit Geschäftsmännern verheiratet und kümmerten sich hauptberuflich um ihre Kinder und den Haushalt. Im Interview berichtete Tülin von ihrer Angst vor den Injektionen, die sie als längst überfällig empfand. All ihre Freundinnen ließen sich diese Injektionen geben, und sie war nach eigenem Empfinden zu lange zögerlich gewesen. Besonders ihre Gesichtsfalten auf der Stirn, ihre faltigen Krähenfüße und ihre Oberlippe, die neuerdings an die einer „alten Dame" erinnerte, bereiteten ihr große Sorge. Abgesehen davon und mit der Ausnahme von etwas übermäßigem Bauchfett, war sie jedoch recht zufrieden mit ihrem Körper. Sie sprach ausführlich über die verschiedenen Kurse, die sie in ihrem Fitnesscenter besuchte, um in Form zu bleiben.

Wie Günay und viele andere Interviewpartnerinnen erzählte auch Tülin ihrem Mann im Vorfeld nichts von ihren Schönheitsbehandlungen und hatte auch von dem heutigen Termin nichts erzählt. Während sie für Einkäufe des alltäglichen Lebens auf die Kreditkarte ihres Mannes zurückgriff, bezahlte sie die Botox-Behandlung aus ihren eigenen Ersparnissen. Zwar wurden Behandlungen vor Ehemännern nicht gerade geheim gehalten, jedoch waren sich viele Patientinnen einig darüber, dass sie sie ihnen nicht „auf die Nase binden" wollten. Unter den Frauen, die wir in Schönheitssalons und -kliniken antrafen, waren die beschwichtigenden Floskeln von Ehemännern – „das hast Du doch nicht nötig" – eine Art Dauerwitz, die von niemandem ernst genommen zu werden schien.

In der Zwischenzeit war Serhat mit Günays Injektionen fertig. Sie kam, um gleich wieder in İlkes Büro zu verschwinden, wo sie eine weitere Behandlung besprach, die Serhat vorgeschlagen hatte. Die Empfangsdame rief Tülin auf, die mit meiner Begleitung ins Behandlungszimmer einverstanden war. Dort bat Serhat sie, sich auf einen Behandlungsstuhl zu legen, der große Ähnlichkeit mit einem Zahnarztstuhl hatte, und begann ohne weiteres Tülin jeweils drei Injektionen in ihre rechte und linke Schläfe zu setzen. Nach jeder Injektion drückte er einen Wattebausch auf ihre Haut. Nach der ersten Injektionsrunde zeigte er ihr den Wattebausch, um zu zeigen, dass kein Blut darauf zu sehen war. Dann nahm er weitere Injektionen zwischen Tülins Augen, ihrer Stirn und Oberlippe vor. Nach den Injektionen in der Oberlippe kam Blut zum Vorschein, aber Serhat wechselte den Wattebausch schnell aus und Tülin schien nichts davon zu bemerken. Stattdessen tadelte er sie für das Rauchen und sagte, Raucher-Lippen sähen immer „schlimmer" als die von Nichtrauchern aus. Nach weniger als fünf Minuten war die Prozedur vorüber und Tülin atmete erleichtert auf. „Das war gar nicht so schlimm", sagte sie. „Natürlich nicht", antwortete Serhat. „Und was ist hiermit?", fragte Tülin, und zeigte auf ihre Nasolabialfalte. „Die ist noch in Ordnung", sagte er und fügte hinzu: „Wir werden sie in etwa fünf Jahren mit einer Füllung behandeln, sobald sie etwas tiefer sitzt." Er erinnerte sie daran, ihr Gesicht in den nächsten 24 Stunden nicht zu massieren und auf keiner ihrer beiden Gesichtshälften zu schlafen, damit das gewünschte Ergebnis innerhalb weniger Tage erkennbar sei.

Die Arzt-Patientinnen-Beziehung deutet darauf hin, dass Serhat die Besorgnis seiner Patientin ernst nahm und sich bemühte, die Behandlung als möglichst „kleinen" und „unblutigen" Eingriff erscheinen zu lassen. Indem er sie wegen ihres Rauchverhaltens zurechtwies, ermahnte er sie nicht nur zu einem gesünderen Verhalten, sondern auch zu einem, das sich darum bemühte, visuelle Anzeichen des körperlichen Alterns zu verlangsamen. Demgegenüber bewies sich Tülin als eine aufgeklärte Patientin, die sich in eine hinterfragende Form der Selbstüberwachung begab und bereit war, falls notwendig „mehr zu tun". Nicht zuletzt reihte sich der medizinische Eingriff in eine Zeitachse ein, in der die Behandlung von Tülins Nasolabialfalte „in fünf Jahren" als Notwendigkeit anerkannt wurde.

Während Tülin, Miray und Günay an der Rezeption mit der Empfangsdame über den Umrechnungskurs von Türkischer Lira und US-Dollar, der Währung, nach der in der Klinik abgerechnet wird, diskutierten, betrat die letzte Patientin des Tages die Klinik. Ayzer war eine blondierte Dame Ende fünfzig, auffällig geschminkt mit Lippenstift und Eyeliner und in einer engen schwarzen Hose, hochhackigen Stiefeln und einer roten Kostümjacke gekleidet. Sie war seit etwa zehn Jahren Stammkundin der Klinik, die sie mit Beginn ihrer Menopause erstmals besucht hatte. Neben regelmäßigen Botox- und Vitamininjektionen hatte sie bereits mehrfach Füllungen und eine Lidstraffung, die sie gegen ihre hängenden Augenlider unternahm, ausüben lassen. An diesem Tag behandelte Serhat sie mit Hyaluron-Fillern, die ihre Gesichtsfalten reduzieren sollten. Die Kosten hierfür betrugen umgerechnet etwa 180 EUR. Während unserer Unterhaltung im Wartezimmer teilte uns Ayzer mit, dass die Behandlungen in der Klinik sie glücklich *(mutlu)* machten, wohingegen sie der Gedanke oder der Anblick ihres alternden Äußeren für gewöhnlich deprimierte und traurig *(umutsuz)* stimmte. Wenn sie sich heute nackt im Spiegel betrachte, vertraute sie uns an, erinnere sie sich kaum mehr an ihr früheres attraktives und fittes Selbst. Sie verabscheue ihre schlaffe Haut und ihr übermäßiges Fett an den Oberschenkeln und am Bauch. Wie viele andere Frauen in der Klinik schien Ayzer um ihre Attraktivität als Ehefrau einer öffentlichen Person zu bangen. Indem ihre Identität an das Bild der schönen Gattin geknüpft schien, hatten die sichtbaren Altersanzeichen sie in eine tiefe Identitätskrise gestürzt.

5 Diskussion und Analyse

Zusammenfassend lässt sich sagen, dass viele der Stammkundinnen dieser privaten Schönheitsklinik eine bestimmte Art von Patientinnen mittleren bis (jüngeren) höheren Alters bildeten, die über ihr Aussehen und ihre körperliche „Deformierung" besorgt und über aktuelle Trends und Behandlungen gut informiert waren. In der Klinik erschienen sie zu regelmäßigen Check-ups und für die neusten (vorbeugenden) Behandlungen, wobei sie einen allgemein fitten und gesunden Eindruck machten. Sie beobachteten ihren Körper genau, legten ihr eigenes Geld für Behandlungen beiseite und gaben trotz harter Verhandlungen so viel aus „wie es eben kostete", um sichtbare Zeichen des Alterns zu minimieren. Um ihre postmenopausalen Identitäten und ihren „zweiten Frühling" zu behaupten, nutzten sie ästhetische Körpermodifikationen und lehnten damit eine fatalistische Sicht auf das „hohe Alter" klar ab.

Sie taten dies im Gegensatz zu einer früheren Generation säkularer Frauen der oberen Mittelschicht, einschließlich ihrer Mütter, die sie zwar als gut gepflegte und ordentlich aussehende Frauen beschrieben, die invasive kosmetische Behandlungen jedoch ablehnten bzw. abgelehnt hätten. Ihre Mütter, so berichteten sie uns, hatten mit dem Ende ihrer Menstruation ihre sexuelle Identität herunter gespielt, was bei manchen mit dem Anlegen eines lockeren Kopftuches verbunden war. Zur Zeit meiner Forschung war der Diskurs über die Menopause als Indikator für körperliche Veränderungen, die kosmetische Chirurg_innen und Kosmetiker_innen gemeinhin als körperliche Deformierungen beschrieben, fest in den Erzählungen der Patientinnen verankert. Viele der postmenopausalen Frauen der höheren Gesellschaftsschichten, die ich in Istanbuls Schönheitssalons und -kliniken traf, investierten in ästhetische Körpermodifikationen, um subjektiv empfundene „Hässlichkeiten" und „Depressionen" über das Altern mit Eingriffen zu behandeln, deren Effekte sie affektiv mit „Glück" beschrieben. Frauen, die sich auf der Suche nach Verjüngung und glücklich-machenden ästhetischen „Upgrades" in Schönheitssalons und -kliniken begaben, wollten nicht zuletzt auch sexuell attraktiv und konkurrenzfähig bleiben.

Neben Routinepraktiken wie dem regelmäßigen Besuch von Fitnesssalons, Nagelstudios und Haarsalons, sahen diese Patientinnen offensichtlich die Notwendigkeit, gelegentlich auch in invasive kosmetische Behandlungen zu investieren. Die oben erwähnte Ajda Pekkan, die in der Türkei wie kein anderer Popstar mit kosmetischer Chirurgie in Verbindung gebracht wird, sprach über ihre postmenopausalen Eingriffe in einer Talkshow im türkischen Privatfernsehen Kanal D wie folgt:

> „Wir sind umsichtige Menschen und sollten auf uns Acht geben. Ab einem bestimmten Zeitpunkt sagte ich zu mir selbst: „Ich sollte mich zusammenreißen" und unterzog mich einiger kosmetischer Operationen. …Selbstverständlich versucht man alles, was einem in der Macht steht, um sich um sich selbst zu sorgen. Dies betrifft nicht nur kosmetische Operationen. Frauen in meinem Alter sollten sich um ihre Gesundheit kümmern, Sport machen und eine positive Lebenseinstellung einnehmen. Sicherlich greifen dabei einige auch auf radikalere Eingriffe [wie kosmetische Operationen] zurück. Hin und wieder ist ein Upgrade einfach notwendig!" (A.A. 2009).

Die Vorstellung eines postmenopausalen ästhetischen Upgrades als auch das Bemühen, die eigene Attraktivität als Frau neben der Gesundheit und positiven Einstellung gegenüber dem Altern zu wahren bzw. zurückzugewinnen, war eine oft bemühte Rhetorik. Bezeichnenderweise kam sie insbesondere in den Gesprächen und Interviews mit älteren Frauen einer säkularen (oberen) Mittelschicht auf, jener Gruppe, die Ajda Pekkan in ihrem „wir" mit einschließt und die überhaupt nur in der Lage sind, die mit einem so definierten „Zusammenreißen" verbundenen Kosten zu tragen.

6 Fazit

Mit den ersten negativ behafteten Zeichen des Alterns während des Schönheitsbooms der späten 1980er und 1990er Jahre konfrontiert, entschieden sich die in diesem Aufsatz vorgestellten Frauen der oberen Mittelschicht Istanbuls, aktiv in Verjüngung und ästhetische „Upgrades" zu investieren. Die Menopause wurde in diesen Jahren zunehmend öffentlich diskutiert und medial als der Beginn eines „zweiten Frühlings" der Frau erfunden. Vor diesem Hintergrund folgen viele Frauen der städtischen Mittelschicht dem Rat kommerzieller Schönheits-Therapeuten_innen und ärztlicher Expert_innen und sind bereit, in ihre Körper „was auch immer nötig ist" zu investieren. Andere fühlen sich von ganz spezifischen, sichtbaren Alterserscheinungen beunruhigt, etwa solchen, die sie an den alternden Körpern ihrer Mütter wahrnehmen.

Die Injektion von Botox oder ähnlichen vermeintlich „blutlosen" ästhetischen Körpermodifikationen, die in der oben beschriebenen Klinik beobachtet wurden, stellen ein interessantes Beispiel dessen dar, was Armstrong (1995) mit seinem Begriff der Überwachungsmedizin bezeichnete. Innerhalb der Verlagerung von einer Krankenhaus-basierten zur Überwachungsmedizin ist eine zunehmend informierte und selbstbewusste Patientin, die über ein bestimmtes Einkommensniveau verfügt und streng genommen gesund ist, nicht mehr auf eine öffentliche Gesundheitsversorgung angewiesen, sondern in der Lage, für ihre Behandlung in privaten medizinischen Einrichtungen selbst zu bezahlen. Diese Behandlungen dienen nicht zwingend der Verbesserung der eigenen Gesundheit, sondern werden vorgenommen, um einer „Verschlechterung" des gesundheitlichen Zustandes vorzubeugen und entgegenzuwirken. Aus dieser Sicht ist es das Altern selbst, das ein Gesundheitsrisiko oder gar eine Krankheit darstellt. Es kann mit Verjüngungsverfahren, die Teil eines ganzen Lebensstils sind – inklusive gesunder Ernährung, Fitness und Wellness –, aufgehalten werden.

Im Vergleich zu früheren Generationen weiblicher Familienangehöriger, für die die Investition in das eigene attraktive Äußere ab einem bestimmten Alter mit Scham behaftet war, beansprucht eine jüngere Generation alternder Frauen in der Türkei einen „zweiten Frühling". In den Gesichtern ihrer Mütter und Großmütter erblicken sie ihre eigene Zukunft in Form einer ästhetischen „Deformierung". Im starken Gegensatz zu kulturellen Vorstellungen des Alterns als einem Prozess der zunehmenden Autorität und sozialen Errungenschaft für beide Geschlechter (Delanay 1991), scheinen die Patient_innen privater Schönheitskliniken Altern als ein (ästhetisches) Risiko, insbesondere für Frauen, zu konzeptualisieren.

Wie andernorts auch werden in der Türkei Vorstellungen über körperliche Ästhetik historisch erzeugt und verbinden eine bestimmte körperliche Erscheinung mit affektiven Bildern von Modernität, Moral und Weiblichkeit. In der Türkei gilt das körperliche Erscheinungsbild von Frauen schon lange als Indikator für den Grad der Modernität, Moral und westlichen Orientierung des Staates, was insbesondere in der Analyse der sogenannten Kopftuchdebatten der 1990er Jahre deutlich wurde (Çınar 2005; Gökarıksel 2009, 2012; Gökarıksel und Secor 2009, 2010; Göle 1995; Navaro-Yashin 2002, S. 78–113; Secor 2001; White 2002). Insbesondere Frauen der säkularen Mittel- und Oberschicht investieren in die Erfüllung normativer Vorstellungen von Weiblichkeit, die sie auch als Mittel der Distinktion von denjenigen nutzen, die diese Vorstellungen nicht erfüllen können. Die Ausweitung der gesellschaftlichen Erwartungen an eine sexuell attraktive Weiblichkeit bis in ein hohes Lebensalter hinein geht mit Formen der zunehmenden Selbstoptimierung und Disziplinierung im Kontext eines privatisierten Gesundheitssektors einher.

In Istanbul besagt ein in Schönheitssalons und -kliniken gängiges Sprichwort, dass es keine hässlichen Frauen mehr gibt, sondern nur solche, die nachlässig sind. Diejenigen, die den ästhetischen Normen weiblicher Jugendlichkeit und Frische nicht gerecht werden können, verkörpern somit einen nahezu unentschuldbaren Mangel an Disziplin und (kulturellem) Kapital. Um das Zitat des ästhetischen Chirurgen, das zu Beginn dieses Aufsatzes zitiert wurde, erneut zu bemühen, sind derlei nachlässige Individuen in einer immer schöner werdenden Stadt, in der auch die letzten Grünflächen einer fortschreitenden 'Verschönerung' anheimfallen, schlichtweg fehl am Platz.

Literatur

A.A. (2009). Ajda: bir kaç kez estetik yaptırdım [Ajda: Ich unterzog mich einige Male ästhetischen Operationen], *Hürriyet*, 25. Mai [Türkisch]

A.A. (2013). O sözlere 6 bin TL ceza [Eine Strafe von 6.000 TL für diese Worte], *Hürriyet*, 18. Juli [Türkisch]

Armstrong, D. (1995). The Rise of Surveillance Medicine. *Sociology of Health and Illness*, 17: S. 393–404.

Berkowitz, D. (2017). *Botox Nation: Changing the Face of America*. New York: New York University Press.

Çınar, A. (2005). *Modernity, Islam and secularism in Turkey: Bodies, Places and Time*. Minneapolis, MN: The University of Minnesota Press.

Delanay, C. (1991). *The Seed and the Soil: Gender and Cosmology in Turkish Village Society*. Berkeley, Los Angeles, London: University of California Press.

Erol, M. (2011). Neoliberalizmin İkinci Baharı: Türkiye'de Menopozun Toplumsal İnşası [Der zweite Frühling des Neoliberalismus: Die soziale Konstruktion der Menopause in der Türkei]. In: Özbay , C., Terzioğlu, A. & Yasın, Y. (eds) *Neoliberalizm ve Mahremiyet: Türkiye'de Beden, Sağlık ve Cinsellik*. Istanbul: Metis. [Turkish]

Gökarıksel, Banu (2009). Beyond the Officially Sacred: Religion, Secularism and the Body in the Production of Subjectivity. *Social and Cultural Geography* 10 (6): S. 657–74.

Gökarıksel, Banu (2012). The Intimate Politics of Secularism and the Headscarf: the Mall, the Neighborhood, and the Public Square in Istanbul, *Gender, Place & Culture: A Journal of Feminist Geography* 19(1): 1–20.

Gökarıksel, Banu and Anna J. Secor (2009). New Transnational Geographies of Islamism, Capitalism, and Subjectivity: the Veiling-Fashion Industry in Turkey. *Area* 41(1): 6–18.

Gökarıksel, Banu and Anna J. Secor (2010). Between Fashion and *tesettür*: Marketing and Consuming Veiling-Fashion. *Journal of Middle East Women's Studies* 6(3): S. 118–48.

Göle, Nilüfer (1995). *Republik und Schleier. Die muslimische Frau in der modernen Türkei*. Berlin: Babel.

Hainz, Tobias (2014). *Radical Life Extension: an Ethical Analysis*. Münster: Mentis.

ISAPS (2017). *The International Study on Aesthetic/Cosmetic Procedures Performed in (2016)*. Pressemitteilung vom 27. Juni 2017, verfügbar online auf: https://www.isaps.org/Media/Default/Current%20News/GlobalStatistics2016.pdf (besucht am 28. August 2017).

Keyder, Çağlar (2005). Globalization and Social Exclusion in Istanbul. *International Journal of Urban and Regional Research* 29(1): 124–34.

Lyon, David (2007). *Surveillance Studies: An Overview*. Oxford: Polity Press.

Navaro-Yashin, Yael (2002). *Faces of the state: secularism and public life in Turkey*. Princeton et al.: Princeton Univ. Press.

Özyegin, G. (2001). *Untidy Gender: Domestic Service in Turkey*. Philadelphia: Temple University Press.

Secor, Anna J. (2001). Toward a Feminist Counter-geopolitics: Gender, Space and Islamist Politics in Istanbul. *Space and Polity* 5(3): 191–211.

White, Jenny B. (2002). *Islamist Mobilization in Turkey: A Study in Vernacular Politics*. Seattle and London: University of Washington Press.

Yenal, Merve (2004). Benim Güzel Müdürüm [Mein schöner Chef], *Hürriyet*, 5. Juni.

Synthetic Biology and Speculative Bodies: Imaginary Worlds in Selected BIO·FICTION Films

Sandra Youssef and Markus Schmidt

Abstract

As a highly promising interdisciplinary field in the life sciences, synthetic biology bridges such diverse disciplines as molecular biology, organic chemistry, IT, and engineering in order to create biological systems which do not exist in nature. As any emerging technology, synthetic biology is accompanied by many hopes and fears, amongst which the way in which it connects to medicine, and specifically how the biological body is viewed and treated, is equally rousing and provoking. The reality of the lab is one thing, another is the vision(s) of the future which synthetic biology inspires: equally fantastic and fundamentally human. Here we analyse several short films from the repository of the BIO·FICTION Science Art Film Festival, a festival which focuses on synthetic biology. The selected films engage with the human body and cover themes such as fantastical cross-species imaginations, the development of new organs, and future forms of geriatric care. Our analysis of these (semi)fictional films, which illustrate cultural reflections of the technological advances brought forth by synthetic biology, serves as a first exploration of how corporeality and the human body is imagined and displayed in these

---

S. Youssef (✉) · M. Schmidt
Biofaction, Wien, Austria
E-Mail: sandra.youssef@biofaction.com

M. Schmidt
E-Mail: schmidt@biofaction.com

© Der/die Autor(en), exklusiv lizenziert durch Springer Fachmedien Wiesbaden GmbH, ein Teil von Springer Nature 2020
M. Şahinol et al. (Hrsg.), *Upgrades der Natur, künftige Körper,* Technikzukünfte, Wissenschaft und Gesellschaft / Futures of Technology, Science and Society, https://doi.org/10.1007/978-3-658-31597-9_9

imaginary worlds, and what that might imply about how we view the human body in the present.

Keywords

Film · Science fiction · Synthetic biology · Body · Corporeality · Organ · Brain · Art · Biology · DNA · Life · Death

1 Introduction: A Synthetic Biology Science Art Film Festival

As part of the SYNENERGENE project (a European FP7 project dealing with Responsible Research and Innovation in Synthetic Biology), we had organized a second iteration of the BIO·FICTION Science Art Film Festival in 2014. The main aim of the three-day long festival was to provide a collaborative, interdisciplinary and creative stage to come in contact with, examine, and discuss synthetic biology. In order to achieve that, the festival placed equal focus on the three pillars in its title: 1) It invited scientists, but also artists, film makers, philosophers, and others to present and discuss the future of biology. 2) It invited installation and performative artists to exhibit and stage their work that dealt with aspects of synthetic biology. 3) It carried out an international film competition and programmed a variety of films in screenings throughout the whole event. After the festival ended, we sent the films on tour by compiling and programming film screening and discussion events with collaborators in locations across the world.

We were invited to bring a selection of BIO·FICTION films to the interdisciplinary meeting, which this volume deals with, and chose a selection that would touch on a variety of topics of interest to the participants: from the revival of extinct species, to a whimsical animation dealing with livestock farming and cloning, from the creation of new types of organs, to the creation of new types of animated, „living" food. In the context of the discussions after the film screening, as well as the topics presented by the other participants, the notion to explore how the human body is envisioned, represented, and treated in these films seemed an interesting venture to us. Much of the work dealing with synthetic biology concerns itself with ethical, legal, and social aspects (e.g. Balmer and Martin 2008; Schmidt et al. 2009) and, from a more philosophical point of view, with the question and definition of "life" (e.g. Deplazes-Zemp 2012; Luisi 2016).

2 Synthetic Biology, Films, and Visions of the Human Body

In terms of films that deal with synthetic biology and concern themselves with the body, straightforward documentaries which detail the work of bioartists and biohackers are the first that come to mind (e.g. the documentary film *BioArt: Art from the Laboratory* 2011; or cf. Seyfried et al. 2014; de Lorenzo and Schmidt 2017). The visual dimension in film can also serve to illustrate things that we may *know* about, but may have never *seen* either in real life or visualized. Austrian artist Sonja Bäumel's body of work, for example, represents an in-depth exploration of the self, the human body, and specifically the human skin and its potential. *Expanded Self* (2012) is a short three and a half minute film and record of a larger artistic project, in which Bäumel, supported by bacteriologist Erich Schopf, visualizes the invisible surface of the human body. By using a gigantic petri dish as canvas and the bacteria living on her own body as colour, *Expanded Self* showcases not just the imprint of a human body, but also the presence of all the invisible inhabitants that live on that body (Bäumel 2012). There is much and more that can be explored visually, from a close-up of what happens under the microscope, to animations that are inspired by how the tiniest parts within our cells dance to an unknown music. For the purposes of this text, however, we want to explore visions, i.e. imaginaries, and speculative representations of the body within film.

Visions are interesting, precisely because they stem from the present. Rather than the fact that the imaginaries they present are futures that we will encounter (although they may well have an influence on human action), they point towards our present and what bright futures and nightmares we dream up in the context of our situation now (cf. Ferrari et al. 2012; Meyer et al. 2013; Grunwald 2016, 2007; Schmidt et al. 2015). Still, the ways in which new sciences and technologies are foreseen and portrayed can impact the debates revolving around these technologies, and subsequently influence the way in which they are pursued. In other words, speculative concepts can have implications for the future, while being strongly rooted in the reality of the present (Kirby 2010). Similarly, the question of how the body is (re)presented in speculative visions can facilitate our understanding of the hopes, fears, utopian and dystopian imageries inspired by synthetic biology. But more importantly, and perhaps more difficult to tease out, such speculative visions can tell us what concept of and relationship to the human body we have now.

Tab. 1 Overview of films discussed in the text

Title	Year	Director	Country	Section
I wanna deliver a dolphin	2013	Ai Hasegawa	JP	Body and Parts
Electrostabilis Cardium	2013	Agi Haines	UK	Body and Parts
The Culturists	2014	David Benqué	UK	Body Management
Quanticare	2012	Amy Congdon, Jenny Lee, Ann-Kristin Abel	UK	Body Management
Talking Life	2012	Bâr Tyrmi und Rafael Linares	ES	Body Management
Local Unit	2006	Tad Ermitaño	PH	Discussion

This text presents a first foray into that question, by using several short films from the BIO-FICTION 2014 repository that feature aspects of the body and corporeality. It is not a systematic perspective by any stretch, but follows two purposes:

Firstly, it wants to not only look at the films, but also aims to give greater depth and dimension to the context from which they arise (e.g. if the films were part of a larger project, inspired by specific innovations, events or research etc.). In other words, we seek to root the works and visions in the context in which they were created.

Secondly, we want to use the films as a starting point to explore in what way the body is shown or treated, what questions that treatment may throw up, what general themes or thoughts might be extrapolated from the various speculative visions. This second purpose represents an exploration and, therefore, satisfies itself with a survey of the larger thoughts at hand.

The films are grouped in two sections (see Tab. 1), in accordance to the similarities they exhibit: the first section touches on the topic of the body in relation to new organs and parts, while the second section deals with visions of how the body can and might be managed. The final film, an entry to the BIO-FICTION 2011 contest, though in a first evaluation might seem to deal with the topic of organs, offers a vision that deals with personhood at large and is drawn on in the final discussion section.

Fig. 1 Protagonist and dolphin swim together (I wanna deliver a dolphin 2013)

3   The Human Body and Its New Parts

Ai Hasegawa's *I wanna deliver a dolphin* (2013) is a short two and a half minute long film, which opens underwater in a pool. We see a woman in a white dress swimming and turning; she seems restless or in pain. In short order the viewer realizes she is pregnant. Slowly, a tail with fins emerges from between her legs. It is a dolphin baby, birthed in a small cloud of blood. It swims around and towards the woman who is holding a white plastic syringe that she uses to feed it a white liquid. The end of the film shows them both swimming underwater and out of the frame (see Fig. 1).

Before the end credits, the film finishes with the title: "I wanna deliver a dolphin…".

The film comes across as surreal and is highly atmospheric, not least because it is completely nonverbal, underscored by a track of Erik Satie's "Gnossiene No. 1", with its characteristically slow, bittersweet, wandering, and whimsical melody. The music is only interrupted by the sounds of splashing water, quiet breathing above and under water, and the baby dolphin's quiet chittering.

I wanna deliver a dolphin is part of a 2-year project Hasegawa has worked on, beginning with an installation at the Dublin Science Gallery's "GROW YOUR OWN" exhibition in 2011 (Science Gallery 2011). The project at large deals with the idea of reproduction at a time of overpopulation, potential food shortages, and environmental crisis. Assuming the premise that human females are predisposed to want to reproduce, or give birth, on the one hand, while on the other hand the act of raising a child is becoming increasingly difficult, the project asks, "would a woman consider incubating and giving birth to an endangered species such as a shark, tuna or dolphin?" (Hasegawa 2013). It also asks, if in addition to the reproduction of rare species, one could then also in fact eat these specimens. To that end, Hasegawa chooses the Maui dolphin as an ideal target to become offspring: it belongs to the world's smallest and rarest dolphins, is classified as critically endangered, is highly intelligent and communicative, and has a similar size to a human baby, the artist argues. She imagines a point in the future, where synthetic biology allows the construction and placement of a special "Dolp-human placenta", which serves to block the delivery of antibodies to the baby, and has also been modified in a way so that the decidua (the uterine lining, which also serves to protect an embryo from its mother's immune system) only distinguishes between mammalian and non-mammalian cells (rather than human vs. non-human cells), allowing the human female to carry a dolphin to term. Hasegawa has designed the placenta as originating from the embryo's side in order to avoid "the ethical and legal difficulties associated with reproductive research involving human eggs" (Hasegawa 2013).

The film, especially within the context of the project at large, touches on some delicate and evocative points of inquiry, only the first, though also the most urgent, of which concerns itself with the taboo of an inter-species pregnancy and delivery. Hasegawa goes beyond that and asks: would this give satisfaction to a potentially unfulfilled female reproductive drive? If the purpose is to „donate" reproductive services and the animals are released in some act of „giving back" to nature, could this be done for conservation purposes? Could it be done as an investment into our future food supply? More provocatively, can the female uterus be used to grow our own food? Or would the value of the animal change, once it is carried in and delivered out of a woman's body, making it impossible for that animal to be consumed?

The implications of these considerations touch on questions of identity, ownership, belonging, but more so on questions of human life and life-giving. In addition, they also imply some difficult questions about the body: what are the consequences of a Dolp-human placenta, which has to be engineered precisely so that it can fulfill its goal in the human mother, but will accept cells from another mammal? What are its consequences for the body into which it was placed, and for the woman that this body belongs to?

Another piece that deals with new organs, Agi Haines' *Electrostabilis Cardium* (2013), is a difficult film to watch. It opens with a surgery in progress. There are no shots of faces, backs or heads of the surgeons and nurses; the viewer only sees close-ups of their hands facilitating and performing the surgery. There are details

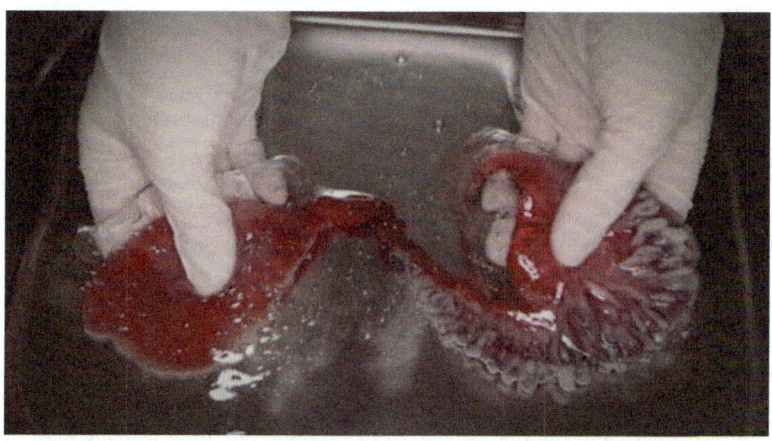

Fig. 2 Organ being taken from surgical tray for transplant (Electrostabilis Cardium 2013)

of surgical implements and, acting as the main backdrop to the film, the body part in question: a square cut-out flesh-colored rectangle in the center, surrounded by green medical cloth covering everything else. It starts slow with the preparation and disinfection and slow cutting into the body, and then becomes increasingly gruesome and gory, as the audience sees forceps being used to hold the surgical site open and is given a clear view of blood welling up and being sucked off. But there is more detail: we see and hear the high-pitched whine of a power tool being used to cut into the body, some sort of saw or drill. A large, heavy-looking metal tool makes an appearance, is inserted into the surgical site and cranked open, clearly prising muscles and bone apart. And then inside the cavity we see a beating heart. A surgical tray is brought in, containing some sort of an unrecognizable organ suspended in a gelatinous substance (see Fig. 2).

It is taken out, carried over, and part of it is inserted on top of the heart. Then the remainder of the organ is stuffed tightly into the cavity. It seems to pulse in time with the heart. Then the surgical site is stitched back up. As the film ends, we realize, it was constantly accompanied by the steady beeps of a heart rate monitor. There is no interruption, no indication of a heartbeat flatline.

Electrostabilis Cardium is first in a series of speculative designs titled *Circumventive Organs* (Haines 2013), which sets itself in a very current context: that of bioprinting, i.e. the method of creating cell patterns with preserved cell function by using 3D printing technologies, often used in medical R&D. It is the implicit possibility of actually creating organs once the technology advances, within which the film places its idea of creating *new* organs that might or might not otherwise evolve over millions of years, using cells from different body parts or other species to create hybrid organs. It also concerns itself with the potentials that xenotransplantation, the practice of transplanting living tissue or organs from one species to another, promises (Debatty 2013). On the one hand, the practice of transplanting human tumor cells into mice is common in clinical research for example, on the other hand, researchers are looking to other species, such as pigs, for potential human organ replacement. Looking at these current fields for inspiration, Haines imagined and designed three organs: one organ uses rattlesnake muscles in order to release and discharge mucus from a cystic fibrosis patient's respiratory system to his stomach, while the other uses cells from leech saliva glands to release anti-coagulant upon sensing a potential blood clot in a patient's brain.

The last organ, and the one we see in the eponymous film, utilizes parts from an electric eel to discharge an electric current to the heart, when it recognizes that a patient is going into a heart attack (Haines 2013). While the other two organs have been designed and exhibited in installations, *Electrostabilis Cardium* is the one organ that is displayed in a visual narrative, in the very process of being implanted instead of its predecessor: the pacemaker. The film, thus, poses questions in general about transplantation: how literally (i.e. biologically) the human body on the one hand, and figuratively (i.e. psychologically) a patient on the other hand may accept a transplant. More specifically, the film also explores the design of the human body, and instead of the patient or the patient's body it is we, as the audience, who watch the implantation of an alien and strange organ in a human body, at its very center, on a beating heart, and are faced with the question of whether we should accept it.

In the here and now, away from the vision of an animal organ attached to a human heart, we can already move body parts from one person to another, make skin grafts, and reconstruct skin tissue for restorative surgery. We have and use new reproductive technologies for the purposes of procreating (or not). The replacement of damaged or simply tired body parts, such as hips and knees, is no longer a luxury process limited to professional athletes. In short, "[…] individuals are coming to understand themselves in the language of contemporary biomedicine […]" (Rose 2013, p. 6 f.). Perhaps, if they follow the advice they are given, if they maintain a healthy brain (kept limber with exercises) in a healthy body (the same), if they replace their body parts or upgrade them, they can extend and better their lives.

But we frequently also look towards the future:

> "We dream of fixing the genetic material of living people in order to treat or cure their inherited illnesses. We imagine that before a child is even born we shall be able to modify its tiniest body parts, its genes, in order to make it develop into a different, healthier specimen of the human race, a different person." (Hacking 2007, p. 80)

The question whether that child will be an altogether different person than it would have been is one that is poignant. It is echoed by the question of what becomes of Hasegawa's protagonist, who not only has been given a new type of reproductive set-up, but has also given birth to a dolphin. How far can we change our bodies and have them still accepted by society? Vice versa, and more to the point, why should an eel organ not become as much part of the human body as a pacemaker, a mere accessory that makes sure the recipient lives a longer, strong life?

4   Harder, Stronger, Longer: (Self-) Management of the Human Body

In this second section, we want to highlight a few films that deal with themes around control and management. David Benqué's submission to BIO·FICTION, titled *The Culturists* (2014), is a very short video which uses visuals that rely entirely on graphics and 3D modelling of buildings, objects, and landscape. While no humans are shown throughout the clip, the continuous and relentless voice-over narration explains exactly who those „Culturists" are:

> "The Culturists are a community of wealthy individuals who have taken up the culturing of their own cells outside their bodies as a new form of 'body-building'. They recognise in-vitro cultures as an extension of the self, and push the boundaries of science for narcissistic purposes." (Benqué 2014b)

What we see in the film are the objects and artifacts that the Culturists make use of to grow and disseminate their cells: bath tubs that are repurposed as home laboratories (see Fig. 3) become merely the first step in the competitive race between Culturists to reach higher cell counts. Other efforts include building a mausoleum, covering the landscape in cell repositories (like in Fig. 4), and donating stem cells to hospitals in an effort to impregnate as many patients as possible with a part of oneself.

What looks to the audience like a less conventional way for rich individuals to multiply and disseminate their genetic legacy across the globe, a sort of

Fig. 3 Bathtubs converted to home labs (The Culturists 2014)

Fig. 4 Cell repositories installed in wild nature (The Culturists 2014)

nice, but abstract animation film, dealing with an absurd sport for the wealthy, takes inspiration from snippets collected in Benqué's online research log, from a video dealing with cryonics to a newspaper article dealing with the possibility of manufacturing artificial blood (Benqué 2014a). And at the very beginning and the heart of Benqué's log, we are faced with a fascinating piece of scientific research and, at the same time, poignant history: the HeLa (Henrietta Lacks) cell line. HeLa is a so-called immortalised cell line, a population of cells that can be grown *in vitro* over long stretches of time. The HeLa cell line is the oldest human cell line, as well as one of the most commonly used in research, and was derived from the biopsy of a cervical tumor taken from Henrietta Lacks in 1951, without her or her family's knowledge or permission[1]. The HeLa cell line is still widely used for experiments and research, and it has contributed to, amongst others, the development of a polio vaccine, the discovery of human telomerase, and around 11.000 patents (Callaway 2013; Watson 2010). It is in relation to immortalized cell lines that *The Culturists'* quest to store up their cell line, to spread it across the landscape, and to donate it for use in large amounts of patients becomes even more profound: it revolves around the central concern that a part of their body and their genetic information will immortally live on (or at least persist on), beyond their death.

Several submissions and shortlisted films in the BIO·FICTION festival came from iGEM teams. The International Genetically Engineered Machine competition, commonly shortened to iGEM, is an international undergraduate synthetic biology competition hosted every year in Boston, Massachusetts. The competing student teams are provided with a kit of standard parts from the Registry of Standard Biological Parts, and work locally over the summer with these and self-designed new parts to build biological systems (iGEM 2017). The teams often comprise of students from diverse backgrounds and are frequently interdisciplinary; as a consequence, submissions to the competition are often not just creative in their initial idea, but also in their execution and presentation. Two such creative endeavours and their short film productions are of interest here, as they concern themselves with the human body.

The first submission came from the 2012 iGEM team for Norwich Research Park and University of East Anglia (NRP UEA), a team of biologists that collaborated with artist Amy Congdon to produce a film that would allow an exploration of what synthetic biology could become to human health in the future. Congdon acted as project facilitator in partnership with designers Ann-Kristin Abel and Jenny Lee for this film, which gave the science students the chance to reflect on the wider implications or potentials of their lab work,

---

[1]At that time, permission was not required for doctors and scientists to extract and use human cells. This has changed in the meantime, and consent is now required.

Fig. 5 Diagnosis tool passed over embedded microorganism tattoo (Quanticare 2012)

while the designers/artists could think about possible new materials and health techniques (Congdon 2016).

Quanticare (2012) is a short film with the aesthetic of an image film for an eponymously titled healthcare company, which exists 40 years into the future. In fact, the female narrator starts with the sentence, "for over 40 years, Quanticare has been a world leader in personalized medicines, bringing the latest developments in synthetic biology to the health care market [...]" (Quanticare 2012, 0:05).

The film tracks a timeline, which begins with the 2012 iGEM competition entry and an enthusiastic New Scientist article applauding the competition entry, through 2016 and 2049, showcasing articles discussing the strong impact synthetic biology had on the world, like riots and halving world hunger. The narrator posits that synthetic biology has allowed healthcare to become more personal. The clip goes on to showcase where the original iGEM project has taken the company Quanticare: biologically produced, responsive tattoos that give real-time feedback on the body's condition. In the center of the frame we see the inside of a man's elbow, featuring a bright turquoise tattoo, parts of which start changing color to orange, as we watch. As the female narrator gives a rundown of the biological technology used in the tattoo, which responds to different stimulations, we see the man pick up an object that looks like a flat crystal and pass it over the tattoo, which starts to flash fluorescently (see Fig. 5).

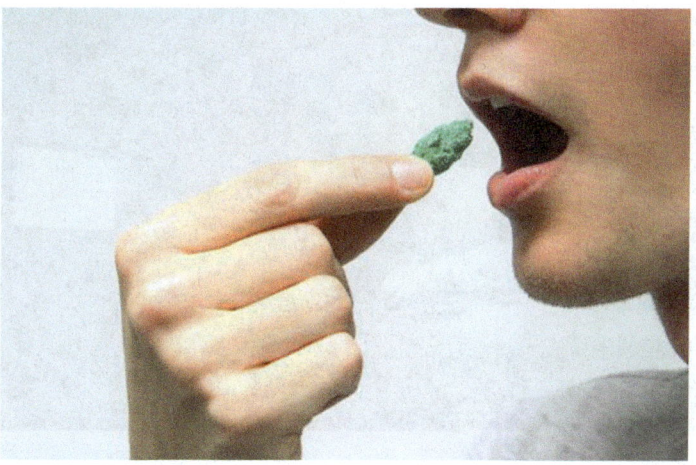

Fig. 6 Individual bacterial pills printed on demand (Quanticare 2012)

When he lays the crystal on his palm, a hologram of the tattoo is projected above it, which moves and reports different bodily functions and levels, such as glucose levels. We also see a health warning, reporting the detection of pre-cancerous cells within the body.

The narrator explains that, if health problems are detected, the pertinent information is sent to the user's individual 3D printer, which prints personalized bacterial pills on demand. While the narrator provides details on this, the audience watches the "user", as he is consistently called in the film, pull out a drawer at the bottom of the white 3D printer to take out a glittering, amorphously shaped, and pebble-sized bright-green pill. A close-up on his face, as he swallows the pill (Fig. 6) with some water, is followed by a fade-in to and close-up of a mass of cancerous cells *in vitro,* shrinking rapidly in a time lapse – a modeled representation of what the bacterial pill should effect in the body. The film leaves us with the company's promotional message:

> "To be connected with your body and one step ahead of disease, choose a company that allows you absolute control." (Quanticare 2012, 2:00)

Talking Life is another film that came out of the 2012 iGEM competition and was submitted to BIO·FICTION for the 2014 festival. The film is about 10 min long and was part of the Valencia Biocampus Team's project, made in collaboration

Fig. 7 Personalised TV streams remind patients of their drug regimen (Talking Life 2012)

with a filmmaking collective called Artefactando. *Talking Life* takes place in an indeterminate future, where the elderly can be monitored via living devices containing genetically modified bacteria. Wrapped in a watch like device, the system which is supplied by a company that seems to have a monopoly on the market, serves to monitor and warn their patients in everyday life.

The film opens with a TV commercial for Talking Life, and then switches over to an older man, sitting in front of his TV. The program is interrupted by a personalised stream (Fig. 7): a nurse asks Mr. Antonio, if he has taken his pill. The watch-like device he wears answers: he hasn't taken it. After the man takes his medication, the nurse asks Mr. Antonio one more time, whether he has taken his medication. His watch answers for him that he has. Subsequently, the TV switches back to the currently running program.

Mr. Antonio's granddaughter comes to visit, and while she is there, her grandfather's watch beeps, and in response another TV recording announces that he needs to update his watch. She takes it with her to do so, and goes to her work, which seems to be in a lab. While she is there, she uses the opportunity to talk with hacker friends online about hacking the device, since she's tired of paying so much money for constant updates to the only company that manufactures them. One of her hacker friends sends her an openbiohacking link discussing the properties of the proteins in the bacteria contained within the watch reacting to light and emitting fluorescence. She has already obtained the hardware: we see her pull out a carton with the words "TALKIN LIFE^{TM}" and Chinese writing on it – a

Fig. 8 Nurse in personalised stream checking on patient (Talking Life 2012)

clear play on knock-off goods, including the misspelled brand name missing a "g". She opens up her grandfather's device and takes samples to grow the bacteria culture. She is called off to her second job at a bar and rushes off after putting her culture in a shaking incubator on a timer. In the darkness of the empty lab, a close-up of the beaker rocking in the incubator shows us the culture emitting green fluorescence after a while. As the background music turns more menacing, we see the culture change color to an alarming red, before turning back to green. Ominous tones accompany a fade-to-black and silence. Then the film cuts back with Mr. Antonio's TV centered in the frame, playing a program, and Mr. Antonio sitting in his chair reflected off the TV screen. His doorbell rings: it is his granddaughter. She gives him the watch with the words, "Granddad, here you have your memory." (Talking Life 2012, 08:43).

She activates it, and the receiver on the TV sends a congratulatory message, confirming the device has been properly set up. After she leaves, Mr. Antonio continues to watch TV. As we have seen before, the watch beeps and the TV program is interrupted by the nurse (Fig. 8), who asks Mr. Antonio, whether he has taken his pill. The watch replies in the negative, and after we watch him take his medication, the nurse checks again. The watch replies in the negative – even though he has.

The nurse asks him to take his medication, so he takes another pill. The scene of Mr. Antonio taking a second dosage is set up menacingly: accompanied by amelodic background music, the frame zooms in on the nurse's face flickering in the TV, and Mr. Antonio's reflection, as he sits up, turns around and takes a second pill. The film fades to black, and while the viewers are faced with the black screen, we hear her ask yet again, whether he has taken his medication; the watch replies, he has not.

The film ends here, as the final sound bite, during the end credits flashing on the black screen, is simply a news anchor reporting:

> "The Talking Life scandal counts up to four victims now. Lastly, a 60 year old man has been found dead in Castellón due to a drug overdose. The company announced that two thousand devices will be withdrawn from the market. Scientists from the University of Valencia reiterate the danger of bacterial mutation in the Talking Life biosensors." (Talking Life 2012, 10:05)

After the end credits finish, we see a final frame of a large industrial fermenter tank. As the camera zooms in, its contents flash red.

The project that the Valencia Biocampus Team undertook at the 2012 iGEM competition dealt at large with the possibility of communicating with microorganisms via light wavelengths, and having the microorganisms answer questions such as "Are you hot?" or "Are you hungry?". The film portion of their project was intended to explore the possibility that microorganisms could evolve and "lie". In this context, obviously, lying cannot be equated to an act of consciousness or morality, but rather to the possibility that mutations might give different answers, which might potentially give them an evolutionary edge. In fact, during the lab work portion of the project, the team did encounter a "cheater" mutation, which they isolated, characterized and submitted to experimental evolution tests – which showed that the mutations performed favorably under selection pressure. This is fascinating, because the wet lab observations and experiments supported what the modeling simulations used for the film had essentially predicted (iGEM 2012).

Both *Talking Life* and *Quanticare* concern themselves with personalized medicine, and biosensors that are either tattooed into the body (*Quanticare*) or embedded into a personal device worn on the skin (*Talking Life*). *Quanticare* paints the image of a positive future, where the company has not only revolutionized the market, but also allowed each individual the best possible care. Even further, the individuals are no longer "patients", who swallow the specifically designed bio-pills, but rather "users" of the tattoo, 3D printer and overall revolutionary system. *Talking Life,* by contrast, takes a more skeptical view: its revolutionary company has succeeded in gaining a monopoly over the market and capitalizes on continuous, mandatory, and pricey upgrades.

Even worse, the microorganisms mutate and stop functioning the way they are meant to. The ominous ending of the film reports that several lives are claimed subsequently due to the microorganisms not communicating faithfully. While Mr. Antonio's granddaughter had tampered with his device, the final scene of the film, after the credits, implies that the bacteria in Quanticare's tanks have also mutated.

Another theme reflected in these two films, though not as overtly, and also of interest in *The Culturists* is that of (physical) self-management. The idea that health in general, and biology and the body specifically, are realms in which self-management (with or without the use of microorganisms) can lead to better, more consistent, and tailored results ties strongly into a current movement, frequently called the "Quantified Self" or "Biohacking" (a label which, as explained below, is used to identify multiple and highly diverse communities). Followers of the movement seek to acquire constant data on all aspects of their daily lives, including such diverse and specific areas as mental health, food consumption, surrounding air quality, bodily functions, and performance. The accumulation and recording of this data is achieved through the use of self-tracking applications or technologies, ranging from phone apps to wearable sensors (such as watches, clip-on devices, patches etc.) (Lupton 2013). Lupton notes, "self-trackers are often described as 'body hacking' or as 'bio hackers' [...and] also positioned as scientists who are experimenting on their own bodies in their own best interests" (Lupton 2013, p. 27). This is an interesting detail as of course, "bio hackers" within the various do-it-yourself communities engage in any and all activities that can extend from their own bodies, through the creation of do-it-yourself laboratory equipment, to experiments with the external environment. Within the context of self-trackers, the lens through which the data accumulation and "hacking" is perceived is ego-centric; air quality becomes important in relation to the self, who lives in that space, rather than as a point of interest in itself. The discourse used in the movement frequently constructs the self, and the body, as a machine: the accumulated data serves to record and quantify its various inputs and outputs. The human body is both attached to smart technology and in return functions as a smart device within those networks. As Lupton points out, frequently online communities form around self-tracking, with trackers (or users) sharing their experiences and data, sometimes even competitively – a practice which brings us back full circle to *The Culturists*, where wealthy individuals engage in a practice of one-upmanship in their quest to extract, multiply, and disseminate their DNA through space and time.

5   Discussion: The Question of a Hard Limit

What we currently observe in biology is on the one hand a reductionist side, and on the other hand an acknowledgment of the complexity of living and dynamic organisms. This is not surprising, and, specifically, synthetic biology acknowledges that complexity, and yet approaches it by breaking it down into its smallest factors, re-imagining the smallest components as tiny switches, relays and channels on a circuit board. Breakthroughs in the field have led some to voice that the only limits to biological possibilities are those set by our imagination, while others argue that limits are rather mundane, namely: regulations, public perception, and ethics (Coenen et al. 2004; Coenen 2010; Grunwald 2011). The fact that a common sentiment within synthetic biology is the tenet that one can never understand an organism fully by merely looking at it, but rather that it can only be understood through the process of (re)creating it, certainly does not lend itself to cooling discussions (Rose 2013, p. 5 f.; Schmidt 2009).

Alternating utopian and dystopian visions are juxtaposed to the reality of the global bioeconomy and the very real impact it may exert on our everyday lives – in a plethora of areas from agriculture through energy to advanced medical and health technologies. And yet, while more and more publications highlight the advances of the life sciences and underline all potential breakthroughs and game-changers, neatly packaged in easily accessible language in order to reach funding agencies and the public at large, the utopian visions frequently remain fantasies (at least for a good while): because, as already pointed out, though we know more, we also know very little. Each breakthrough, accompanied subsequently by breathtaking visions, comes with its own side effects and complications; much remains complex, uncertain, and ambiguous beyond current capacities and reach (Rose 2013, p. 6 f.). Some visions, of course, do not remain fantasies, but become at least partially real with a strong impact on our lives (e.g. in vitro fertilization, organ transplantation, pacemaker).

Visions of possible futures aside, it is indisputable that science has given us new ways in which we can access and change our bodies, allowing us to explore the body on the inside including its smallest components, rather than, historically speaking, to merely decorate, transform or even amputate it. The life sciences are affording us astounding opportunities of bodily interventions: cochlear implants that allow you to hear, drugs that may tame cancer, body parts that can be replaced. In fact, it is likely not an exaggeration to point out that discourse around the human body cannot be divorced from the life sciences, or, as Rose points out, "To live well today is to live in the light of biomedicine." (Rose 2013, p. 7). To live well means to live in good health, to have our bodies in good working order, to control our body parts, and to keep them in good shape (Hacking 2007, p. 78). The question that remains is: how do we relate to the schematization of our corporeality? At which point is the body seen as a machine that can be optimized, regulated, and enhanced? And at which point does another one's organ, a new mechanical body part, or a genetically modified procedure become an assimilated part and parcel of that very same corporeality, i.e. the self.

One submission to the first BIO-FICTION festival, which took place in 2011, actually offers a clue to the question, if there is a hard limit which would be very difficult to cross. The film, called *Local Unit* by Tad Ermitaño (2006), is slightly over 9 min long. *Local Unit* begins with its title on a dark screen accompanied by a shrill electronic tone, which sounds very much like the noise accompanying a flatline on a heart monitor. It is, apparently, Manila in 2072 at night, and a man is waiting impatiently in a parking garage. We see a jeep pull up with an older man inside. The general aesthetic within the film seems a little scifi-esque, though not overly so: the first man wears a head bandanna with goggles on his forehead, the second man a strange head device with earphones and a square lens in front of one eye. The background noise is constant and not quiet – we hear the hum of machinery.

Without saying anything, the older man reaches out and opens a small suitcase next to him on the passenger seat. It is lit from within and shows a brain in a bubbling aerated liquid. The young man asks whether it would not get infected, as the cloned units usually come sealed, wrapped in antibacterial plastics, and sterile. The older man replies that may be the case with clones, but this is a local unit. He mentions that he does have cryogenic items (a China-made "snow lion" or a second-hand "mitsubishi [*sic*]"), but they are more expensive. While he speaks, he passes a scanner over the brain – the result: a "healthy unit".

The young man mentions that his old unit caught meningitis, but the older man assures him that that is a typical problem with clones, as they have no resistance. He adds on, "Life is hard here. Locals don't get sick that easily." (Local Unit, 02:13). He holds up the scanner with the beeping and flashing "healthy unit" and asks again, if they have a deal (see Fig. 9). They exchange an envelope for the brain and go their separate ways. The camera zooms in on the plastic box, with the brain inside shimmering through, strapped into the passenger seat – followed by a fade-in to the diagram of the brain rotating on the scanner, zooming out to the scanner being held up to a man's eye, and again, flashing across the screen, the words "healthy unit".

As we zoom out, we can take in the scene – the middle-aged man we saw selling a brain, dressed in green and white hospital scrubs, is scanning a seated

Fig. 9 A scanner showing the brain's health status (Local Unit 2006)

man's brain, whose family surrounds him (see Fig. 10). The setting is rural, clearly impoverished, though more colourful than the urban setting we saw. A male relative looks away, as the black market dealer hands over an envelope, but the seated man checks the contents, reaches out, pulls on his relative's hand and puts the envelope in it.

The film cuts back to the young man, who had purchased the brain, as he walks up some stairs to his apartment, and we can hear an alarm sound even before he opens the door. The room he walks into is dark (he turns on a flashlight), but illuminated by a giant screen, which only shows noise and we hear the loud sound of static. The man prepares himself by donning tight gloves and pulls out a drawer. He waves his hand in front of his nose – apparently there is a smell – then takes out the brain lying in a liquid solution inside. It looks in bad shape: discolored with white and pink areas, and damaged. He disposes of the old brain in his trash can.

The film cuts to a lab, where the black market dealer lays a mask on the face of the rural man he had examined, and asks him to breathe deeply. He does so, and falls unconscious on the lab table. The black market dealer takes out an electrical saw and bends over the unconscious man (Fig. 11). We only see his back as he operates the saw. The entire scene is underscored by the barking of a dog, which only falls silent when we hear the whine of the saw.

Back at the young man's apartment, he is filling the drawer with fresh solution, adds various medical drugs, and then carefully lays the new brain

Synthetic Biology and Speculative Bodies: Imaginary Worlds ...

Fig. 10 On the left side, a seated man with his family, receiving a brain scan (Local Unit 2006)

Fig. 11 One man slumped on the lab table (l.), another with a saw (r.) (Local Unit 2006)

Fig. 12 Replacing the cephalic unit (Local Unit 2006)

into the drawer (see Fig. 12). When he closes the drawer, an LCD display asks whether the unit should be formatted, and warns, "All data will be erased!". When he confirms, the next screen reads, "Formatting Cephalic Unit_"(Local Unit, 07:25). The formatting process shown on the green LCD screen is overlaid by another fade-in: The rural man's family, standing in the middle of the road and looking towards the viewer, who is rapidly moving away. As the viewer moves away, the image brightens gradually and turns white.

Back in the young man's flat, the noise image on his large screen resolves itself into a blue sky with fluffy white clouds, accompanied by the words "System Restored!" (Local Unit, 08:18). The lights turn on, and what was a nightmarish apartment filled with alarm noises and flickering blue light, becomes a comfortable, warm space. The young man wakes up from his nap, turns around, sees his home system has been restored, and smiles.

Local Unit is not easy to watch. The film, which depicts a grey and bustling dystopian future, does not pull its punches. It is only gradually through the narrative that the audience realises what, in fact, a "Local Unit" means. While the meaning of "clones" in conjunction with a brain is self-apparent, it is only in hindsight, after we witness the black market dealer's trip to the country side that we can guess the meaning behind "China-made snow lion" and "second-hand mitsubishi". The answer to what these brains are used for is only apparent once the new specimen is plugged into the household system: they are used as neural computers to regulate and structure everyday life. The overall darkly bleak flat, the alarm sounds, and the malfunctioning screen are instantly resolved to a well-lit, peaceful oasis in the middle of urban chaos. The young man's harried face is transformed by a smile. And yet, the film leaves its audience with a lingering aftertaste and a feeling of transgression that surpasses the interspecies vision of *I wanna deliver a dolphin*. Perhaps it is the black market, which has evolved around neural brains, and literally involves a human sacrifice for money. Or perhaps it is the moment at the very end of the film, after a local human brain has been bought, extracted, and sold, where a young man "formats" the "cephalic unit", and memories of a life are traded for household functions.

Is it the death of the man in *Local Unit* that leaves a lasting impression? But while Mr. Antonio's fate is hinted at in *Talking Life*, *Local Unit* carries a different flavor. It might be useful to ask, what is it about the brain that distinguishes it from other organs? Hacking argues that, at least in the Western world (he contrasts this with Japan), the concepts of life and death had to be adapted:

> "We have revised our conception of what it is to be dead. We have made up a new criterion for death: brain death. That was done chiefly – or maybe only – because of our new relationship to interchangeable body parts. We had to decide when it was all right to take a living organ from a body that was still alive, for example when heart and lungs were still at work with the aid of a machine, a ventilator." (Hacking 2007, p. 80)

Brain death, as a basis for the certification of legal death, is accepted in many countries, though its definition is not globally consistent, and of course it does not have to correlate with clinical death (i.e. cardiopulmonary death) and is entirely different from biological death. In the case of Japan, for instance, traditionally an individual is not considered "dead" until his body dies, and, despite the fact that brain death is considered as legal death, organ donations are significantly lower than in other countries. For the purposes of organ transplants, the organ must be "alive" and cannot be harvested, if, for example, clinical death does not occur very quickly after withdrawal of life support systems. What brain death as a standard for legal death points to, apart from an opportunity for organ transplantation, is the complexity of defining "death" on the one hand, and the limit of bodily intervention, on the other hand: the brain.

Hacking postulates that we are experiencing a "bodily revolution" (2007, p. 102), a reinstatement of Cartesian perspectives, or as he calls it a Neo-Cartesianism. There might be a future, where we can upload and download human minds into computers or cloned brains. But for now, while the brain is as much of a body part as another organ, it cannot be replaced by someone else's or by a spare. Simply put, if the brain is replaced, the person is no longer that person. If the brain is dead, the person is longer alive. As long as the brain is secured, the individual self is also safe. In turn, the body is a machine that can be engineered and tinkered with, both on a large and on a small scale.

Acknowledgments The authors acknowledge the financial support from the ERA Net Neuron/Austrian Science Fund project FUTUREBODY: The Future of the Body in the Light of Neurotechnology, grant number I 3752-B27.

References

Balmer, A. and Martin, P. (2008). Synthetic Biology: Social and Ethical Challenges. Independent Review. University of Nottingham.
Bäumel, S. (2012). Expanded Self. Electronic document. http://www.sonjabaeumel.at/work/bacteria/expanded-self. Accessed June 10, 2017
Benqué, D. (2014a). The Air Pump #helaland: Research log. Electronic document. https://the-air-pump.tumblr.com/tagged/helaland. Accessed June 10, 2017
Benqué, D. (2014b). The Culturists. Electronic document. https://www.davidbenque.com/stories/the-culturists/. Accessed June 10, 2017
Callaway, E. (2013). Deal done over HeLa cell line. Nature 500 (7461): 132–133. doi:10.1038/500132a
Coenen, C. (2010). Deliberating visions: The case of human enhancement in the discourse on nano-technology and convergence. Governing future technologies. Nanotechnology and the rise of an assessment regime, ed. M. Kaiser et al., 73–88. Dordrecht: Springer.
Coenen, C., Fleischer, T., and Rader, M. (2004). Of visions, dreams, and nightmares: The debate on converging technologies. Technikfolgenabschätzung – Theorie und Praxis 13 (3): 118–125.
Congdon, A. (2016). iGem 2012 : Quanticare. Electronic document. https://www.amycongdon.com/igem-quanticare/. Accessed September 14, 2017
de Lorenzo, V. and Schmidt, M. (2017). The do-it-yourself movement as a source of innovation in biotechnology – and much more. Microbial Biotechnology Vol 10(3):517–519
Deplazes-Zemp, A. (2012). The conception of life in synthetic biology. Science and Engineering Ethics, 18(4), 757–774.
Ferrari, A., Coenen, C., and Grunwald, A. (2012). Visions and ethics in current discourse on human enhancement. NanoEthics, Vol. 6(3): 215–229.

Grunwald, A. (2007). Converging Technologies: visions, increased contingencies of the conditio humana, and search for orientation. Futures 39: 380–392.

Grunwald, A. (2011) Responsible innovation: bringing together technology assessment, applied ethics, and STS research. Enterp Work Innov Stud 7:9–31.

Grunwald, A. (2016). What does the debate on (post)human futures tell us? Methodology of hermeneutical analysis and vision assessment. In: Hurlbut, J.B., Tirosh-Samuelson, H. (Eds.): Perfecting human futures. Transhuman visions and technological imaginations. Wiesbaden 2016, 35–50.

Hacking, I. (2007). Our Neo-Cartesian Bodies in Parts. Critical Inquiry 34 (1): 78–105.

Hasegawa, A. (2013). I wanna deliver a dolphin. Electronic document. https://aihasegawa.info/i-wanna-deliver-a-dolphin. Accessed June 10, 2017

iGEM. (2012). Team:Valencia Biocampus. Electronic document. https://2012.igem.org/Team:Valencia_Biocampus. Accessed January 10, 2018.

iGEM. (2017). International Genetically Engineered Machine Competition. Electronic document. https://igem.org. Accessed August 8, 2017.

Kirby, D. (2010) The future is now: Diegetic prototypes and the role of popular films in generating real-world technological development. Social Studies of Science 40 (1): 41–70.

Luisi, P.L. (2016). The Emergence of Life: From Chemical Origins to Synthetic Biology. Cambridge: Cambridge University Press.

Lupton, D. (2013). Understanding the human machine. IEEE Technology and Society Magazine 32 (4): 25–30.

Meyer, A., Cserer, A., Schmidt, M. (2013). Frankenstein 2.0.: Identifying and characterising synthetic biology engineers in science fiction films. Life Sciences, Society and Policy. Vol: 9:9.

Rose, N. (2013). The Human Sciences in a Biological Age. Theory, Culture & Society 30 (1): 3–34.

Science Gallery (2011). I WANNA DELIVER A DOLPHIN... Installation 2011. Electronic Document. https://dublin.sciencegallery.com/growyourown/iwannadeliverdolphin%e2%80%a6/. Accessed January 9, 2018.

Schmidt, M. (2009). Do I understand what I can create? Biosafety issues in synthetic biology. Chapter 6 in: Schmidt M. Kelle A. Ganguli A, de Vriend H. (Eds.) 2009. Synthetic Biology. The Technoscience and its Societal Consequences. Springer Academic Publishing (July 2009).

Schmidt, M., Ganguli-Mitra, A., Torgersen, H., Kelle, A., Deplazes, A. and Biller-Andorno, N. (2009). A Priority Paper for the Societal and Ethical Aspects of Synthetic Biology. Systems and Synthetic Biology Vol.3 (1–4): 3–7.

Schmidt, M., Meyer, A. and Cserer, A. (2015). The film festival Biofiction: sensing possibilities how a debate about synthetic biology might evolve. Public Understanding of Science. Vol. 24 (5) 619–635.

Seyfried, G., Pei, L. and Schmidt, M. (2014). European Do-it-yourself (DIY) Biology: beyond the hope, hype and horror. BioEssays. Vol. 36 (6).

Watson, D. M. (2010, May 10). Cancer killed Henrietta Lacks — then made her immortal. The Virginian Pilot. Retrieved September 15, 2017 from https://pilotonline.com/news/local/health/article_17bd351a-f606-54fb-a499-b6a84cb3a286.html.

Films

BioArt: Art from the Laboratory (2011). Robert W.K. Styblo. Austria. Trailer and info at: https://www.styblo.tv/show_content2.php?s2id=7

The Culturists (2014). David Benqué. UK. Accessible here: https://www.davidbenque.com/stories/the-culturists/

Electrostabilis Cardium (2013). Agi Haines. UK. Accessible here: https://vimeo.com/122320018

Expanded Self (2012). Sonja Bäumel. Austria. Info and contact at: https://www.sonjabaeumel.at/contact

I wanna deliver a dolphin (2013). Ai Hasegawa. Japan. Accessible here: https://aihasegawa.info/i-wanna-deliver-a-dolphin

Local Unit (2006). Tad Ermitaño. The Philippines. Accessible here: https://bio-fiction.com/videos/local-unit/

Quanticare (2012). Amy Congdon, Jenny Lee and Ann-Kristin Abel. UK. Accessible here: https://www.amycongdon.com/igem-quanticare/

Talking Life (2012). Bâr Tyrmi and Rafael Linares. Spain. Accessible here: https://2012.igem.org/Team:Valencia_Biocampus/Ethics

The manufacturer's authorised representative in the EU is Springer Nature Customer Service Centre GmbH, Europaplatz 3, 69115 Heidelberg, Germany. If you have any concerns regarding our products, please contact ProductSafety@springernature.com

Printed and bound by CPI Group (UK) Ltd, Croydon, CR0 4YY

25/03/2026

02078196-0003